AGROECOLOGIA:

BASES CIENTÍFICAS PARA UMA AGRICULTURA SUSTENTÁVEL

MIGUEL ALTIERI

AGROECOLOGIA:

BASES CIENTÍFICAS PARA UMA AGRICULTURA SUSTENTÁVEL

3ª edição
Revista e ampliada

EDITORA
EXPRESSÃO POPULAR
São Paulo

AS-PTA
Rio do Janeiro

2012

© 2012 AS-PTA Agricultura Familiar e Agroecologia
Copyright © Editora Expressão Popular

Coordenação editorial: *Paulo Petersen, Adriana Galvão Freire e Gabriel Bianconi Fernandes*
Tradução: *Rosa L. Peralta, Eli Lino de Jesus e Patrícia Vaz*
Revisão gramatical: *Marina Tavares Ferreira*
Revisão técnica: *Gabriel Bianconi Fernandes e Paulo Petersen*
Projeto gráfico: *ZAP Design / Mariana Vieira de Andrade*
Capa e diagramação: *Estúdio Krits*
Impressão e acabamento: *Paym*

Apoios:
Instituto Federal do Pará – Campus de Castanhal
Rod. BR 316, Km, 62 – Castanhal – PA – CEP 68740-970

Associação Brasileira de Agroecologia (ABA-Agroecologia) – Departamento de Fitossanidade
Av. Bento Gonçalves, 7712, Porto Alegre, RS – CEP 91540-000

Dados Internacionais de Catalogação-na-Publicação (CIP)

A468a	Altieri, Miguel Agroecologia: bases científicas para uma agricultura sustentável / Miguel Altieri.--3.ed. rev. ampl. — São Paulo, Rio de Janeiro : Expressão Popular, AS-PTA 2012. 400 p. : il. graf. tabs. Indexado em GeoDados - http://www.geodados.uem.br. ISBN 978-85-7743-191-5 1. Agroecologia. 2. Agricultura sustentável. 3. Agricultura industrial. 4. Manejo agroecológico. 5. Agricultura familiar. I. Título. CDD 631:577.4

Bibliotecária: Eliane M. S. Jovanovich CRB 9/1250

3ª edição: janeiro de 2012
7ª reimpressão: dezembro de 2024

EDITORA EXPRESSÃO POPULAR
Alameda Nothmann, 806, Campos Elíseos
CEP 01216-001 – São Paulo – SP
atendimento@expressaopopular.com.br
www.expressaopopular.com.br
 ed.expressaopopular
 editoraexpressaopopular

AS-PTA – AGRICULTURA FAMILIAR E
AGROECOLOGIA
Rua das Palmeiras, 90 – Botafogo
CEP 22270-070 – Rio de Janeiro-RJ
Fone: (21) 2253 8317 / Fax: (21) 2233 8363
aspta@aspta.org.br
www.aspta.org.br

SUMÁRIO

ESTRATÉGIAS TÉCNICAS PARA O MANEJO AGROECOLÓGICO

AGRICULTURA FAMILIAR CAMPONESA: A BASE SOCIAL DA AGROECOLOGIA

AGROECOLOGIA EM CONSTRUÇÃO: TERCEIRA EDIÇÃO EM UM TERCEIRO CONTEXTO

Pela terceira vez, em pouco mais de vinte anos, a AS-PTA toma a iniciativa de trazer ao público brasileiro o livro *Agroecologia,* de Miguel Altieri, agrônomo chileno, professor da Universidade de Berkeley, Califórnia. Sua primeira edição, publicada em 1989, recebeu um subtítulo que revela o estágio de elaboração teórico-conceitual àquele momento: *as bases científicas da agricultura alternativa.*

Um modelo alternativo à agricultura industrial era o que reclamava um expressivo segmento da sociedade alarmado com as perversas consequências sociais e ambientais resultantes do projeto de modernização posto em marcha a partir da década de 1960 pelo Estado brasileiro em aliança com setores agrários conservadores e com empresas dos ramos da agroquímica e da motomecanização.

Desde sua publicação, o livro de Miguel Altieri exerceu forte influência na disseminação da Agroecologia no Brasil, tendo sido adotado como obra de referência por profissionais de ONGs e instituições oficiais de ensino, de pesquisa e de extensão rural. Em 2002, ano de publicação da segunda edição (que recebeu o subtítulo *as bases científicas da agricultura sustentável),* a Agroecologia se afirmava na sociedade assumindo três acepções: 1) como uma teoria crítica que elabora um questionamento radical à agricultura industrial, fornecendo simultaneamente as bases conceituais e metodológicas para o desenvolvimento de agroecossistemas sustentáveis; 2) como uma prática social adotada explícita ou implicitamente em coerência com a teoria agroecológica;

3) como um movimento social que mobiliza atores envolvidos prática e teoricamente no desenvolvimento da Agroecologia, assim como crescentes contingentes da sociedade engajados em defesa da justiça social, da saúde ambiental, da soberania e segurança alimentar e nutricional, da economia solidária e ecológica, da equidade entre gêneros e de relações mais equilibradas entre o mundo rural e as cidades.

Em sua essência, a Agroecologia articula sinergicamente essas três formas de compreensão, condensando em um todo indivisível o seu enfoque analítico, a sua capacidade operativa e a sua incidência política. No interregno de quase uma década, desde o lançamento da segunda edição do livro até a publicação desta terceira edição, muito se avançou nesses três planos, sendo hoje o Brasil reconhecido como referência mundial nesse campo.

Organizações da sociedade civil são constituídas em todas as regiões brasileiras e articulam-se em redes estaduais e regionais para promover a Agroecologia junto a comunidades rurais, bem como para afirmá-la como alternativa ao modelo excludente e predatório do agronegócio. De forma equivalente, movimentos sindicais, de luta pela terra e em defesa de territórios vêm progressivamente compreendendo e incorporando a proposta agroecológica na prática e na política. Esse diversificado e complexo campo social encontra na Articulação Nacional de Agroecologia (ANA) um espaço para a construção de convergências e identidades na elaboração e defesa de um projeto alternativo para o mundo rural brasileiro.

Simultaneamente, e de forma integrada a esse processo social emergente, um número expressivo de profissionais do ensino, da pesquisa agrícola e da extensão rural de todas as regiões reuniu-se para constituir a Associação Brasileira de Agroecologia (ABA-Agroecologia), uma entidade que assume para si o desafio de contribuir para o avanço da perspectiva agroecológica nas instituições científico-acadêmicas.

As capacidades de proposição e de influência política acumuladas pela sociedade civil respondem em grande medida pelos significativos avanços ocorridos também no Estado brasileiro no decorrer da última década. Ainda que em distintos níveis de consistência conceitual e metodológica, a Agroecologia vem sendo assimilada como referência em projetos e programas de variados órgãos dos governos federal, estaduais e municipais. Mesmo quando as ações são de caráter meramente simbólico, vai-se rompendo com a exclusividade do paradigma da modernização que até pouco tempo prevalecia no discurso e nas orientações dessas instituições. Na área da educação formal, já se contabilizam mais de uma centena de cursos de Agroecologia ou com diferentes acercamentos ao enfoque agroecológico, abrangendo desde o nível médio e superior até iniciativas de mestrado e linhas de pesquisa em programas de doutorado. Outra importante evolução nessa área veio com a criação de mais de cem núcleos de Agroecologia que integram professores e estudantes do ensino médio e/ou universitário em fecundos ambientes de aprendizagem proporcionados pela interação com comunidades rurais.

Também no campo da pesquisa agrícola começam a ganhar corpo algumas iniciativas de institucionalização do paradigma agroecológico nas práticas de organizações públicas de âmbito nacional e estadual. Um fato digno de destaque nesse sentido foi o lançamento, em 2005, do Marco Referencial em Agroecologia da Empresa Brasileira de Pesquisa Agropecuária (Embrapa). Esse documento foi identificado como uma sedimentação provisória, tributária dos acúmulos de uma longa, embora pouco visível trajetória de construção da perspectiva agroecológica na Empresa, moldada por pesquisadores que, individualmente ou em pequenos grupos, exercitam esse enfoque, muitas vezes na contracorrente das orientações institucionais. Entretanto, é preciso reconhecer que, após alguns anos de execução de projetos concebidos a partir do embasamento teórico-conceitual consagrado no Marco Referencial, um outro nível de sedimentação se faz necessário para que a instituição supere definitivamente suas rotinas operacionais atreladas à noção de transferência de tecnologias, uma vez que as mesmas se colocam como poderoso obstáculo ao pleno exercício do paradigma agroecológico.

Evoluções positivas também são visíveis na área da extensão rural. A partir de 2003, com forte influência de organizações ligadas à ANA nos debates públicos para a construção da Política Nacional de Assistência Técnica e Extensão Rural (Pnater), a Agroecologia foi assumida como enfoque científico orientador das ações de Ater no Brasil. Apesar dessas conquistas no plano formal, as abordagens difusionistas que orientaram a criação dessas instituições oficiais de Ater e que permanecem organizando-as constituem ainda um forte obstáculo teórico e prático para que o paradigma agroecológico seja efetivamente incorporado pelo extensionismo rural. Os editais públicos de contratação de serviços de Ater, por exemplo, continuam fomentando práticas de assistência técnica individualizada, em detrimento do emprego de métodos estimuladores de dinâmicas territoriais de inovação agroecológica necessárias para a criação de ambientes sociais propícios ao exercício do diálogo de saberes apregoado pela teoria agroecológica.

Em que pesem as significativas conquistas do campo agroecológico, é essencial que se leve em conta o fato de que nesse mesmo período o setor do agronegócio manteve e teve reforçado o seu predomínio sobre as orientações do Estado para a agricultura e o mundo rural. Não sem razão, foi nesse mesmo período que o Brasil passou a ostentar o nada honroso título de campeão mundial no consumo de agrotóxicos e que variedades transgênicas de importantes espécies cultivadas foram oficialmente liberadas, abrindo o caminho para sua ampla disseminação.

A reafirmação da hegemonia do agronegócio nos planos econômico, político e ideológico pode ser atribuída à reatualização do pacto de economia política que vigora no mundo rural brasileiro desde nossos primórdios coloniais. No presente momento, a expressão material dessa hegemonia se traduz no avanço das fronteiras agrícolas sobre os ecossistemas naturais, principalmente nos biomas Amazônia e Cerrado, e sobre territórios ancestralmente ocupados por populações tradicionais, o que em grande medida explica o recrudescimento dos conflitos agrários, cuja geografia coincide em largos traços com a relocalização produtiva do agronegócio. Associadas à expansão territorial das monoculturas, as políticas governamentais orientam-se vigorosamente para fomentar novas cadeias produtivas, em especial as destinadas à produção de agrocombustíveis e carvão e celulose.

As ações do Estado voltadas ao fortalecimento do agronegócio resultam também na crescente subordinação da agricultura familiar às cadeias agroindustriais. Esse processo se manifesta a montante, pela alta dependência de insumos e equipamentos industriais adquiridos em grande parte via concessão de crédito público, e a jusante através da integração a cadeias mercantis dominadas por grandes empresas dos setores de processamento e distribuição. Essas duas formas de subjugação a conglomerados empresariais têm conduzido à fragilização econômica das famílias agricultoras, fato que se reflete, entre outros sintomas, nos crescentes índices de endividamento e inadimplência, na redução das rendas familiares, na evasão cada vez maior de jovens do meio rural e, finalmente, no abandono da atividade agrícola.

A situação atual da agricultura brasileira apresenta todos os elementos que compõem a crise global sistêmica que vem agravando, alastrando e interconectando males que sempre estiveram presentes na história humana. Repetindo a experiência vivenciada por várias civilizações do passado, a insustentabilidade da agricultura nos coloca em uma encruzilhada histórica, sendo que, desta vez, em escala planetária. A população mundial dobrou nos últimos 45 anos e, a cada dia, cerca de 250 mil novos habitantes somam-se aos 7 bilhões já existentes. Responder ao aumento substancial na demanda por alimento em função do crescimento vegetativo da população e do incremento do consumo *per capita* apresenta-se, portanto, como um dos principais desafios da agricultura do futuro. Mas esse desafio terá que ser enfrentado sem que contemos com três condições que hoje vêm sendo absolutamente negligenciadas pelas políticas públicas fomentadoras da agricultura industrial: energia barata, água abundante e clima estável.

O alerta sobre esse dilema socioecológico vem sendo feito há mais de três décadas por organizações sociais e por pesquisadores autônomos associados ao campo agroecológico. Entretanto, só mais recentemente, frente à acentuação dos impasses gerados pelo padrão de desenvolvimento agrícola contemporâneo, importantes organizações internacionais passaram a reconhecer a Agroecologia como o enfoque mais adequado para o enfrentamento dessa situação.

Diante da evolução teórica, prática e política da Agroecologia no decorrer das últimas décadas, parece evidente que esta terceira edição do livro de Miguel Altieri chega para dar uma contribuição distinta da primeira – momento em que a agricultura alternativa se afirmava cientificamente – e da segunda – ocasião na qual o movimento agroecológico ganhava corpo em âmbito nacional. Hoje a Agroecologia é reconhecida por parcelas já significativas do campo científico-acadêmico. Além disso, em que pesem as crescentes cifras alocadas em *marketing* político-ideológico, o setor do agronegócio já não consegue ocultar os efeitos deletérios de sua lógica criminosa de apropriação da natureza e de expropriação de direitos sociais.

O momento é grave e cobra ações incisivas para que o poder que *sustenta a insustentabilidade* do modelo dominante seja suplantado, abrindo espaço para que a perspectiva agroecológica se dissemine e se consolide nas instituições da sociedade. Mas, para ser consistente, esse avanço na dimensão política deve se ancorar e ao mesmo tempo fomentar o contínuo aperfeiçoamento teórico-metodológico das instituições.

A iniciante, mas já significativa experiência de internalização do enfoque agroecológico em nossas organizações oficiais de ensino, pesquisa e extensão rural tem apontado para a necessidade de profundas reformulações no *modus operandi* das mesmas para que o conceito de Agroecologia se torne efetivamente operativo. Dentre elas, duas são centrais: a) a superação da dicotomia entre produção e disseminação de conhecimentos que fundamenta as abordagens difusionistas que permanecem orientando os procedimentos operacionais dessas instituições; b) a aproximação entre as instituições científico-acadêmicas e os atores sociais que moldam as realidades empíricas nas quais se pretende intervir.

As iniciativas mais avançadas de reformas institucionais coerentes com a perspectiva agroecológica demonstram que as melhores práticas de ensino em Agroecologia são aquelas que incorporam a pesquisa e a extensão como método pedagógico. Indicam também que as abordagens mais efetivas de pesquisa agroecológica são as que mobilizam as comunidades rurais para o exercício de formulação dos problemas e para o levantamento e o teste de hipóteses para solucioná-los. O bom extensionismo, por sua vez, é aquele que fomenta dinâmicas locais de inovação técnica e sócio-organizativa voltadas à valorização dos potenciais ambientais, econômicos e socioculturais presentes nos territórios rurais.

Como se vê, a institucionalização das práticas de construção do conhecimento agroecológico exige a superação da excessiva segmentação funcional entre ensino, pesquisa e extensão. Requer também uma revisão radical dos papéis exercidos pelos atores mais diretamente envolvidos nessas atividades, sobretudo no sentido de atribuir protagonismo a agricultores e agricultoras nos processos de inovação.

Esperamos que a publicação desta terceira edição contribua para o processo de internalização do paradigma agroecológico nas instituições que incidem sobre os rumos do desenvolvimento rural. Para compô-la, propusemos ao autor uma remodelação da edição anterior com o objetivo de atualizar a obra para o presente contexto de construção da Agroecologia no Brasil. Nessa reformatação, introduzimos uma primeira seção que apresenta uma crítica à agricultura industrial elaborada sob o prisma agroecológico. Nela são abordadas as inovações no regime sociotécnico dominante efetuadas nas últimas décadas, com o advento da transgenia em escala comercial e com a expansão das monoculturas voltadas à produção de agrocombustíveis. As segunda e terceira seções enfocam conceitos e métodos para o manejo dos agroecossistemas e correspondem aos conteúdos já apresentados nas edições anteriores. Alguns dos capítulos publicados anteriormente foram substituídos por textos mais recentes do autor.

A última seção contempla uma questão central no avanço da perspectiva agroecológica na sociedade: o reconhecimento e a promoção da agricultura familiar camponesa como a base social da agricultura sustentável. A agricultura camponesa constrói o seu progresso com base na valorização dos recursos localmente disponíveis, não dependendo por isso de aportes sistemáticos de energia, materiais e conhecimentos externos. Assim construído, o desenvolvimento da agricultura familiar contribui diretamente para o desenvolvimento da sociedade em que ela está inserida, já que desempenha variadas funções de interesse público, dentre as quais se destacam a produção de alimentos em quantidade, qualidade e diversidade; a conservação dos recursos naturais; a geração de postos de trabalhos dignos; a conservação e a revitalização das culturas rurais; e a dinamização econômica do mundo rural.

A Agroecologia nasceu como enfoque científico exatamente ao procurar decifrar as complexas racionalidades econômico-ecológicas camponesas que proporcionam esse conjunto interconectado de benefícios para a sociedade. A essência do método agroecológico está na valorização dessa sabedoria camponesa para que ela seja elevada a outro nível na espiral de conhecimentos por meio do encontro sinérgico com os saberes provenientes de variadas disciplinas acadêmicas. A opção pela Agroecologia é, portanto, a opção pela agricultura familiar camponesa.

Paulo Petersen
Diretor-Executivo da AS-PTA
Vice-Presidente da ABA-Agroecologia

INTRODUÇÃO

A Agroecologia fornece as bases científicas, metodológicas e técnicas para uma nova *revolução agrária* não só no Brasil, mas no mundo inteiro. Os sistemas de produção fundados em princípios agroecológicos são biodiversos, resilientes, eficientes do ponto de vista energético, socialmente justos e constituem os pilares de uma estratégia energética e produtiva fortemente vinculada à noção de soberania alimentar. As iniciativas orientadas pelo paradigma agroecológico procuram transformar os sistemas de produção industrializados ao promoverem a transição da agricultura baseada no uso de combustíveis fósseis e dirigidos à produção para a exportação e biocombustíveis para agriculturas diversificadas voltadas para a produção nacional de alimentos por camponeses e famílias agricultoras rurais e urbanas a partir da inovação local, dos recursos locais e da energia solar. Para os camponeses, representa a possibilidade de acesso a terras, sementes, água, crédito e mercados locais, por meio da criação de políticas de apoio econômico, do fornecimento de incentivos financeiros, da abertura de oportunidades de mercado e da disponibilidade de tecnologias agroecológicas.

A ideia central da Agroecologia é ir além das práticas agrícolas alternativas e desenvolver agroecossistemas com dependência mínima de agroquímicos e energia externa. A Agroecologia é tanto uma ciência quanto um conjunto de práticas. Como ciência, baseia-se na *aplicação da Ecologia para o estudo, o desenho e o manejo de agroecossistemas sustentáveis*. Isso conduz à diversificação agrícola projetada intencionalmente para promover interações biológicas e sinergias benéficas entre os componentes do agroecossistema, de modo a permitir a regeneração da fertilidade do solo e a manutenção da produtividade e da proteção das culturas. Os princípios básicos da Agroecologia incluem: a reciclagem de nutrientes e energia; a substituição de insumos externos; a melhoria da matéria orgânica e da atividade biológica do solo; a diversificação das espécies de plantas e dos recursos genéticos dos agroecossistemas no tempo e no espaço; a integração de culturas com a pecuária; e a otimização das interações e da produtividade do sistema agrícola como um todo, ao invés de rendimentos isolados obtidos com uma única espécie. A sustentabilidade e a resiliência são alcançadas em função da diversidade e da complexidade dos sistemas agrícolas, por meio de consórcios, rotações, sistemas agroflorestais, uso de sementes nativas e de raças locais de animais, controle natural de pragas, uso de compostagem e adubação verde e aumento da matéria orgânica do solo, o que melhora a atividade biológica e a capacidade de retenção de água.

A Agroecologia se fundamenta em um conjunto de conhecimentos e técnicas que se desenvolvem a partir dos agricultores e de seus processos de experimentação. Por essa razão, enfatiza a capacidade das comunidades locais para experimentar, avaliar e expandir seu poder de inovação por meio da pesquisa de agricultor a agricultor e utilizando ferramentas de extensão baseadas em relações mais horizontais entre os atores. Seu enfoque tecnológico está enraizado na diversidade, na sinergia, na reciclagem e na integração, assim como em processos sociais baseados na participação da comunidade. Para a Agroecologia, o desenvolvimento dos recursos humanos é a pedra angular de qualquer estratégia voltada para ampliar o leque de opções da população rural e, especialmente, dos camponeses que dispõem de parcos recursos. Também atende às necessidades alimentares a partir do fomento à autossuficiência, promovendo a produção de grãos e outros alimentos nas comunidades. Trata-se de um enfoque que privilegia a esfera local ao direcionar seus esforços para o abastecimento dos mercados locais que encurtam os circuitos entre a produção e o consumo de alimentos, evitando assim o desperdício de energia gasta no transporte dos produtos de lugares muito distantes até a mesa do consumidor.

Os sistemas agroecológicos são profundamente enraizados na racionalidade ecológica da agricultura tradicional. Há muitos exemplos de sistemas agrícolas bem-sucedidos, caracterizados por sua grande diversidade de culturas e animais domesticados, pela manutenção e melhoria das condições do solo e por sua gestão da água e da biodiversidade – todas essas práticas baseadas no conhecimento tradicional. Esses sistemas agrícolas não só têm alimentado grande parte da população mundial em diferentes partes do mundo, particularmente nos países em desenvolvimento, como também oferecem muitas respostas possíveis para os desafios da produção e da conservação dos recursos naturais que afetam o meio rural.

Apesar dos avanços obtidos por movimentos agroecológicos, ainda existem muitos fatores que têm limitado ou restringido sua plena disseminação e implementação. Grandes reformas devem ser feitas nas políticas, nas instituições e nos programas de pesquisa e desenvolvimento para assegurar que essas alternativas se disseminem de forma massiva, equitativa e acessível, de modo que os benefícios por elas gerados sejam direcionados para a conquista da segurança alimentar. É preciso reconhecer que um dos principais entraves para a difusão da Agroecologia é que os poderosos interesses econômicos e institucionais continuam respaldando a pesquisa e o desenvolvimento agroindustrial, enquanto que a pesquisa e o desenvolvimento da Agroecologia e dos enfoques sustentáveis têm sido ignorados ou mesmo condenados ao esquecimento na maioria dos países. Esperamos que a ampla distribuição deste livro no Brasil contribua para reverter esse processo.

Desde o início dos anos 1980, as organizações não governamentais (ONGs) no Brasil e na América Latina têm promovido centenas de projetos baseados na Agroecologia que incorporam elementos tanto do conhecimento tradicional como da ciência agrícola moderna. Entre os diversos projetos existentes, destacam-se os voltados para a conservação dos recursos, bem como os que elaboram sistemas altamente produtivos, tais como as policulturas, os sistemas agroflorestais, a integração lavoura-pecuária e assim por diante. A análise de dezenas de ONGs que conduzem esses projetos mostra de forma convincente que os sistemas agroecológicos não são de baixa produtividade, como alguns críticos afirmam. Na verdade, é bastante comum registrar aumentos da ordem de 50 a 100% na produção realizada com métodos agroecológicos. Em alguns desses sistemas, os rendimentos das culturas das quais os pobres mais dependem – arroz, feijão, milho, mandioca, batata, cevada – foram multiplicados várias vezes, contando mais com o trabalho e o conhecimento tecnológico que valoriza os processos de intensificação e sinergia ecológica em vez dos dispendiosos insumos. Além da alta de rendimentos, os métodos agroecológicos elevam significativamente a produção total por meio de estratégias de diversificação dos sistemas agrícolas, tais como a criação de peixes em arrozais, a combinação de culturas com árvores ou a introdução de caprinos ou aves de curral nas atividades domésticas. Além disso, aumentam a estabilidade da produção, o que se reflete nos pequenos coeficientes de variação verificados na produtividade das culturas com a melhoria do solo.

A partir do final dos anos 1990, os movimentos camponeses e rurais têm adotado a Agroecologia como a bandeira de sua estratégia de desenvolvimento e soberania alimentar. Existem quatro razões principais que fazem da Agroecologia um enfoque compatível com a agenda dos movimentos sociais rurais:

a. A Agroecologia é socialmente mobilizadora, já que sua difusão requer a intensa participação dos agricultores;

b. Trata-se de uma abordagem culturalmente assimilável, já que se baseia nos conhecimentos tradicionais e promove um diálogo de saberes com os métodos científicos modernos;

c. Promove técnicas economicamente viáveis, com ênfase no uso do conhecimento indígena, da biodiversidade agrícola e dos recursos locais, evitando assim a dependência de insumos externos;

d. A Agroecologia é ecológica *per se*, uma vez que evita modificar os sistemas de produção existentes, promovendo a diversidade, as sinergias, otimizando o desempenho e a eficiência do sistema produtivo.

O potencial e a difusão das inovações locais aqui descritas dependem da capacidade dos diversos atores e organizações envolvidos na revolução agroecológica para fazer as alianças necessárias que permitam que os agricultores tenham maior acesso a conhecimentos agroecológicos, assim como a terras, sementes, serviços públicos, mercados solidários etc. Os movimentos sociais do campo devem compreender que o desmantelamento do sistema agroalimentar industrial e a restauração dos sistemas locais de alimentação deverão vir acompanhados pela construção de alternativas agroecológicas que se adaptem às necessidades da agricultura familiar e da população não rural de baixa renda, em oposição ao controle corporativo sobre a produção e o consumo. Portanto, será vital a participação direta dos agricultores na formulação de agendas de pesquisa bem como nos processos de inovação tecnológica por meio da abordagem *de agricultor a agricultor*, na qual os pesquisadores e extensionistas se integram desempenhando importantes papéis como facilitadores.

Miguel A. Altieri
Setembro, 2011

UM OLHAR AGROECOLÓGICO SOBRE A AGRICULTURA INDUSTRIAL

COLHEITA FATAL: VELHAS E NOVAS DIMENSÕES DA TRAGÉDIA ECOLÓGICA DA AGRICULTURA MODERNA[1]

AGRICULTURA INDUSTRIAL E BIODIVERSIDADE

A agricultura é uma atividade humana que implica a simplificação da natureza, sendo as monoculturas a expressão máxima desse processo. O resultado final é a produção de um ecossistema artificial que exige constante intervenção humana. Na maioria dos casos, essa intervenção se dá na forma de insumos agroquímicos que, embora elevem a produtividade, acarretam vários custos ambientais e sociais indesejáveis (Altieri, 1995).

Os profissionais da área, por sua vez, não devem ficar alheios às ameaças globais à biodiversidade, uma vez que a agricultura, que cobre entre 25 e 30% da superfície do planeta, seja talvez uma das atividades que mais afetam a diversidade biológica. Estima-se que as áreas de cultivo ao redor do mundo tenham se expandido, passando de aproximadamente 265 milhões de hectares em 1700 para cerca de 1,5 bilhão de hectares nos dias de hoje, predominantemente às custas das florestas (Jason, 2004). Muito poucas áreas permanecem totalmente intocadas pelas mudanças provocadas pelo uso do solo voltado para a agricultura (Mcneely; Scherr, 2003).

É inegável que a agricultura implica a simplificação da estrutura do ambiente em vastas áreas, substituindo a diversidade natural por

---

[1] Edição elaborada a partir do artigo "Fatal harvest: Old and new dimensions of the ecological tragedy of modern agriculture".

um número reduzido de plantas cultivadas e animais domesticados. De fato, as paisagens agrícolas do mundo são destinadas ao plantio de apenas 12 espécies de grãos, 23 espécies de hortaliças e 35 espécies de frutas e nozes. Isso significa que não mais que 70 espécies ocupam aproximadamente 1,44 bilhão de hectares de terras hoje cultivadas no mundo. Essa paisagem é bastante contrastante com a diversidade de espécies de plantas encontrada em apenas um hectare de floresta tropical, que geralmente apresenta mais de 100 espécies de árvores. Das sete mil espécies utilizadas na agricultura, hoje, somente 120 são importantes para a alimentação humana. As estimativas indicam que 90% da ingestão de calorias no mundo venham de apenas 30 culturas, uma pequena amostra da grande diversidade de culturas disponíveis (Jackson; Jackson, 2002).

Esse processo de simplificação dos ambientes promovido pela agricultura industrial pode afetar a biodiversidade de várias maneiras:

- Expansão das áreas agrícolas com perda de *habitats* naturais
- Conversão de vastas áreas em paisagens agrícolas homogêneas com reduzido valor de *habitat* para a vida silvestre
- Perda de espécies silvestres benéficas e de agrobiodiversidade como consequência direta dos uso de agroquímicos e outras práticas
- Erosão de recursos genéticos valiosos por meio do uso crescente de cultivares uniformes de alto rendimento

À medida que o modelo industrial foi sendo introduzido nos países em desenvolvimento, a diversidade agrícola foi se erodindo, uma vez que as monoculturas passaram a predominar. Em Bangladesh, por exemplo, a promoção da Revolução Verde provocou nada menos que a perda de sete mil variedades tradicionais de arroz e muitas espécies de peixes. Fenômeno similar ocorreu nas Filipinas, quando a introdução de variedades de arroz de alta produtividade foi responsável pelo deslocamento de mais de 300 variedades tradicionais de arroz. Nos países do norte, também têm ocorrido perdas consideráveis na diversidade cultivada. Nos

Estados Unidos, 86% das sete mil variedades de maçã cultivadas entre 1804 e 1904 não são mais encontradas, enquanto que 88% das 2.683 variedades de peras não estão mais disponíveis. Na Europa, milhares de variedades de linho e trigo desapareceram com o avanço das variantes modernas (Thrupp, 1998; Lipton; Longhurst, 1989).

AGRICULTURA MODERNA, HOMOGENEIZAÇÃO GENÉTICA E VULNERABILIDADE ECOLÓGICA

É impressionante constatar que a agricultura moderna seja dependente de não mais que um punhado de variedades para suas principais culturas. Por exemplo, nos EUA, duas décadas atrás, 60 a 70% da área total de feijão era plantada com duas a três variedades; 72% da cultura de batata empregava quatro variedades; e 53% do algodão cultivado utilizava somente três variedades (Academia Nacional de Ciências, 1972). Pesquisadores têm alertado repetidamente sobre a extrema vulnerabilidade associada a essa uniformidade genética. Talvez o exemplo mais marcante de vulnerabilidade associada à agricultura convencional tenha sido o colapso da produção de batata na Irlanda em 1845, quando a produção ficou altamente suscetível à requeima da batata (*Phytophthora infestans infestans*). Durante o século XIX na França, a produção de uvas para vinho foi dizimada por uma praga (*Phylloxera vitifoliae*) que eliminou quatro milhões de hectares de variedades geneticamente uniformes de uvas. As monoculturas de banana na Costa Rica também vêm sendo seriamente ameaçadas por doenças, tais como *Fusarium oxysporum* e sigatoka-amarela. Nos EUA, no início dos anos 1970, híbridos de milho de alto rendimento constituíam cerca de 70% de todas as variedades do cereal e, naquela década, houve uma perda de 15% de toda a produção por queima-das-folhas (Thrupp, 1998). Atualmente, o cultivo comercial de batata geneticamente uniforme em nações industrializadas do Ocidente está sendo ameaçado pelo míldio tardio, o mesmo fungo que causou a Grande Fome da Batata na Irlanda. A requeima também está prejudicando a indústria de U$ 160 bilhões de batata nos EUA, assim como têm causado perdas de até 30% nas áreas produtoras do Terceiro Mundo, especialmente naquelas onde a diversidade do tubérculo foi perdida. Uma tendência preocupante é a recente expansão das monoculturas de milho e soja transgênicos, com uma base genética muito estreita e que em 2004 atingiu cerca de 70 milhões de hectares em todo o mundo.

Os agroecossistemas modernos são instáveis e as quebras se manifestam na forma de surtos recorrentes de pragas na maioria dos cultivos. O agravamento da maioria dos problemas de pragas está ligado à expansão das monoculturas, que se dá em detrimento da diversidade vegetal. Essa diversidade é um componente-chave da paisagem que presta serviços ecológicos fundamentais para garantir a proteção das culturas por meio da provisão de *habitat* e recursos para inimigos naturais de pragas (Altieri, 1994). Em todo o mundo, 91% dos 1,5 bilhão de hectares de terras cultiváveis estão principalmente sob monoculturas de trigo, arroz, milho, algodão e soja. Um dos principais problemas decorrentes da homogeneização dos sistemas agrícolas é o aumento da vulnerabilidade dos cultivos a pragas e doenças, que podem ser devastadoras se infestam uma cultura uniforme, especialmente em grandes plantações. Para proteger essas culturas, grandes quantidades de agrotóxicos cada vez menos eficazes e seletivos são jogados na biosfera acarretando custos ambientais e humanos consideráveis. Esses são sinais claros de que a abordagem baseada no uso de agrotóxicos para o controle de pragas atingiu seu limite. É necessário, portanto, adotar uma abordagem alternativa, que seja baseada em princípios ecológicos e que possa desenhar sistemas agrícolas mais sustentáveis que tirem o máximo proveito dos benefícios da biodiversidade na agricultura.

A EXPANSÃO DA MONOCULTURA NA AMÉRICA DO NORTE

Hoje, a monocultura tem aumentado drasticamente em todo o mundo, principalmente por meio da expansão geográfica das terras agricultadas e da produção ano a ano das mesmas espécies cultivadas na mesma área. Os dados disponíveis indicam que a diversidade das culturas por unidade de terra arável diminuiu e que as lavouras têm demonstrado uma propensão à concentração em termos de espécies cultivadas. Há forças políticas e econômicas que influenciam essa tendência a destinar grandes áreas à monocultura e, de fato, tais sistemas são recompensados pela economia de escala, assim como contribuem significativamente para a capacidade de as agriculturas nacionais atenderem os mercados internacionais.

Entre as tecnologias que têm facilitado essa inclinação à monocultura, podemos citar a mecanização, o melhoramento genético e o desenvolvimento de agroquímicos para fertilizar as plantações e controlar plantas espontâneas e insetos-pragas. Nas últimas décadas, as políticas governamentais voltadas para mercado de *commodities* também têm estimulado a aceitação e utilização dessas tecnologias. Como resultado, hoje o número de propriedades rurais diminuiu, embora seu tamanho tenha aumentado e elas tenham se tornado mais especializadas e mais intensivas em capital. Em nível regional, o aumento das monoculturas fez com que toda a infraestrutura que suporta a atividade agrícola (isto é, pesquisa, extensão, fornecedores, armazenagem, transporte, mercados etc.) tenha se tornado mais especializada.

A partir de uma perspectiva ecológica, as consequências regionais da especialização produtiva se multiplicam:

a) A maioria dos sistemas agrícolas de larga escala apresenta uma composição mal estruturada dos componentes da propriedade rural, com quase nenhum vínculo ou relação de complementaridade entre as atividades agrícolas e entre solos, plantas e animais.

b) Os ciclos de nutrientes, energia, água e resíduos se tornaram mais abertos, ao invés de fechados como em um ecossistema natural. Apesar da quantidade significativa de resíduos agrícolas e de esterco produzido nas propriedades, é cada vez mais difícil reciclar nutrientes, mesmo dentro dos sistemas agrícolas. O processo de reciclagem de nutrientes por meio do retorno dos resíduos de origem animal ao solo não é economicamente viável porque a produção é geograficamente distante de outros sistemas e, portanto, não se consegue completar o ciclo. Em muitas áreas, os resíduos agrícolas se tornaram um passivo e não um recurso. O retorno de nutrientes dos centros urbanos de volta à zona rural é igualmente difícil.

c) Parte da instabilidade e susceptibilidade dos agroecossistemas a pragas pode ser atribuída à adoção de vastas monoculturas, que ao concentrar recursos acabam atraindo herbívoros especializados em certas culturas e aumentado as áreas disponíveis para a imigração de pragas. Essa simplificação também tem reduzido as oportunidades ambientais para os inimigos naturais. Consequentemente, muitas vezes os surtos de pragas ocorrem juntamente com a aparição de um grande número de pragas imigrantes, a redução das populações de insetos benéficos, o clima favorável e os estágios vulneráveis da cultura.

d) À medida que certas culturas avançam para além do seu limite "natural" ou para fora das regiões favoráveis, sendo levadas para áreas com alto potencial de incidência de pragas, com restrição de água ou solos de baixa fertilidade, a intensificação do controle químico se torna necessária para superar esses fatores adversos. Pressupõe-se que a intervenção humana e o aporte de energia que permitem tal expansão possam ser sustentados indefinidamente.

e) Os agricultores comerciais vêm testemunhando um desfile constante de novas variedades, uma vez que a substituição varietal motivada por estresses bióticos e mudanças no mercado tem adquirido um ritmo sem precedentes. O processo de substituição segue o seguinte percurso: uma cultivar melhorada para resistir a doenças ou insetos-praga é introduzida e exibe um bom desempenho durante algum tempo (geralmente 5-9 anos). Depois, quando os rendimentos começam a declinar, a produtividade é ameaçada ou uma cultivar mais promissora é lançada, ela acaba sendo substituída. A sua trajetória, portanto, é caracterizada por uma fase de ascensão, quando começa a ser adotada pelos agricultores, um estágio intermediário, quando a área plantada estabiliza, e, finalmente, ocorre uma retração da área cultivada. Assim, a estabilidade na agricultura moderna depende de um fornecimento contínuo de novas cultivares, em vez de se apoiar num mosaico de diferentes variedades em uma mesma propriedade.

f) A manutenção de monoculturas exige aportes crescentes de agrotóxicos e fertilizantes, mas a eficiência de sua utilização está diminuindo e a produtividade das principais culturas começa a se estabilizar. Em alguns lugares, os rendimentos já estão em declínio. Existem diferentes opiniões sobre os fatores que causam esse fenômeno. Alguns acreditam que a produtividade está se estabilizando porque o potencial máximo das variedades atuais está sendo atingido e, portanto, é preciso recorrer à engenharia genética para reprojetar as culturas. Já para os agroecologistas, essa estabilização se deve à contínua erosão da base produtiva da agricultura decorrente de práticas insustentáveis.

CIÊNCIA MODERNA, REVOLUÇÃO VERDE E DIVERSIDADE DOS CULTIVOS CAMPONESES

Talvez o maior desafio para compreender como os agricultores tradicionais mantêm, preservam e manejam a biodiversidade seja reconhecer a complexidade de seus sistemas de produção. Nesse sentido, os recursos genéticos são mais do que simplesmente um conjunto de alelos e genótipos de sementes crioulas e parentes silvestres. Seus sistemas incluem interações ecológicas, tais como o fluxo gênico via polinização cruzada entre populações e espécies cultivadas, bem como a seleção e o manejo orientados por sistemas de conhecimentos e práticas associadas à diversidade genética, especialmente etnotaxonomia e critérios de seleção para adaptação a ambientes heterogêneos. Hoje, é amplamente aceito que o conhecimento tradicional é um recurso poderoso e complementar ao conhecimento produzido e disponibilizado pelas fontes científicas ocidentais. Agrônomos e profissionais da área têm se esforçado para compreender a complexidade dos métodos locais de agricultura e seus pressupostos. Infelizmente, na maioria das vezes, eles ignoraram as racionalidades dos agricultores tradicionais e impuseram condições e tecnologias que interferiram na integridade da agricultura local (Shiva, 1991). Isso foi profeticamente declarado pelo geógrafo Carl Sauer, da Universidade de Berkeley, após visitar o México a convite da Fundação Rockefeller, na esteira da Revolução Verde:

> Um bando agressivo de agrônomos e melhoristas americanos poderia arruinar os recursos nativos somente ao pressionar por suas ações comerciais... E não há como direcionar a agricultura mexicana para padronização com poucos produtos comerciais sem que isso prejudique irremediavelmente sua economia e cultura. O exemplo de Iowa talvez seja o mais perigoso de todos para o México. A menos que os americanos entendam isso, é melhor que se mantenham completamente afastados do país. Essa situação deve ser vista a partir do entendimento de que as economias nativas são viáveis.

Parte do problema decorre do fato de que os meios científicos e do desenvolvimento encaram a associação entre diversidade genética e agricultura tradicional como negativa e, portanto, ligada ao subdesenvolvimento, à baixa produtividade e à pobreza. Muitos ainda enxergam a conservação da diversidade de sementes crioulas como sendo uma prática que se opõe ao desenvolvimento agrícola (Brush, 2000). Os proponentes da Revolução Verde difundiam a visão de que o progresso e o desenvolvimento exigiriam inevitavelmente a substituição das variedades locais pelas melhoradas. Também alegavam que a integração econômica e tecnológica dos sistemas agrícolas tradicionais ao sistema global permitiria o aumento da produção, da renda e do bem-estar (Wilkes; Wilkes, 1972). Mas, como evidenciado pela Revolução Verde, a integração também gerou uma série de impactos negativos (Tripp, 1996; Lappe *et al.*, 1998):

- A Revolução Verde promoveu um pacote que incluía variedades melhoradas, fertilizantes e irrigação, marginalizando um grande número de agricultores que não podiam arcar com os custos da aquisição de tecnologia.

- Nas áreas em que os agricultores adotaram o pacote, estimulados pelos programas governamentais de extensão e crédito rural, a disseminação de híbridos e variedades melhoradas fez aumentar muito o uso de agrotóxicos, geralmente trazendo sérias consequências para a saúde e o meio ambiente.

- A elevada uniformidade causada pelo cultivo de grandes áreas com poucas variedades melhoradas aumentou o risco para os agricultores. Culturas geneticamente uniformes mostraram ser mais suscetíveis a pragas e a doenças, assim como não demonstraram bom desempenho nos ambientes marginais em que vivem os agricultores mais pobres.

- A diversidade é importante para a segurança alimentar das comunidades rurais, mas a disseminação das variedades melhoradas foi acompanhada por uma simplificação dos agroecossistemas tradicionais e uma tendência para a monocultura que afetou a diversidade da dieta alimentar, aumentando consideravelmente as preocupações nutricionais.

- A substituição das sementes crioulas também representa uma perda de diversidade cultural, uma vez que muitas variedades fazem parte de cerimônias religiosas ou comunitárias. Diante disso, vários autores têm argumentado que a conservação e o manejo da agrobiodiversidade podem não ser viáveis sem a preservação da diversidade cultural.

É importante ressaltar que agricultores indígenas/tradicionais não são totalmente isolados da agricultura industrial e muitos demonstram-se dispostos a experimentar as sementes melhoradas, adotando-as quando elas contemplem não só um rendimento mais elevado, mas também a adaptação a condições locais. Uma vez testadas, algumas dessas sementes podem passar a integrar o grupo de cultivares locais, assim como ocorreu com os agricultores de Cuzalapa, no estado de Jalisco, México. Nesse caso, ao invés de substituir as cultivares locais, as variedades introduzidas passaram a ocupar uma pequena proporção da área plantada com milho, mas as variedades crioulas locais continuam a predominar no agroecossistema. Geralmente, as variedades introduzidas têm usos e modos de manejo que complementam, e não substituem as locais (Brush, 2000).

A PRIMEIRA ONDA DE PROBLEMAS AMBIENTAIS

A especialização das unidades de produção tem gerado a imagem de que a agricultura é um milagre moderno de produção de alimentos. As evidências indicam, no entanto, que a dependência excessiva de monoculturas e agroquímicos tem impactado negativamente o ambiente e a sociedade rural. A maioria dos profissionais da área acreditava que a dicotomia entre agroecossistema e ecossistema natural não trazia necessariamente consequências indesejáveis, mas, infelizmente, um bom número de *doenças ecológicas* tem sido associado à intensificação da produção de alimentos e podem ser agrupadas em duas categorias: (1) doenças do ecótopo, que incluem erosão, perda de fertilidade do solo, esgotamento das reservas de nutrientes, salinização e alcalinização, poluição das águas, perda de terras agrícolas férteis para expansão das áreas urbanas, e (2) doenças da biocenose [ou comunidade], que incluem perdas de safras, plantas silvestres e recursos genéticos animais, eliminação dos inimigos naturais, ressurgência de pragas e resistência aos agrotóxicos, contaminação química e destruição dos mecanismos naturais de controle. Sob condições de manejo intensivo, o tratamento de tais *doenças* exige um aumento dos custos externos a tal ponto que, em determinados sistemas, a quantidade de energia investida para obter um rendimento desejado acaba superando a da energia produzida (Altieri, 1995).

As perdas de produção decorrentes de pragas (cerca de 20-30% na maioria das culturas), apesar do aumento substancial do uso de agrotóxicos (algo entre 4,5 e 5 milhões de toneladas de ingrediente ativo em todo o mundo), é um sintoma da crise ambiental que afeta a agricultura. Já é de amplo conhecimento que as plantas cultivadas em monoculturas geneticamente homogêneas não possuem os mecanismos de defesa ecológica necessários para suportar o impacto dos surtos de populações de pragas. Os melhoristas selecionam as plantas visando altas produtividades, mas acabam tornando-as mais suscetíveis a pragas ao sacrificar sua resistência natural. Por outro lado, as práticas agrícolas modernas afetam negativamente os inimigos naturais dos insetos-praga, que, por sua vez, não encontram nas monoculturas os recursos e condições necessárias para suprimir as pragas por meios naturais.

A falta de mecanismos naturais de controle de pragas em monoculturas torna os agroecossistemas modernos altamente dependentes de agrotóxicos. Nos últimos 50 anos, o uso de agrotóxicos aumentou drasticamente em todo o mundo e agora chega a 2,56 milhões de toneladas por ano. No início do século XXI, o valor anual do mercado global era de US$ 25 bilhões[2] (Pretty, 2005). Nos EUA, cerca 600 tipos diferentes de venenos são usados anualmente, a um custo de não menos que US$ 4,1 bilhões (Pimentel; Lehman, 1993; Pretty, 2005).

Os custos indiretos do uso de agrotóxicos para o meio ambiente e a saúde pública devem ser contrabalançados com seus benefícios. A partir dos dados disponíveis, calcula-se que os custos ambientais (impactos sobre a fauna, polinizadores, inimigos naturais, pesca, água e o desenvolvimento de resistência) e sociais (envenenamento e doenças) do uso de agrotóxicos atingem cerca de US$ 8 bilhões por ano (Pimentel, 1980). E é preocupante o fato de que o uso de agrotóxicos esteja aumentando. Dados da Califórnia mostram que, entre 1941 e 1995, o uso de venenos aumentou de 161 milhões para 212 milhões de kg de ingrediente ativo. Esses aumentos não foram devido à expansão da área plantada, uma vez que a área agricultada no estado permaneceu

---

[2] Na safra 2008/09 o Brasil se tornou o maior consumidor mundial de agrotóxicos. Na safra 2009/10 essa marca foi superada em 7,6%, ultrapassando o volume de 1 milhão de toneladas. Os herbicidas respondem por mais de 60% desse volume. Segundo o Sindicato da Indústria de Defensivos Agrícolas (SINDAG), esse mercado gerou 7,2 bilhões de dólares, em 2010. A lavoura da soja usa 46% do total, seguida da cana, com 11%, e do milho, com 10%. (N.R.)

constante durante esse período. São culturas como a do morango e a da uva as responsáveis por grande parte desse incremento, que inclui produtos tóxicos, muitos dos quais relacionados a casos de câncer. Além disso, 540 espécies de artrópodes desenvolveram resistência a mais de 1000 tipos diferentes de agrotóxicos que, portanto, tornaram-se inúteis para o controle químico dessas espécies (Bills *et al.*, 2003). Durante a década de 1990, houve um aumento de 38% nos produtos aos quais uma ou mais espécie de artrópode agora é resistente e um aumento de 7% nas espécies de artrópodes que são resistentes a um ou mais produtos.

A presença de agrotóxicos em águas subterrâneas, superficiais e para consumo se tornou uma externalidade cada vez mais grave da agricultura moderna. Nos EUA, dos 68,8 mil poços avaliados entre 1971 e 1991, cerca de 10 mil continham resíduos que excediam as normas da Agência de Proteção Ambiental (EPA, na sigla em inglês) para água potável (Pretty, 2005). Dentre os resíduos encontrados estão: DDT, clordano, dieldrin, PCBs – todos pesticidas orgânicos persistentes (POPs).

Já os fertilizantes, por sua vez, têm sido aclamados por sua suposta relação direta com o aumento da produção de alimentos observada em muitos países. As médias nacionais de nitrato aplicado à maioria das terras agrícolas variam entre 120-550 kg N/ha. Mas as colheitas abundantes, ao menos em parte devido ao uso de fertilizantes químicos, têm custos embutidos, embora muitas vezes escondidos. A principal razão pela qual os fertilizantes químicos poluem o meio ambiente está ligada ao desperdício na aplicação e ao fato de que as culturas os absorvem de forma ineficiente. O fertilizante que não é aproveitado pela cultura acaba no ambiente, principalmente nas águas superficiais ou subterrâneas. A contaminação dos aquíferos por nitrato é genera-lizada e atinge níveis perigosamente elevados em muitas regiões rurais do mundo. Nos EUA, estima-se que mais de 25% dos poços de água potável contenham níveis de nitrato acima do limite de segurança para consumo humano, que é de 45 partes por milhão (ppm) (Conway; Pretty, 1991). Há estudos relacionando a absorção de nitrato à metaemoglobinemia em crianças, bem como ao câncer de bexiga, estômago e esôfago em adultos (Conway; Pretty, 1991).

Os nutrientes lixiviados dos fertilizantes eutrofizam as águas superficiais (rios, lagos, baías etc.), fenômeno inicialmente caracterizado por uma explosão populacional de algas fotossintetizadoras. A rápida multiplicação das algas dá uma coloração verde-claro à água, impedindo que a luz penetre nas camadas mais profundas e, dessa forma, acaba matando as plantas que vivem no fundo. Essa vegetação morta serve de alimento para outros microrganismos aquáticos que logo consomem todo o oxigênio da água, inibindo a decomposição de resíduos orgânicos, que se acumulam no fundo. Finalmente, esse enriquecimento em nutrientes leva à destruição de toda a vida animal nos sistemas aquáticos. Nos EUA, estima-se que cerca de 50-70% de todos os nutrientes que chegam às águas de superfície são derivados de fertilizantes. Os fertilizantes sintéticos também podem se tornar poluentes do ar e têm sido recentemente implicados na destruição da camada de ozônio e no aquecimento global. A sua utilização excessiva também tem sido associada à acidificação/salinização dos solos e a uma maior incidência de pragas e doenças como resultado de alterações nutricionais negativas nas plantas cultivadas.

Fica claro, então, que a primeira onda de problemas ambientais está profundamente enraizada no sistema socioeconômico hegemônico, que promove a monocultura, o uso de tecnologias dependentes de elevados aportes de insumos e a adoção de práticas agrícolas que provocam a degradação dos recursos naturais. Essa degradação não é apenas de natureza ecológica, mas também social, política e econômica. É por isso que o problema da produção agrícola não pode ser considerado apenas uma questão técnica. Embora as questões de produtividade sejam uma parte do problema, é fundamental dar atenção também às questões sociais, culturais e econômicas que explicam a atual crise.

Isso é especialmente verdadeiro nos dias de hoje, quando a dominação econômica e política da agenda de desenvolvimento rural pelo agronegócio tem progredido às custas dos interesses dos consumidores, trabalhadores rurais, produtores familiares, flora e fauna silvestre, meio ambiente e comunidades rurais.

A SEGUNDA ONDA DE PROBLEMAS AMBIENTAIS

Atualmente, tem aumentado a consciência da sociedade sobre os impactos que as tecnologias modernas exercem sobre o meio ambiente, à medida que foi sendo detectada em rios e aquíferos a presença de agrotóxicos nas cadeia alimentar e de nutrientes advindos das lavouras. Mas há ainda quem continue defendendo uma maior intensificação do modelo para atender às exigências da produção agrícola. É nesse contexto que os partidários do *status quo* comemoram o surgimento dos transgênicos como cartada mágica que irá revolucionar a agricultura, tornando-a ecologicamente correta e mais rentável para o agricultor. É claro que certas formas de biotecnologia encerram a promessa de aprimoramento da agricultura[3]. No entanto, dada a sua atual orientação e controle por empresas multinacionais, a biotecnologia parece prometer mais danos ambientais, mais industrialização da agricultura e para ampliar a influência dos interesses privados na pesquisa.

É irônico constatar que a biorrevolução está sendo promovida pelos mesmos grupos que promoveram a primeira onda da agricultura de base agroquímica (Monsanto, Syngenta, DuPont etc.). Ao munir cada uma das culturas com novos "genes inseticidas", eles agora prometem agrotóxicos mais seguros, a redução do uso intensivo de produtos

---

[3] Entre elas destaca-se o MAS – *Marker Assisted Selection*, ou seleção assistida por marcadores moleculares, que fornece um mapeamento mais completo do genoma da planta e de suas zonas funcionais, responsáveis por características das plantas reguladas por uma complexa rede genética. Os organismos transgênicos, ao contrário, baseiam-se na tecnologia do DNA recombinante, que envolve a transferência de genes exóticos e promotores virais que codificam características simples no organismo receptor, reguladas por apenas um gene. (N.R.)

químicos e uma agricultura mais sustentável. Entretanto, enquanto os transgênicos seguirem a cartilha do paradigma dos agrotóxicos, tais produtos não farão nada além de reforçar o círculo vicioso dos agrotóxicos, legitimando assim as preocupações que muitos cientistas manifestaram sobre os possíveis riscos ambientais dos organismos geneticamente modificados (OGMs).

Até agora, as pesquisas de campo, bem como os prognósticos baseados na teoria ecológica, indicam que os principais riscos ambientais associados à liberação dos cultivos transgênicos podem ser resumidos da seguinte forma (Rissler; Mellon, 1996; Marvier, 2001):

- O objetivo das grandes corporações é formar um amplo mercado internacional para um único produto, criando assim condições para uniformizar ainda mais as paisagens rurais. A história tem mostrado repetidamente que uma grande área plantada com uma única cultivar é extremamente vulnerável a uma nova estirpe de patógeno ou praga;

- A disseminação dos transgênicos ameaça a diversidade genética das culturas ao simplificar os sistemas de cultivo e promover a erosão genética;

- Há muitas chances que ocorra a transferência involuntária de "transgenes" para parentes silvestres de plantas, com efeitos ecológicos imprevisíveis. A transferência de genes de culturas resistentes a herbicidas para parentes silvestres ou semidomesticados pode levar à criação de superervas daninhas;

- Tanto testes de campo quanto de laboratório têm documentado que várias espécies de lepidópteros desenvolveram resistência à toxina Bt[4], cuja expressão contínua cria uma forte pressão de seleção nos cultivos transgênicos tipo Bt;

---

[4] Proteína de ação inseticida produzida pela bactéria de solos *Bacillus thuringiensis*. O gene responsável pela produção dessas proteínas conhecidas como "Cry" foi introduzido nas plantas transgênicas Bt para que estas passassem a expressar a característica inseticida em todas as suas células. (N.R.)

- O uso massivo das culturas Bt pode desencadear potenciais interações negativas que afetam os processos ecológicos e organismos não alvo. Estudos realizados na Escócia sugerem que os afídeos (pulgões) são capazes de sequestrar a toxina das culturas Bt e transferi-la para seus predadores coccinelídeos, afetando assim a reprodução e a longevidade dos besouros benéficos (Hillbeck *et al.*, 1998);
- As toxinas Bt também podem ser incorporadas ao solo através de restos culturais, onde persistem por 2-3 meses, resistindo à degradação ao se prender a partículas de argila enquanto continuam mantendo sua atividade tóxica. Isso afeta negativamente invertebrados e a ciclagem de nutrientes;
- Um potencial risco das plantas transgênicas expressando sequências virais está relacionado à possibilidade de novos genótipos serem gerados por meio da recombinação entre o RNA genômico do vírus infectante e o RNA transcrito a partir do transgene;
- Outra preocupação ambiental relevante associada ao cultivo em larga escala de culturas transgênicas resistentes a vírus refere-se à eventual transferência de transgenes derivados de vírus para parentes silvestres através do pólen.

Embora haja muitas perguntas ainda não respondidas sobre o impacto da liberação de plantas e microrganismos transgênicos no ambiente, o prognóstico é que a biotecnologia irá agravar os problemas da agricultura convencional e, ao seguir promovendo monoculturas, também comprometerá os métodos agrícolas ecológicos, tais como rotações de culturas e policultivos. As culturas transgênicas desenvolvidas para o controle de pragas enfatizam o uso de um único mecanismo de controle, o qual já tem se mostrado muitas vezes falho com insetos, patógenos e plantas espontâneas. Os transgênicos, portanto, tendem a aumentar o uso de agrotóxicos e acelerar a evolução das "superervas daninhas" e de insetos-praga resistentes (Altieri, 2000). Essas possibilidades são preocupantes, especialmente quando se considera que, durante o período entre

1986 e 1997, aproximadamente 25 mil testes de campo com culturas transgênicas foram conduzidos em todo o mundo envolvendo mais de 60 cultivos com 10 características distintas em 45 países. A indústria da biotecnologia e seus pesquisadores aliados comemoraram, em 2004, a contínua expansão das plantações modificadas pelo nono ano consecutivo, mantendo uma taxa de crescimento de 20%, em comparação com 15% em 2003. A área total estimada das culturas transgênicas aprovadas em 2004 foi de 81 milhões de hectares em 22 países, embora a maioria esteja concentrada nos EUA, Canadá, Argentina Brasil[5].

Na maioria dos países, as normas de biossegurança para monitorar tais liberações são inexistentes ou inadequadas para prever seus riscos ecológicos. Nos países industrializados, de 1986 a 1992, 57% de todos os ensaios de campo com plantas transgênicas tolerantes a herbicidas foram conduzidos por 27 corporações, incluindo as oito maiores empresas de agrotóxicos. Com a intensificação da aplicação do *Roundup* e de outros herbicidas de amplo espectro, as opções para os agricultores enveredarem por uma agricultura diversificada serão ainda mais limitadas.

OS POTENCIAIS IMPACTOS DOS CULTIVOS TRANSGÊNICOS NA AGRICULTURA

Muitos questionamentos têm sido levantados acerca da possibilidade de a introdução de transgênicos replicar ou agravar ainda mais os efeitos das variedades melhoradas sobre a diversidade genética de cultivares e parentes silvestres nos centros de origem e diversificação de cultivos e, dessa forma, afetar as práticas culturais das comunidades. O debate foi incitado por um artigo publicado na revista *Nature* que

---

[5]   Em 2009, o Brasil se tornou o segundo maior país em área plantada com transgênicos ao atingir a marca de 21,4 milhões de hectares, segundo o ISAAA (Serviço Internacional para Aquisição de Aplicações Biotecnológicas Agrícolas), entidade financiada pela indústria biotecnológica. O relatório do ISAAA divulgado no início de 2011 informa que China, Índia, Brasil, Argentina e África do Sul, os cinco principais países em desenvolvimento produzindo transgênicos, plantaram 63 milhões de hectares em 2010, o equivalente a 43% da área global ocupada com essas lavouras. (N.R.)

relatou a presença de DNA recombinante no milho nativo cultivado em montanhas remotas de Oaxaca, no México (Quist; Chapela, 2001). Embora exista grande probabilidade de que a introdução de culturas transgênicas acelere ainda mais a perda de diversidade genética, do conhecimento e da cultura indígenas através de mecanismos semelhantes aos da Revolução Verde, há algumas diferenças fundamentais entre a magnitude dos impactos. A Revolução Verde aumentou o ritmo da substituição de variedades crioulas por variedades modernas, sem necessariamente alterar a integridade genética das primeiras. A erosão genética implica uma perda de variedades locais, mas pode ser retardada e até revertida por meio de esforços que conservam não apenas variedades crioulas e parentes silvestres, mas também as relações culturais e agroecológicas de evolução e manejo de cultivos em localidades específicas. Exemplos bem-sucedidos de conservação *in situ* têm sido amplamente documentados.

O problema da introdução de culturas transgênicas em regiões caracterizadas pela diversidade é que a propagação das características dos grãos geneticamente modificados para variedades locais preferidas pelos pequenos agricultores pode diluir a sustentabilidade natural dessas sementes. Muitos defensores da biotecnologia acreditam que o fluxo indesejável de genes do milho transgênico não compromete a biodiversidade do milho (e, portanto, não afetaria o conhecimento associado e práticas agrícolas nem os processos ecológicos e evolutivos envolvidos). Eles também argumentam que o eventual fluxo de genes não representa uma ameaça maior do que a polinização cruzada com sementes híbridas. De fato, alguns pesquisadores ligados à indústria acreditam que é bastante improvável que o DNA de milho melhorado apresente vantagem adaptativa e alegam que, entretanto, se persistirem, é sinal de que podem realmente ser mais úteis para os agricultores e para a diversidade genética. Mas surge então uma pergunta chave: as plantas transgênicas podem realmente aumentar a produção agrícola e ao mesmo tempo repelir pragas, resistir a herbicidas e favorecer a adaptação a adversidades comumente enfrentadas pelos pequenos agricultores? Considera-se que não, uma vez que características importantes para os agricultores tradicionais (resistência à seca, características alimentares e forrageiras, maturidade, capacidade competitiva, desempenho em consórcios, qualidade de armazenamento, propriedades culinárias e organolépticas, compatibilidade com as condições de trabalho das famílias etc.) não devem ser negligenciadas em relação aos atributos das variedades transgênicas, que podem não ser tão relevantes para os agricultores (Jordan, 2001). Nesse cenário, os riscos podem aumentar e os agricultores perderiam sua capacidade não só de adaptação às mudanças no ambiente biofísico, como também sua habilidade para produzir de forma relativamente estável com um mínimo de insumos externos, promovendo a segurança alimentar de suas comunidades.

A maioria dos cientistas concorda que ocorre cruzamento entre teosinto e milho. Um resultado problemático do cruzamento entre um milho transgênico e o teosinto seria a aquisição de vantagens adaptativas das progênies pela incorporação de maior resistência a pragas (Ellstrand, 2001). Esses cruzamentos poderiam ainda gerar híbridos com potencial de se tornar plantas daninhas, não só comprometendo o manejo como também sobrepujando os parentes silvestres. Outro possível problema derivado do fluxo de genes de culturas transgênicas para silvestres é que pode ocorrer a extinção de espécies silvestres (Stabinsky; Sarno, 2001).

Os impactos da contaminação de variedades crioulas podem não se limitar às mudanças que a introgressão ocasiona na sua adaptação ou de seus parentes silvestres. A introdução de cultivos transgênicos pode também afetar o equilíbrio biológico das comunidades de insetos nos agroecossistemas. No caso do milho Bt, sabe-se que os inimigos naturais de insetos-praga podem ser diretamente atingidos pelos efeitos da toxina Bt em nível intertrófico. O potencial de as toxinas Bt se moverem ao longo da cadeia alimentar dos insetos tem sérias implicações para o controle biológico natural na agricultura. Há estudos que mostram que a toxina Bt pode afetar predadores benéficos que se alimentam de insetos pragas presentes em cultivos Bt. Estudos conduzidos na Suíça revelaram que a mortalidade média total de larvas de predadores (*Chrysopidae*) criadas com presas alimentadas com a toxina Bt foi de 62% em comparação com 37% quando criadas alimentando-se de presas cuja dieta não continha a toxina. As presas alimentadas com Bt também exibiram um tempo mais prolongado de desenvolvimento por todo seu estágio larval (Hillbeck *et al.*, 1998).

Essas descobertas são motivo de preocupação para os pequenos agricultores, que contam com o rico complexo de predadores e parasitas associado aos seus sistemas mistos de cultivo para controlar insetos praga (Altieri, 1994). Os efeitos em nível intertrófico da toxina Bt levantam sérias inquietações sobre os riscos potenciais impostos ao controle natural de pragas. Os predadores polífagos que se movimentam ao longo do ciclo agrícola, dentro e entre cultivos mistos, certamente encontrarão presas contendo a toxina Bt. A ruptura dos mecanismos de controle biológico pode resultar em perdas de safras crescentes devido a pragas ou provocar um uso mais intensivo de agrotóxicos, com consequentes danos à saúde e ao meio ambiente.

Porém, os efeitos ambientais negativos não se limitam aos cultivos e aos insetos. As toxinas Bt podem ser incorporadas ao solo junto com restos culturais dos cultivos transgênicos no momento em que a terra é arada após a colheita. As toxinas podem persistir por dois ou três meses, resistindo à degradação ao se prenderem às partículas de argila e de ácidos húmicos presentes no solo, enquanto continuam mantendo sua atividade tóxica. Tais toxinas ativas acabam se acumulando no solo e na água a partir dos resíduos de folhas transgênicas e podem impactar negativamente o solo e os invertebrados aquáticos, assim como os processos de ciclagem de nutrientes. O fato de a toxina Bt manter sua propriedade inseticida e estar protegida da degradação microbiana, persistindo em vários tipos de solos por pelo menos 234 dias, é uma séria preocupação para os agricultores que não podem comprar fertilizantes químicos. Ao contrário, esses agricultores recorrem aos resíduos locais, à matéria orgânica e aos microrganismos do solo para melhorar a fertilidade (espécies-chave de invertebrados, fungos ou bactérias), que pode acabar sendo negativamente afetada pela toxina ligada ao solo. Ao perder tais serviços ecológicos, os agricultores podem se tornar dependentes de fertilizantes, acarretando sérias implicações econômicas (Altieri, 2000).

CRIANDO MECANISMOS DE SEGURANÇA CONTRA A HOMOGENEIZAÇÃO TRANSGÊNICA

No mundo globalizado de hoje, a modernização tecnológica por meio da monocultura, da introdução de novas variedades e agrotóxicos, é considerada fundamental para aumentar a produtividade, a eficiência do trabalho e os rendimentos agrícolas. À medida que ocorre a conversão da economia agrícola, de autoabastecimento para escala comercial, a perda da biodiversidade está progredindo a um ritmo alarmante. Conforme os camponeses vão estabelecendo vínculos diretos com a economia de mercado, as forças econômicas favorecem cada vez mais um modo de produção caracterizado por culturas geneticamente uniformes e pacotes de agrotóxicos e/ou mecanizados. À medida que a adoção de variedades modernas ocorre, as variedades crioulas e os parentes silvestres vão sendo progressivamente abandonados, tornando-se verdadeiras relíquias ou extintos. A maior perda de variedades tradicionais está ocorrendo mais nas várzeas de vales próximos aos centros e mercados urbanos do que em áreas mais remotas (Brush, 1986). Em alguns lugares, a escassez de terra (resultante principalmente da distribuição desigual de terras) impôs mudanças no uso do solo e nas práticas agrícolas. O resultado foi o desaparecimento de *habitats* que anteriormente mantinham uma vegetação não agrícola muito útil, incluindo parentais e formas naturalizadas das culturas (Altieri *et al.*, 1987).

Essa situação deverá se agravar com a evolução da agricultura baseada em biotecnologias emergentes, cujo desenvolvimento e comercialização têm sido caracterizados pela concentração da propriedade, controle por um pequeno número de corporações e presença reduzida do setor público como principal provedor de serviços de pesquisa e extensão às comunidades rurais (Jordan, 2001). Os impactos sociais da quebra de safra, resultante da uniformidade genética ou de alterações na integridade genética das variedades locais devido à poluição genética, podem ser consideráveis, sobretudo nas áreas marginais do mundo em desenvolvimento. É sob essas condições de falha sistêmica de mercado e ausência de assistência oficial que recursos e conhecimentos locais associados à diversidade biológica e cultural devem estar disponíveis para que as populações rurais possam manter ou recuperar os seus processos produtivos.

Sistemas agrícolas e materiais genéticos diversificados conferem elevados níveis de tolerância às mudanças que ocorrem nas condições socioeconômicas e ambientais. São, portanto, extremamente valiosos para os agricultores, uma vez que os sistemas diversificados funcionam como um mecanismo de segurança contra variações naturais ou induzidas pelo homem nas condições de produção (Altieri, 1995). Populações rurais empobrecidas devem manter agroecossistemas de baixo risco, que são estruturados principalmente para garantir a segurança alimentar local. Os agricultores de áreas marginais devem continuar a produzir alimentos para suas comunidades, mesmo na ausência de insumos modernos, o que pode ser conseguido por meio da preservação *in situ* da agrobiodiversidade ecologicamente intacta e localmente adaptada. Para tanto, será necessário manter reservas de material genético diversificado, geograficamente isoladas de qualquer possibilidade de fertilização cruzada ou de contaminação por transgênicos. Essas ilhas de germoplasma tradicional, conservadas dentro de paisagens agroecológicas específicas, agirão como uma garantia contra o fracasso ecológico decorrente da segunda Revolução Verde imposta às áreas marginais.

Uma forma de proteger as variedades tradicionais da contaminação é declarar uma moratória em nível nacional sobre a experimentação e a liberação comercial de cultivos transgênicos. Essa estratégia, entretanto, pode não fornecer garantias suficientes, uma vez que muitos países em desenvolvimento recebem doações de alimentos, que é uma dos principais formas de entrada de sementes transgênicas. Em 2001, os Estados Unidos doaram 500 mil toneladas de milho e de produtos derivados para os programas de ajuda internacional, e o então presidente Bill Clinton destinou US$ 300 milhões para um programa chamado *Global Food for Education* (Alimentação Global para a Educação), por meio do qual 680 mil toneladas de excedentes de soja, milho, trigo e arroz seriam exportadas para a América Latina, África, Ásia e Europa Oriental.

OS IMPACTOS DA SOJA *ROUNDUP READY* NO BRASIL E NA ARGENTINA

No Brasil e na Argentina, a expansão da soja é impulsionada pelos preços, pelo apoio do governo e do setor agroindustrial, assim como pela demanda de países importadores, especialmente a China, maior importador mundial de soja e derivados, um mercado que estimula a rápida proliferação da produção da leguminosa. A expansão da soja é acompanhada por projetos de infraestrutura de transporte maciço que provocam uma cadeia de eventos que levam à destruição de vastas áreas de *habitats* naturais, além do desmatamento causado por seu cultivo. No Brasil, os lucros obtidos com a soja justificaram a melhoria ou a construção de oito hidrovias, três linhas ferroviárias e uma extensa rede de estradas para trazer insumos e escoar a produção. Essa estrutura tem atraído investimentos privados nos setores de exploração madeireira, mineração, pecuária e outras práticas, com graves consequências para a biodiversidade ainda não consideradas por nenhum estudo ou avaliação de impacto ambiental (Fearnside, 2001). Na Argentina, o complexo agroindustrial para transformação da soja em óleos e farelo está concentrado na região de Rosário, no rio Paraná, tornando-a a maior área de transformação de soja do mundo, com toda a infraestrutura associada e os impactos ambientais implicados (Pengue, 2005).

DESMATAMENTO

No Brasil, a área de terra destinada à produção de soja cresceu a uma taxa de 3,2%. Hoje a soja ocupa extensões maiores do que qualquer cultivo no país, com 21% do total de terras cultivadas. A área plantada com soja aumentou em 2,3 milhões de hectares desde 1995, apresentando um aumento médio de 320 mil hectares por ano. Desde 1961, a área cultivada de soja aumentou 57 vezes, enquanto o volume de produção aumentou 138 vezes (Fearnside, 2001). No Paraguai, a soja é plantada em mais de 25% das terras agrícolas no país. Já na Argentina, a área plantada com soja atingiu em 2000 quase 15 milhões de hectares, produzindo 38,3 milhões de toneladas. Toda essa expansão está ocorrendo drasticamente em detrimento das florestas e outros *habitats*. No Paraguai, grande parte da Mata Atlântica está sendo cortada (Jason, 2004). Na Argentina, 118 mil hectares de florestas foram derrubados para plantar soja. Em Salta, por exemplo, cerca de 160 mil hectares, enquanto que Santiago del Estero atingiu um recorde de 223 mil hectares. No Brasil, o Cerrado tem sido a grande vítima da derrubada e a um ritmo acelerado (Pengue, 2005).

DEGRADAÇÃO DO SOLO

O cultivo da soja sempre causou erosão do solo, especialmente em áreas onde a soja não faz parte de sistemas longos de rotação. A perda de solo atinge uma média de 16 t/ha no centro-oeste dos EUA. Estima-se que no Brasil e na Argentina a média dos níveis de perda de solo fica entre 19-30 t/ha, dependendo do manejo, da inclinação do terreno e do clima. O plantio direto pode reduzir as perdas de solo, mas, com o advento da soja resistente a herbicidas, muitos agricultores agora cultivam terras altamente propensas à erosão. Os agricultores acreditam erroneamente se adotarem o plantio direto não ocorrerá erosão, mas a pesquisa tem mostrado que, apesar de haver melhorias em termos de cobertura do solo, a erosão e outros efeitos negativos na estrutura do solo podem ainda ser consideráveis em terras altamente erodíveis se a cobertura foliar for reduzida (Pengue, 2005).

Monoculturas de soja tornaram os solos da Amazônia inutilizáveis. Em áreas de solos pobres, em dois anos de cultivo será necessário fazer aplicações intensivas de fertilizantes e calcário. Na Bolívia, a produção de soja está se expandindo para o leste, e muitas dessas áreas de soja já estão compactadas, apresentando grave degradação do solo. Cerca de 100 mil hectares de terras com solos esgotados pela soja foram abandonados e destinados a pastos, o que degrada ainda mais a terra. À medida que os solos são abandonados, os agricultores se deslocam para outras áreas para novamente plantar soja e, portanto, repetir o ciclo vicioso de degradação do solo (Jason, 2001).

POR QUE OS TRANSGÊNICOS SÃO INCOMPATÍVEIS COM A AGRICULTURA SUSTENTÁVEL[6]

A área global estimada com transgênicos em 2007 foi de 134 milhões de hectares, plantados em 25 países, incluindo 12 países em desenvolvimento, inclusive na América Latina: Brasil, Argentina, Paraguai, Uruguai, México, Chile e Honduras. Os defensores da tecnologia argumentam que essas culturas não só têm aumentado a produção, trazendo benefícios em termos de segurança alimentar, como também têm contribuído para reduzir a pobreza e a fome, diminuir a pegada ecológica da agricultura industrial, mitigar as mudanças climáticas por meio da redução na emissão de gases de efeito estufa e, mais recentemente, instaurar um modo eficiente de produção de agrocombustíveis (James, 2009). O relatório anual do Serviço Internacional para a Aquisição de Aplicações Agrobiotecnológicas (ISAAA, sigla em inglês) afirma que 11 dos 12 milhões de agricultores que cultivam transgênicos são agricultores pobres do Terceiro Mundo. É difícil imaginar como a expansão da indústria da biotecnologia pode efetivamente resolver o problema da fome ou atender às necessidades dos pequenos agricultores. Afinal, 57% (58,6 milhões de hectares) da área global plantada

---

[6] Edição elaborada a partir dos artigos "Reflexiones sobre el estado de la agricultura a base de transgenicos y agrocombustibles en América Latina", publicado no livro "América Latina: la transgénesis de un Continente", editado por RALLT, RAP-AL e SOCLA (2009) e "The Myth of coexistence: why transgenics crops are not compatible with agroecologically based systems of production", publicado no *Bulletin of Science, Technology & Society*, Vol. 25, No. 4, August 2005, 361-371.

com culturas transgênicas é de soja resistente a herbicidas (*Roundup Ready*), uma monocultura mantida principalmente por agricultores de grande escala, com acesso a tecnologias e cuja produção é destinada para exportação de grãos para ração animal e, cada vez mais, de biodiesel.

Este capítulo, que compila diversos ensaios sobre o estado da arte dos transgênicos na maioria dos países latino-americanos, alega que, da mesma forma que acontece em nível global, os transgênicos dominantes na região são a soja resistente ao *Roundup*, o milho Bt (embora também resistente a herbicidas ou com ambas as características), o algodão Bt e a canola resistente a herbicidas. Existe ainda uma série de outras culturas que ocupam áreas menores ou que se encontram em estágio experimental e testes de campo, como o abacaxi, banana, mamão, batata, arroz, feijão, alfafa, entre outros. Só no Chile são cultivadas 19 espécies diferentes de plantas transgênicas para a multiplicação de sementes. Os agentes que promovem o desenvolvimento e a comercialização desses transgênicos são empresas multinacionais como Monsanto, Syngenta, Bayer, Dupont, Dow AgroScience, seja adquirindo ou em parceria com empresas nacionais e apoiadas por centros de pesquisa dos respectivos países (por exemplo, a Embrapa) e até mesmo institutos de biotecnologia recentemente criados, universidades e centros internacionais, tais como o Centro Internacional de Melhoramento de Milho e Trigo (CYMMYT), o Centro de Agricultura Tropical (Ciat), o Centro Internacional da Batata (CIP) e o Centro Agronômico Tropical de Pesquisa e Ensino (Catie). Esses institutos recebem recursos das empresas multinacionais para realizar pesquisas sob acordos estritos que protegem os direitos de propriedade intelectual dessas empresas.

A maioria dos governos promove uma política agrícola de liberação de transgênicos utilizando o argumento do aumento da produção. Quase todos os países assinaram o Protocolo de Cartagena sobre Biossegurança e têm implementado algum tipo de legislação ou criado comitês técnicos (ou comissões) de biossegurança. Essas instituições são compostas por membros do setor privado, do governo e do meio científico favoráveis à biotecnologia, mantendo alijada a sociedade civil (ONGs, consumidores etc.) contrária a essa tecnologia em função da falta de informação sobre os riscos que os transgênicos representam para o meio ambiente e a saúde pública[7]. Tanto as comissões quanto os marcos regulatórios são limitados e incompletos e não seguem o princípio da precaução. Dessa forma, servem, principalmente, para facilitar, e não para regular seriamente a introdução de tecnologias e processos biotecnológicos. De fato, a pesquisa sobre os impactos ecológicos e na saúde é praticamente nula na região.

Embora em muitos países a liberação desses produtos ainda não tenha sido aprovada (Panamá, El Salvador, Equador, República Dominicana, entre outros), já existem processos em andamento e muitas vezes sofrendo pressão de multinacionais, como a Monsanto, para que o governo finalmente concretize sua autorização. Existem também algumas áreas livres de transgênicos na região (Cartago, na Costa Rica, e um número limitado de pequenas comunidades ou municípios na Argentina e no Brasil). Entretanto, essas zonas carecem de mecanismos de controle ou regulação e são, portanto, suscetíveis ao cultivo ilegal dessas culturas.

IMPACTOS ECOLÓGICOS DOS CULTIVOS TRANSGÊNICOS

Como nos Estados Unidos, os defensores dos transgênicos na América Latina garantem que a engenharia genética conseguirá salvar a agricultura da dependência dos insumos químicos, assim como

---

[7] No Brasil, a lei 11.105/2005 criou a Comissão Técnica Nacional de Biossegurança – CTNBio, órgão vinculado ao Ministério de Ciência e Tecnologia. A Comissão é composta por 27 membros mais seus suplentes, sendo 12 representantes do setor acadêmico, 9 representantes de ministérios e 6 representantes da sociedade civil, todos doutores. A liberação comercial de um transgênico se dá com apenas 14 votos, o que na prática significa que esses produtos podem ser liberados independentemente da posição dos membros indicados pelas organizações da sociedade civil. (N.R.)

aumentará a produtividade, diminuirá os custos de produção e ajudará a reduzir os problemas ambientais (James, 2007). A Agroecologia questiona os mitos da biotecnologia e desmascara a engenharia genética, revelando o que ela realmente é: uma ciência reducionista que promove uma "varinha mágica" destinada supostamente a solucionar os problemas ambientais da agricultura (que são o resultado de uma espiral tecnológica reducionista anterior), sem questionar os pressupostos equivocados que causaram esses problemas (Altieri, 2007). A biotecnologia oferece soluções baseadas no uso de genes individuais para os problemas resultantes das monoculturas ecologicamente instáveis desenhadas de acordo com a lógica industrial de eficiência. Tal abordagem reducionista não é ecologicamente viável, como ficou demonstrado na época de ouro dos agrotóxicos, quando prevalecia o paradigma "uma praga – um veneno", causando problemas de resistência e ressurgência de pragas, comparáveis aos resultantes do paradigma "uma praga – um gene", promovido agora pela indústria da biotecnologia. O enfoque da transgenia interpreta os problemas agrícolas como sendo simples deficiências genéticas dos organismos e trata a natureza como mercadoria. Além disso, não aborda as verdadeiras causas dos problemas de pragas, mas apenas os sintomas, tornando os agricultores mais dependentes de herbicidas e sementes produzidas por um setor do agronegócio que cada vez mais concentra poder sobre o sistema alimentar.

Um sintoma típico desse enfoque reducionista é o desenvolvimento da resistência a agrotóxicos como parte de um círculo vicioso. No caso dos transgênicos, a resistência a herbicidas torna-se um problema complexo porque o número de mecanismos de ação dos herbicidas está cada vez mais reduzido, seguindo uma tendência reforçada pela soja transgênica no marco das pressões do mercado no qual predomina o glifosato. De fato, algumas espécies de plantas espontâneas podem tolerar ou "evitar" certos herbicidas, como ocorre com populações de *Amaranthus rudis* que apresentam atraso na sua germinação e, dessa forma, conseguem "escapar" das aplicações do produto. Além disso, o próprio cultivo transgênico pode assumir o papel de planta espontânea na cultura subsequente. Por exemplo, no Canadá, com as populações espontâneas de variedades canola [transgênica que cruzaram entre si e tornaram-se] resistentes a três herbicidas (glifosato, imidazolinona e glufosinato de amônio), foi detectado um processo de resistência "múltipla", onde os agricultores tiveram que recorrer novamente ao 2,4-D (Altieri, 2007). No nordeste da Argentina, várias espécies de plantas espontâneas já não podem ser controladas adequadamente, de modo que os agricultores voltam a utilizar herbicidas que tinham sido abandonados por causa de sua maior toxicidade, custo e manejo. No Pampa argentino, oito espécies, incluindo duas de *Verbena* e uma de *Ipomoea*, já se mostram tolerantes ao glifosato (Pengue, 2005a).

Na América Latina, onde a pesquisa nessa área é quase nula, existem muitas dúvidas sobre o impacto ecológico da liberação maciça de plantas transgênicas no meio ambiente. As evidências disponíveis reforçam a posição de que os impactos sobre o meio ambiente e a saúde humana podem ser significativos. Entre os principais riscos ambientais associados às plantas transgênicas está a transferência involuntária de "transgenes" para espécies silvestres relacionadas, com efeitos ecológicos imprevisíveis.

As multinacionais do setor se valem de direitos de propriedade intelectual para impor restrições ao processo de pesquisa. Apesar disso, os poucos estudos independentes realizados evidenciam que a liberação maciça de transgênicos não faz nada mais que reforçar o círculo vicioso que resulta de abordagens unilaterais de controle de pragas e doenças (Altieri, 2007):

a. Criação de supererevas daninhas pela aplicação maciça e contínua do mesmo herbicida ou por hibridização entre culturas transgênicas e espécies de plantas espontâneas de uma mesma família ou gênero;

b. conversão de culturas transgênicas em plantas daninhas ao germinarem no ano seguinte como espécies espontâneas;

c. a rápida evolução da resistência de insetos-praga à toxina Bt;

d. quebra do controle biológico de insetos-praga pela exposição a predadores e parasitas à toxina por meio de presas ou hospedeiros;

e. efeitos imprevisíveis sobre organismos não alvo, como lepidópteros ou polinizadores, através da deposição de pólen de plantas transgênicas;

f. acumulação da toxina Bt no solo ao permanecer ativa e se aderir a ácidos húmicos ou argilas com impactos sobre populações microbianas e de mesofauna edáfica, potencialmente afetando processos como a ciclagem de nutrientes;

g. contaminação de variedades crioulas por meio da introgressão gênica mediada pela transferência de pólen entre espécies aparentadas;

h. criação de novas espécies de organismos patogênicos via transferência ou recombinação de genes mediada por vetores virais.

Cumpre ressaltar que os efeitos ecológicos dos cultivos transgênicos não estão limitados à resistência de pragas ou à criação de novas plantas espontâneas ou cepas de vírus. As culturas transgênicas Bt produzem toxinas que podem se movimentar pela cadeia alimentar e atingir o solo e a água, afetando assim os invertebrados e, provavelmente, alterando processos ecológicos, como a ciclagem de nutrientes. Uma preocupação crescente é que a homogeneização da paisagem com cultivos transgênicos acentuará a vulnerabilidade ecológica das monoculturas, especialmente a vulnerabilidade às mudanças climáticas. No entanto, o principal impacto dos transgênicos está associado a seu método de produção e às tecnologias que os acompanham, tais como os herbicidas.

Uma de suas maiores ameaças ecológicas é o uso massivo do glifosato, que somente na Argentina atingiu 148 milhões de litros em 2000. A Monsanto afirma que esse herbicida se degrada rapidamente no solo quando aplicado corretamente e que não se acumula nas águas subterrâneas nem têm efeitos sobre outros organismos, além de não deixar resíduos nos alimentos. No entanto, existem estudos que comprovam que o glifosato é tóxico para algumas espécies que vivem no solo, incluindo predadores, como aranhas, besouros e joaninhas. A substância afeta também outras espécies que se alimentam de detritos, como as minhocas, assim como organismos aquáticos, incluindo peixes (Paoletti; Pimentel, 1996). Esse herbicida é conhecido por se acumular em frutas e tubérculos porque sofre relativamente pouca degradação metabólica nas plantas, o que suscita muitas questões sobre a sua real inocuidade. As dúvidas se tornam ainda mais relevantes agora que o glifosato, que representa mais de 37% dos herbicidas utilizados pelos agricultores na Argentina, foi detectado em alimentos em níveis bem acima (20 mg/kg) dos limites permitidos (0,1 mg/kg). Particularmente preocupante é o efeito dos adjuvantes e surfactantes que acompanham o glifosato (como o POEA) que têm sido associados a problemas respiratórios, danos gastrointestinais, lesões de pele e úlceras de córnea (Pengue, 2005b).

Além disso, as pesquisas mostram que o glifosato tende a agir de forma semelhante aos antibióticos, alterando de maneira ainda desconhecida a biologia do solo e causando efeitos como (Altieri, 2007):

- Reduz a capacidade da soja e do trevo de fixar nitrogênio.
- Torna as plantas de feijão mais vulneráveis a doenças, e as de soja, ao *Fusarium.*
- Reduz o crescimento das micorrizas que vivem no solo, fungos fundamentais para ajudar as plantas a extrair o fósforo do solo.
- Embora o *Roundup* seja para uso no solo, muitas vezes acaba se desviando e chegando a sistemas aquáticos. Relyea (2005) concluiu que doses de 1,3 mg de ingrediente ativo por litro tiveram um efeito negativo substancial sobre os girinos, reduzindo sua sobrevivência e biomassa em 40%.

O MITO DA COEXISTÊNCIA: POR QUE OS CULTIVOS TRANSGÊNICOS NÃO SÃO COMPATÍVEIS COM SISTEMAS DE PRODUÇÃO DE BASE AGROECOLÓGICA

A coexistência de culturas geneticamente modificadas (GM) e culturas não GM é um mito porque já está mais do que comprovado que ocorre, ainda que involuntariamente, uma movimentação de transgenes para além de seus destinos originalmente estabelecidos, o que leva à contaminação genética de cultivos crioulos, orgânicos e convencionais. É bastante improvável que os transgenes possam ser recapturados depois de terem escapado e, portanto, os danos à pureza das sementes não GM são permanentes. As culturas transgênicas têm o potencial de reduzir a biodiversidade, por aumentar ainda mais a intensificação da agricultura. Há também riscos potenciais para a biodiversidade decorrentes de fluxo de genes e da toxicidade para organismos não-alvo, toxicidade proveniente do uso de culturas resistentes a herbicidas (RH) e a insetos (Bt). A menos que regiões inteiras se declarem livres de transgênicos, o desenvolvimento de diferentes sistemas de agricultura (GM e não GM) será impossível, uma vez que a agricultura transgênica se expande às custas de todas as outras formas de produção.

O termo "coexistência" na agricultura refere-se a um estado em que diferentes sistemas de produção, tais como o orgânico, o convencional e o transgênico ocorrem simultaneamente ou um junto ao outro, enquanto cada um contribui à sua maneira para o benefício geral de uma região ou país, garantindo que suas operações sejam manejadas de modo que um afete o outro o menos possível. Muitos argumentam que esse conceito não é novo, uma vez que em muitos países o setor de produção orgânica, que geralmente envolve um grupo relativamente pequeno de agricultores, há anos vem sendo capaz de produzir lado a lado com agricultores convencionais que utilizam produtos e métodos proibidos na produção orgânica (Byrne; Fromherz, 2003). Este, obviamente, não é o caso se considerarmos a deriva e os resíduos de agrotóxicos oriundos dos sistemas convencionais e que afetam negativamente os sistemas orgânicos vizinhos. A deriva ocorre inevitavelmente com todos os métodos de aplicação de agrotóxicos, tanto aéreos quanto no solo. De fato, 10% a 35% do agrotóxico aplicado diretamente no solo não acerta o alvo; enquanto que, na pulverização aérea, o erro chega a 50% a 75% do produto aplicado. É evidente, portanto, que os danos provocados pela deriva, a exposição humana e a disseminação da contaminação são inerentes ao processo de aplicação de agrotóxicos e apontam para o fato de que a agricultura convencional não é compatível com a agricultura orgânica. É difícil obter dados sobre as perdas de produção e os custos ambientais relativos à deriva química. No entanto, Pimentel e Lehman (1993) estimaram que as perdas ocorridas nos EUA devido ao uso de agrotóxicos atingiram cerca de US$ 950 milhões. Esses custos não incluem aqueles decorrentes de surtos de pragas desencadeados em regiões inteiras por pragas que desenvolveram resistência a agrotóxicos e que se proliferaram com a supressão das populações de seus inimigos naturais.

Um caso semelhante ocorreu com a Revolução Verde no mundo em desenvolvimento. A imposição de um modelo ocidental de desenvolvimento agrícola não conseguiu coexistir com os sistemas tradicionais de produção porque partiu da noção de que, para se alcançar o progresso e o desenvolvimento, era inevitavelmente necessário substituir as variedades locais por variedades melhoradas. Além disso, acreditava-se que a integração econômica e tecnológica dos sistemas de agricultura tradicional ao sistema global era um passo positivo que permitiria o aumento da produção, da renda e do bem-estar comum (TRIPP, 1996). Mas, como evidenciado pela Revolução Verde, a introdução de variedades melhoradas e a integração econômica trouxeram diversos impactos negativos, como a simplificação dos agroecossistemas, a perda de variedades crioulas e o aumento do uso de agrotóxicos (Lappe; Collins; Rosset, 1998; Shiva, 1991).

A teoria ecológica prevê que a introdução de culturas transgênicas provavelmente irá replicar ou agravar ainda mais os efeitos das variedades melhoradas sobre a diversidade genética de variedades crioulas e parentes silvestres nos centros de origem e diversificação de cultivos e, dessa forma, afetar o tecido cultural das comunidades rurais (Altieri, 2000).

Os agricultores mais pobres não têm lugar no mercado promovido pelas grandes empresas, cujo enfoque produtivista está dirigido aos setores agrícola e comercial dos países industrializados e desenvolvidos, dos quais essas corporações podem esperar grandes retornos de seus investimentos em pesquisa. O setor privado ignora importantes cultivos, como a mandioca, o feijão, a maioria dos cultivos andinos e outros que são alimentos básicos fundamentais para milhões de pessoas. Os poucos agricultores empobrecidos que viessem a ter acesso à biotecnologia se tornariam perigosamente dependentes da aquisição anual de sementes transgênicas. Esses agricultores terão que se ater aos onerosos contratos de propriedade intelectual e não poderão plantar as sementes obtidas de suas lavouras. Essas condições são uma afronta para os agricultores tradicionais, que durante séculos conservaram e compartilharam sementes como parte do seu patrimônio cultural (La Peña, 2007).

Apesar dessas advertências, os defensores dos transgênicos argumentam que essas sementes são uma estratégia para melhorar os métodos convencionais de cultivo, uma vez que reduzem o uso de venenos. Sendo assim, são vistas como um sistema de produção compatível com formas de agricultura mais ambientalmente benéficas.

Por outro lado, a agricultura orgânica é praticada em quase todos os países do mundo, e a sua presença está aumentando. De acordo com a Organização para Alimentação e Agricultura das Nações Unidas (FAO, 2002), o total de área manejada organicamente em todo o mundo supera os 24 milhões de hectares. A região Austrália/Oceania detém 42% da área de agricultura orgânica do mundo, seguida pela América

Latina (24,2%) e Europa (23%). A Oceania e a América Latina concentram grande parte da área sob manejo orgânico, mas isso se deve ao fato de que sistemas de pecuária orgânica extensiva predominam na Austrália (cerca de 10 milhões de hectares) e na Argentina (quase 3 milhões de hectares). A Europa e a América Latina têm o maior número de propriedades orgânicas, enquanto que na Ásia e na África, a agricultura orgânica está crescendo, sendo ambas as regiões caracterizadas por pequenas propriedades. Na Europa, a agricultura orgânica está se expandindo rapidamente. Na Itália, há cerca de 56 mil propriedades orgânicas ocupando 1,2 milhão de hectares. Só na Alemanha, existem cerca de 8 mil propriedades orgânicas, que ocupam aproximadamente 2% do total das terras agricultáveis do país, enquanto na Áustria cerca de 20 mil propriedades orgânicas são responsáveis por 10% de sua produção agrícola total. No Reino Unido, o mercado de orgânicos está exibindo taxas de crescimento de 30% a 50% ao ano. Embora nos Estados Unidos as propriedades orgânicas ocupem apenas 0,25% da superfície agrícola total, a área destinada à produção orgânica dobrou entre 1992 e 1997 e, em 1999, a indústria varejista de produtos orgânicos gerou US$ 6 bilhões em vendas. Na Califórnia, os alimentos orgânicos representam um dos setores que mais crescem, com as vendas no varejo crescendo de 20% a 25% ao ano nos últimos seis anos. Cuba é o único país que está vivenciando uma conversão maciça à agricultura orgânica, promovida pela queda nas importações de fertilizantes, agrotóxicos e petróleo após o colapso das relações comerciais com o bloco soviético em 1990. Ao promover intensivamente a adoção de técnicas agroecológicas, tanto em áreas urbanas como rurais, os níveis de produtividade na ilha se recuperaram substancialmente.

PRINCIPAIS DIFERENÇAS ENTRE AGRICULTURA ORGÂNICA E A TRANSGÊNICA

A agricultura orgânica é um sistema de produção que sustenta a produtividade agrícola ao mesmo tempo que evita ou elimina grande parte o uso de fertilizantes e venenos (Lampkin, 1990). Os recursos externos, tais como produtos químicos e combustíveis, são substituídos por recursos encontrados na própria propriedade ou em seu entorno. Entre esses recursos internos, destacamos a energia solar ou eólica, os controles biológicos de pragas, o nitrogênio fixado biologicamente e outros nutrientes liberados da matéria orgânica ou das reservas do solo.

Sendo assim, os agricultores orgânicos baseiam-se fortemente do uso de rotações de culturas, biomassa, estercos animais, leguminosas, adubos verdes, resíduos orgânicos de fora da propriedade, cultivo mecânico, rochas minerais e do controle biológico de pragas para manter a boa estrutura e produtividade do solo, para fornecer nutrientes para as plantas e para controlar pragas, plantas espontâneas e doenças. A maioria dos pequenos e médios agricultores orgânicos mantém rotações com base em leguminosas, uso de composto e uma série de sistemas de cultivo diversificados, tais como plantas de cobertura ou plantios em faixas, incluindo as combinações lavoura-pecuária. Pesquisas mostram que esses sistemas apresentam rendimentos razoáveis, conservam energia e protegem o solo, ao mesmo tempo em que causam um impacto ambiental mínimo.

Já os sistemas de culturas transgênicas, ao contrário, são caracterizados por monoculturas que podem reduzir o uso de herbicidas ou de um determinado inseticida [nos seus primeiros anos], mas que ainda são fortemente dependentes do uso de fertilizantes sintéticos e outros agrotóxicos para controlar insetos ou plantas espontâneas que a planta transgênica por si só não consegue controlar. Embora esses sistemas possam se mostrar produtivos e, em alguns casos, economicamente rentáveis, vários cientistas argumentam que os cultivos resistentes a herbicidas e as culturas Bt têm sido uma má escolha frente aos problemas ambientais previstos e à questão da evolução da resistência. De fato, há evidências suficientes para sugerir que esses dois tipos de cultivos não são realmente necessários para atender aos problemas para os quais foram projetados. Ao contrário, eles tendem a reduzir as opções de manejo de pragas disponíveis para os agricultores. Na medida em que os transgênicos forem consolidando ainda mais o atual sistema de monocultura, elas impedem os agricultores de usar uma infinidade de métodos alternativos (Krimsky; Wrubel, 1996).

Além disso, os transgênicos levam a uma intensificação da agricultura, e a teoria ecológica prevê que, enquanto essas sementes continuarem a seguir o paradigma dos agrotóxicos, não farão nada além de jogar água no moinho dos agrotóxicos, legitimando assim as preocupações que muitos ambientalistas e alguns cientistas vêm manifestando sobre os seus potenciais riscos ambientais. A diferença mais relevante entre a agricultura orgânica e a transgênica é que os agricultores orgânicos dependem dos serviços ecológicos da agrobiodiversidade e, portanto, evitam o uso de fertilizantes químicos e agrotóxicos em suas práticas. Já os que adotam as sementes modificadas promovem a uniformidade genética e monoculturas e não restringem o uso de agrotóxicos e fertilizantes químicos. São bastante claros, portanto, os contrastes entre a agricultura orgânica e a transgênica (Quadro 1).

A maioria dos estudos que avaliaram os impactos ambientais das lavouras transgênicas se concentraram em comparar culturas convencionais e transgênicas. Sendo assim, pode-se dizer que os resultados apresentados favoráveis aos transgênicos no que se refere à diminuição da população de uma determinada espécie são no geral subestimados uma vez que as comparações não incluíram os sistemas orgânicos. Tais estudos reducionistas não foram capazes de captar toda a gama de impactos gerados pelas culturas modificadas sobre a biodiversidade, assim como também não abordam os efeitos da redução da biodiversidade em certos processos dos agroecossistemas, tais como a ciclagem de nutrientes ou a regulação de pragas. Simplesmente observar os efeitos dos transgênicos sobre a abundância de algumas poucas espécies-alvo não fornece informações ecológicas muito válidas ou úteis, especialmente se esses estudos excluem agroecossistemas com altos níveis de biodiversidade.

Quadro 1.

Características da agricultura orgânica e da agricultura geneticamente modificada

Características	Transgênicos	Agricultura Orgânica
Dependência do petróleo	Alta	Média
Exigência de força de trabalho	Baixa, contratada	Média, familiar ou contratada
Intensidade de manejo	Alta	Baixa-média
Intensidade de preparo do solo	Alta, exceto nos sistemas de plantio direto	Baixa (plantio direto sem herbicidas) a média
Diversidade vegetal	Baixa	Média a alta
Variedade de culturas	Geneticamente modificadas, geneticamente homogêneas, uma mesma variedade plantada em vastas áreas	Híbridas ou de polinização aberta, misturas de variedades
Fonte de sementes	Empresas multinacionais, todas compradas, patenteadas	Compradas de pequenas empresas de sementes, algumas guardadas de plantios anteriores
Integração de culturas e criação de animais	Nenhuma	Pouca (uso de adubo) para combinações lavoura-pecuária
Ocorrência de pragas	Muito imprevisíveis	Imprevisíveis
Manejo de insetos	Culturas resistentes a insetos	Manejo integrado de pragas, caldas, controle biológico, manejo de *habitat*
Manejo de plantas espontâneas	Culturas resistentes a herbicidas, uso de produtos químicos, aração	Controle cultural, rotações
Manejo de doenças	Uso de produtos químicos, resistência vertical	Antagonistas, resistência horizontal, cultivares multilinhas
Nutrição das plantas	Química, com aplicação de fertilizantes, sistemas abertos	Biofertilizantes microbianos, fertilizantes orgânicos, sistemas semiabertos
Manejo da água	Irrigação de grande escala	Irrigação por aspersão ou gotejamento, sistemas que economizam água

A lógica por trás de cada sistema é substancialmente diferente. As propriedades orgânicas são baseadas na noção de que a biodiversidade é parte integrante do desenho do agroecossistema e que, em determinado momento, parte da área será plantada com leguminosas que servirão como adubos verdes e serão incorporadas ao solo ou servirão de forragem para o gado, cujo esterco será devolvido ao solo. As propriedades transgênicas, por sua vez, são baseadas num pressuposto radicalmente diferente. Sua sobrevivência depende do acesso genes que irão codificar características-chave nas plantas e de uma fábrica de agrotóxicos que em algum lugar está consumindo grandes quantidades de combustíveis fósseis e emitindo gases de efeito estufa.

A BASE AGROECOLÓGICA DA INCOMPATIBILIDADE ENTRE OS TRANSGÊNICOS E A AGRICULTURA ORGÂNICA

Para os defensores dos transgênicos, os problemas relacionados à deriva química e ao fluxo de genes não inviabiliza a coexistência entre os diferentes sistemas de produção, mas apenas envolvem o gerenciamento de conflitos de valores e certas questões técnicas, (por exemplo, o pólen de uma planta transgênica fertilizando uma cultura não GM de alguma propriedade vizinha ou a presença de pólen transgênico no mel etc.). Mas os problemas são muito mais profundos do que isso, uma vez que as distinções entre a agricultura transgênica e a orgânica são tão fundamentais que os dois sistemas são baseados em racionalidades ecológicas totalmente diferentes. Na verdade, pode-se dizer que as duas formas de agricultura estão em conflito uma vez que as normas internacionais de orgânicos, como implementadas atualmente, proíbem o uso de insumos geneticamente modificados e não admitem contaminação por transgênicos, que podem reduzir o valor comercial e a liquidez dos cultivos orgânicos.

A biodiversidade associada aos sistemas agrícolas já está sendo significativamente afetada pela intensificação da agricultura convencional. Nos últimos 50 anos, a população de muitas espécies de aves, borboletas e plantas diminuiu consideravelmente nas paisagens agrícolas em todo o mundo. O uso de determinados tipos de plantas transgênicas tem o potencial de reduzir a biodiversidade ao intensificar ainda mais esse modelo. Há também riscos potenciais para a biodiversidade decorrentes do fluxo gênico e da toxicidade para organismos não alvo. Na verdade, há várias desvantagens ambientais amplamente aceitas associadas à rápida implantação e à vasta comercialização de tais cultivos em grandes monoculturas, incluindo: (Kendall *et al.*, 1997; Rissler; Mellon, 1996; Neve; Moran, 1997).

a. A disseminação de transgenes para plantas espontâneas aparentadas ou da mesma espécie através da hibridização entre cultivares e plantas espontâneas;

b. a redução da aptidão de organismos não alvo (especialmente plantas espontâneas ou variedades locais) por meio da aquisição de características transgênicas via hibridização;

c. a rápida evolução da resistência de insetos-praga, tais como brocas-do-colmo (*Lepidoptera*), à toxina Bt;

d. a acumulação da toxina inseticida Bt, que permanece ativa no solo depois que a terra é arada e adere fortemente à argila e a ácidos húmicos;

e. o desequilíbrio do controle natural de insetos-praga por meio de efeitos em nível intertrófico da toxina Bt sobre os inimigos naturais;

f. os efeitos imprevisíveis sobre insetos herbívoros não alvo (como as borboletas monarca) por meio da deposição de pólen transgênico na folhagem da vegetação silvestre circundante (Losey; Rayor; Cater, 1999); e

g. transferência horizontal de genes mediada por vetores virais e sua recombinação criando novos organismos patogênicos.

Ao se descrever os principais fundamentos e características da agricultura orgânica, é possível visualizar porque a agricultura transgênica é incompatível com os princípios de uma agricultura sustentável, uma vez que se expande à custa de outras formas de produção.

A agricultura ecológica se baseia em estratégias de diversificação, tais como policulturas, rotações, cultivos de cobertura e integração animal para otimizar a produtividade e garantir a saúde do agroecossistema. Os cultivos transgênicos, especialmente os cultivos resistentes a herbicidas, condenam os agricultores às monoculturas, uma vez que herbicidas, como o *Roundup*, são de amplo espectro e, assim sendo, eliminam toda a vegetação, exceto a cultura transgênica. Nesses sistemas é impossível promover consórcios e sistemas de rotação. Talvez o maior problema de usar cultivos resistentes a herbicidas para resolver problemas com plantas espontâneas seja o fato de que eles vão na direção oposta de alternativas como rotação de culturas ou cultivos de cobertura, incentivando a manutenção de sistemas simplificados onde predomina apenas uma ou duas espécies anuais (Paoletti; Pimentel, 1996). A rotação de culturas não só reduz a necessidade de herbicidas, como também melhora a qualidade do solo e da água, minimiza a demanda por fertilizantes nitrogenados, regula as populações de insetos-praga e patógenos, aumenta a produtividade das culturas e reduz a variabilidade na produção (Altieri, 1995). Assim, ao inibirem a adoção de rotação de culturas e plantas de cobertura, os transgênicos resistentes a herbicidas impedem o desenvolvimento de sistemas agrícolas sustentáveis.

A história tem mostrado repetidamente que a uniformidade que caracteriza as áreas agrícolas com um menor número de variedades, como no caso dos transgênicos, representa um risco elevado para os agricultores, uma vez que a uniformidade genética tende a deixar os cultivos mais vulneráveis a pragas e doenças (Robinson, 1996). A literatura está repleta de exemplos de epidemias de doenças associadas ao plantio homogêneo, incluindo a perda de US$ 1 bilhão de milho nos Estados Unidos em 1970 e a destruição de 18 milhões de árvores de citros na Flórida em 1984 (Thrupp, 1998).

A agricultura orgânica privilegia o uso de variedades locais adaptadas a condições específicas e a manejos de baixo uso de insumos externos. Torna-se evidente que o uso da diversidade genética por agricultores orgânicos desempenha um papel especial para a manutenção e a melhoria da capacidade produtiva dos sistemas agrícolas, já que proporciona segurança contra doenças, pragas, secas e outros fatores de estresse, assim como permite que os agricultores explorem todo o conjunto de agroecossistemas existentes em cada região. A contaminação genética representa grande ameaça para os centros de diversidade. Em sistemas agrícolas biodiversos, a probabilidade de cultivos transgênicos encontrarem parentes silvestres sexualmente compatíveis é muito alta. O fluxo de transgenes pode comprometer a biodiversidade dos cultivos locais (e, portanto, seu conhecimento associado de práticas agrícolas, juntamente com os processos ecológicos e evolutivos envolvidos) e pode representar uma ameaça pior do que a polinização cruzada a partir de sementes convencionais ou híbridas.

De fato, alguns pesquisadores avaliam que o DNA modificado possa conferir vantagem adaptativa aos híbridos descendentes e sua persistência pode ser desvantajosa para os agricultores e para a diversidade dos cultivos (Stabinski; Sarno, 2001). A questão é saber se as plantas geneticamente modificadas podem realmente aumentar a produção agrícola e, ao mesmo tempo, repelir pragas, resistir a herbicidas e favorecer a adaptação a adversidades comumente enfrentadas por pequenos agricultores. O que está em questão é a possibilidade de que características importantes para os agricultores tradicionais (resistência à seca, capacidade competitiva, adaptação a consórcios, qualidade de armazenamento etc.) sejam substituídas por características transgênicas que podem não ser tão relevantes para os agricultores (Jordan, 2001). Nesse cenário, os riscos podem aumentar e os agricultores perderiam sua capacidade não só de adaptação às mudanças no ambiente biofísico, como também sua habilidade para produzir de forma relativamente estável com um mínimo de insumos externos, promovendo a segurança alimentar de suas comunidades.

Um dos principais riscos ecológicos é que a introdução de culturas resistentes a herbicidas em larga escala no meio ambiente pode promover a transferência de transgenes para outras plantas, que por sua vez poderiam se tornar plantas daninhas (Snow; Moran, 1997). Os transgenes que conferem vantagens biológicas significativas que podem transformar plantas silvestres ou espontâneas em novas ou mais invasivas espécies (Rissler; Mellon, 1996). O processo biológico em questão é a introgressão-hibridização entre espécies de plantas diferentes, mas aparentadas. Isso é preocupante porque há um bom número de culturas desse tipo sendo cultivadas próximas a seus parentes silvestres sexualmente compatíveis (Lutman, 1999). Deve-se, portanto, ter extremo cuidado nos sistemas com plantas mais propensas à fecundação cruzada, como a aveia, a cevada, o girassol e seus parentes silvestres, além de canola com outras brassicáceas (Snow; Moran, 1997). Os cultivos Bt podem também contribuir para a criação de superervas daninhas. Snow *et al.* (2003) mostraram que, quando um transgene que codifica para um composto inseticida migra do girassol transgênico para o feral, as plantas resultantes apresentam menor herbivoria e produzem mais sementes. Ou seja, o escape de transgenes torna ainda pior a questão das plantas espontâneas.

A transferência de transgenes para os cultivos orgânicos representa um problema específico para os agricultores orgânicos. A certificação orgânica está atrelada à capacidade de os produtores garantirem que seus produtos são livre de transgênicos[8]. Alguns cultivos que são capazes de cruzar com outras espécies, como o milho ou canola, poderão ser afetados em maior grau, mas todos os agricultores ecológicos correm o risco de contaminação genética. Não existem normas que estipulem uma distância de separação mínima obrigatória entre os cultivos transgênicos e os orgânicos[9] (Royal Society, 1998).

---

[8] O artigo 1º da lei brasileira de agricultura orgânica (10.831/2003) define como sistema orgânico de produção agropecuária aquele que, entre outro, tem como objetivo a "eliminação do uso de organismos geneticamente modificados". (N.R.)

[9] No Brasil, a Resolução Normativa 04 da CTNBio, de 16 de agosto de 2007, estabeleceu, para o caso do milho, distância de isolamento "igual ou superior a 100 (cem) metros ou, alternativamente, 20 (vinte) metros, desde que acrescida de

A total eliminação de plantas espontâneas nas culturas resistentes a herbicidas certamente irá agravar os problemas de pragas das monoculturas. O uso massivo do *Roundup* e de outros herbicidas de amplo espectro elimina muitas espécies que oferecem elementos importantes para atrair ou manter inimigos naturais, tais como presas/hospedeiros alternativos, pólen ou néctar, bem como micro-*habitats* que não estão disponíveis nas monoculturas (Altieri; Nicholls, 2004). Nos últimos 20 anos, a pesquisa tem mostrado que os surtos de certos tipos de pragas são menos prováveis de ocorrer em sistemas diversificados com presença de vegetação espontânea, principalmente devido ao aumento da mortalidade de inimigos naturais. Sistemas com uma cobertura densa de plantas espontâneas e alta diversidade geralmente apresentam mais artrópodes predadores do que os campos "limpos". O êxito no estabelecimento de muitos parasitoides geralmente depende de plantas que fornecem néctar para as vespas adultas. Altieri e Nicholls (2004) revisaram exemplos relevantes de sistemas de cultivo em que a presença de plantas espontâneas específicas reforçou o controle biológico de determinadas pragas. Uma revisão da literatura científica feita por Baliddawa (1985) mostrou que as densidades populacionais de 27 espécies de insetos-praga aumentaram em culturas livres de plantas espontâneas quando comparadas às das culturas que mantinham vegetação espontânea. Obviamente, a eliminação total dessa vegetação, como é prática comum nas plantações resistentes a herbicidas, pode ter grandes implicações ecológicas para o manejo de pragas.

O PROBLEMA DOS CUSTOS DE PRODUÇÃO

A agricultura orgânica favorece propriedades de pequeno a médio porte capazes de promover uma agricultura familiar local e

---

bordadura com, no mínimo, 10 (dez) fileiras de plantas de milho convencional de porte e ciclo vegetativo similar ao milho geneticamente modificado". Esta norma foi baixada por determinação judicial favorável ao pedido de organizações da sociedade civil, mas as distâncias estipuladas demonstraram ser insuficientes para evitar a contaminação do milho orgânico, crioulo ou convencional. (N.R.)

economicamente viável. Durante o período do pós-guerra, muitas propriedades rurais nos Estados Unidos vivenciaram um declínio acentuado. Nos últimos 50 anos, mais de 4 milhões de agricultores tiveram que deixar a atividade agrícola, uma média de 219 propriedades abandonadas por dia. A realidade é que os agricultores dos EUA têm ficado cada vez mais espremidos entre os preços dos produtos e os custos de produção, que têm atingido patamares muito altos em função da aquisição de tecnologias do pacote agroquímico. Isso tem consumido qualquer aumento nos rendimentos obtidos pelos agricultores. Enquanto os preços dos alimentos têm ficado estagnados por muito tempo devido à superprodução, os custos dos insumos manufaturados subiram de forma exorbitante. Os agricultores têm sido levados a contrair dívidas para cobrir os custos de tratores (US$ 40 mil) e colheitadeiras (US$ 100 mil), e geralmente as suas "magras" margens de lucro não são suficientes para saldar as dívidas, gerando uma onda de falências e penhoras. Cumpre ressaltar que tanto a superprodução quanto os altos custos de produção são resultados do mesmo enfoque produtivista, que é, portanto, responsável tanto pelo alto custo quanto pelo baixo preço que achatam a renda dos agricultores (Rosset, 2002).

As inovações biotecnológicas são um excelente exemplo de uma tecnologia que promove economias de escala e concentração de terras nas maiores áreas de exploração agrícola em todo o mundo, tanto no norte como no sul. Nesse sentido, é interessante avaliar a realidade enfrentada pelos agricultores de Iowa, que vivem no coração da região de milho e soja transgênicos dos EUA. Embora as plantas espontâneas sejam um aborrecimento, o verdadeiro problema dos agricultores é a queda dos preços agrícolas, pressionados para baixo pela superprodução de longo prazo.

Entre 1990 e 1998, o preço médio de uma tonelada de soja diminuiu 62%, e os retornos obtidos sobre os custos e despesas de produção caíram de US$ 530 para US$ 182 por hectare, uma queda de 66%.

Diante desse declínio dos rendimentos por hectare, os agricultores não tiveram outra escolha senão "tornar-se grande ou desistir de vez"[10]. Aumentar a área plantada é a única maneira de compensar a queda dos lucros por hectare e de permanecer no negócio. Os agricultores correrão atrás de qualquer tecnologia que facilite esse "crescimento", mesmo que os ganhos de curto prazo sejam eliminados pelos preços que continuam a cair à medida que se expande o modelo da agricultura industrial. Para esses agricultores de Iowa, a queda nos retornos obtidos por unidade de área tem reforçado a importância dos herbicidas no processo de produção, uma vez que reduzem o tempo de cultivo, permitindo que o agricultor cultive mais hectares. Um levantamento realizado junto a agricultores de Iowa em 1998 mostrou que a utilização do glifosato na soja transgênica reduziu os custos de controle de plantas espontâneas em quase 30% em comparação com o manejo convencional. Seu rendimento, no entanto, foi cerca de 4% menor, e os retorno líquido por unidade de área cultivada com soja resistente ao glifosato e com soja convencional foram quase idênticos (Altieri, 2004).

Do ponto de vista da conveniência e da redução de custos, o pacote herbicidas de amplo espectro mais variedades resistentes a herbicidas parece ser mais atraente para os agricultores. Tais sistemas se encaixam bem em operações de larga escala, sistemas de plantio direto e pulverizações subcontratadas. No entanto, do ponto de vista de preços, qualquer sanção sobre as variedades transgênicas agravará ainda mais o impacto dos atuais preços baixos. Considerando que as exportações americanas de soja para a União Europeia caíram de 11 milhões para 6 milhões de toneladas em 1999, devido à rejeição dos consumidores europeus aos transgênicos, fica fácil prever uma catástrofe para os agricultores que dependem dos transgênicos (Brummer, 1998).

A integração entre a indústria de sementes e a de agroquímicos parece acelerar o aumento dos gastos por hectare com sementes e insumos,

---

[10] Do inglês, *get big or get out.* (N.R.)

proporcionando retornos significativamente mais baixos. As empresas que desenvolvem culturas tolerantes a herbicidas estão tentando transferir tanto quanto possível os custos relacionados aos herbicidas para a aquisição de sementes e o pagamento de taxas pelo uso da tecnologia [*royalties*]. A redução do preço dos herbicidas ficará cada vez mais circunscrita aos agricultores que comprarem todo o pacote. Em Illinois, a adoção de sementes resistentes a herbicidas torna o sistema de plantio de soja e manejo de plantas espontâneas o mais caro da história moderna – entre US$ 99 e US$ 148 por hectare, dependendo das taxas, da pressão das plantas espontâneas, entre outros. A média dos custos com sementes e controle da vegetação espontânea em Illinois era de US$ 64/ ha e representava 23% dos custos variáveis. Três anos após, esses custos correspondiam a 35% a 40% (Carpenter; Gianessi, 1999). Os agricultores podem ter uma economia significativa com herbicidas (até 30%), mas a diferença recairá sobre o custo da semente. Em 1998, agricultores de Iowa gastaram US$ 65/ha com sementes transgênicas, enquanto o custo das sementes convencionais era de apenas US$ 46,7/ha. Muitos agricultores estão dispostos a pagar pela simplicidade e robustez do novo sistema de manejo do mato, mas tais vantagens podem ser de curta duração à medida que surjam problemas ecológicos.

Na Argentina, praticamente todos os 15 milhões de hectares de soja foram plantados com soja tolerante a herbicidas. Embora a área de transgênicos tenha crescido, houve também aumento no uso do glifosato, no emprego de tratores grandes e na área de plantio direto. Essa transformação agrícola tem ocorrido num contexto de queda nas margens de lucro na ordem de 50% entre 1992 e 1999, o que levou muitos agricultores a abandonar a atividade. Os agricultores estão endividados com empréstimos bancários atrelados a altas taxas de juros para pagar investimentos em maquinário, insumos e sementes. Essa situação tem favorecido o estabelecimento de grandes propriedades rurais e o desaparecimento dos pequenos agricultores. Em apenas sete anos, o número de propriedades rurais em La Pampa diminuiu de 170 mil para 116 mil, enquanto o tamanho médio das fazendas aumentou de 243 para 538 hectares em 2003. O aumento de 126% da área cultivada com soja na última década também ocorreu em detrimento de vastas áreas anteriormente destinadas à produção de frutas, laticínios, gado, milho, trigo, girassol, algodão, cana-de-açúcar, entre outros. Quando a crise econômica atingiu o país, não havia muita comida para oferecer à crescente população com fome, a não ser a soja, um alimento que os argentinos nunca foram acostumados a comer (Pengue, 2000).

Na Europa, um estudo realizado pelo *Institute for Prospective Technological Studies of the EU Joint Research Centre* (Instituto de Estudos Tecnológicos Prospectivos do Centro Comum de Pesquisa da União Europeia, tradução livre) (Bock *et al.*, 2002) apontou que todos os agricultores enfrentarão altos custos de produção adicionais e, em alguns casos, insustentáveis caso os transgênicos sejam cultivados comercialmente em grande escala. O estudo previu que a comercialização de colza e milho modificados e, em menor medida, da batata, irá aumentar os custos de produção para os produtores convencionais e orgânicos, provocando um aumento de 10% a 41% nos preços agrícolas para a colza e entre 1% e 9% para o milho e a batata. Sob esse cenário, a coexistência seria muito difícil, já que, na maioria dos casos, seria praticamente impossível atestar a pureza das sementes e das culturas em um nível de detecção de transgênicos de 0,1%, ou seja, todos os produtos e sementes de colza e milho apresentariam certo nível de contaminação. Infelizmente, esse parece ser o caso nos Estados Unidos, onde testes em variedades locais de milho, soja e canola apontaram contaminação transgênica generalizada (Mellon; Rissler, 2004).

MARCO INSTITUCIONAL, ACORDOS INTERNACIONAIS E O PRINCÍPIO DA PRECAUÇÃO

No âmbito das negociações da Convenção sobre Diversidade Biológica da Organização das Nações Unidas, vários países da região assinaram o tratado de biossegurança que os obriga a adotar o "princípio da precaução" no contexto do comércio de organismos geneticamente modificados (OGM)[11]. Esse princípio, que é a base do Protocolo de Cartagena sobre Biossegurança, determina que no caso de suspeitas de que uma nova tecnologia possa ser de alguma forma prejudicial à saúde ou ao meio ambiente, a incerteza científica sobre a extensão e a gravidade desse dano não pode ser usada como justificar para se adiar a adoção de medidas de precaução. Isso dá aos países o direito de se opor à importação de produtos transgênicos sobre os quais haja suspeitas de risco para a saúde ou o meio ambiente. O princípio da precaução estabelece a inversão do ônus da prova, fazendo com que caiba não aos críticos da tecnologia comprovar seus riscos, mas sim a seus proponentes comprovar sua segurança. Há uma clara necessidade de testes independentes e de monitoramento constante para garantir que os dados gerados pelas empresas e apresentados às agências reguladoras não sejam tendenciosos ou parciais, favorecendo os interesses da indústria. Além disso, seria importante promover uma moratória global contra os transgênicos até que os questionamentos em relação a seus potenciais impactos sejam apurados por cientistas independentes.

Na América Latina, há vários níveis de existência e abrangência de marcos regulatórios de biossegurança: existem desde países onde há uma total ausência de um marco normativo (como Venezuela, Equador e a maioria de países centro-americanos); países como a Bolívia, com um marco limitado e um nível mínimo de aplicação prática; e outros, como Peru e Colômbia, onde existe um marco jurídico inicial, mas que se mostra incompleto para aplicação prática. No caso dos países megadiversos da América Central e dos Andes, a falta de padrões mínimos de avaliação, gestão e monitoramento de riscos é uma situação extremamente grave e ainda pior se considerarmos que na maioria dos países não existe um sistema claro que

---

[11]   O Protocolo de Cartagena de Biossegurança da CDB adota o termo OVM – Organismo Vivo Modificado. (N.R.)

estipule sanções para os casos de descumprimento das obrigações de biossegurança (La Peña, 2007).

Muitas organizações ambientais e de consumidores que defendem uma agricultura mais sustentável exigem o apoio contínuo à pesquisa agrícola de base ecológica, tendo em vista que existem soluções agroecológicas para todos os problemas biológicos que a biotecnologia pretende resolver. O problema é que a pesquisa nas instituições públicas cada vez mais reflete os interesses de grupos privados, deixando de lado a parte boa da pesquisa pública, tais como o controle biológico, os sistemas orgânicos e as técnicas agroecológicas em geral (Busch, 1990). A sociedade civil deve exigir mais estudos sobre as alternativas à biotecnologia, a serem desenvolvidas por universidades e outras organizações públicas. Há também uma necessidade urgente de rechaçar o sistema de patentes e direitos de propriedade intelectual inerentes à Organização Mundial do Comércio (OMC), que não só concede às corporações multinacionais o direito de se apropriar e patentear recursos genéticos, mas também aumenta a velocidade com a qual as forças de mercado incentivam a monocultura com variedades transgênicas geneticamente uniformes.

CONCLUSÕES E RECOMENDAÇÕES

As informações disponíveis e geradas por fontes científicas independentes sugerem que, devido ao fato de a utilização massiva de produtos transgênicos representar riscos ecológicos potenciais consideráveis, esses cultivos não são compatíveis com a agricultura orgânica ou outras formas ecológicas de produção. Esse modelo de agricultura prejudica os mecanismos de coexistência por comprometer a capacidade dos agricultores de manejar suas terras em benefício da biodiversidade e dos recursos naturais, ao demandar, por exemplo, uma maior utilização de herbicidas ou ao reduzir as opções dos agricultores que queiram adotar rotações ou outras práticas de manejo baseadas na diversificação.

O primeiro argumento importante contra o conceito de coexistência é que já está mais do que comprovado que a movimentação de transgenes ocorre para além de seus destinos originalmente estabelecidos, assim como a hibridização com plantas espontâneas de uma mesma família e a contaminação genética de outras culturas não GM (Marvier, 2001). É impossível remover ou resgatar genes depois que estes se dispersam pela natureza. Não há medidas adequadas para evitar o fluxo gênico entre organismos transgênicos e organismos nativos em que os transgenes tendem a afetar a aptidão, diminuir a diversidade genética ou aumentar a toxicidade (Steinbrecher, 1996). Embora o método preferencial a ser adotado devesse ser o de evitar a liberação de transgênicos em áreas com parentes silvestres sexualmente compatíveis, não há garantia de que isso aconteça, seja por pressões das empresas, pela falta de regulamentações de biossegurança, por erro humano ou por corrupção.

Os efeitos ambientais não se restringem ao desenvolvimento de resistência a pragas e à criação de novas plantas daninhas ou cepas de vírus através do fluxo gênico (Kendall *et al.*, 1997). Riscos diretos relacionados aos OGMs podem incluir toxicidade para a vida silvestre, deslocamento competitivo de espécies nativas por organismos transgênicos ou híbridos com espécies silvestres e efeitos sobre o solo e ecossistemas aquáticos. Entre os riscos indiretos, estão as alterações no uso da terra e da água e a adoção de formas de manejo prejudiciais aos animais silvestres que utilizam as terras agrícolas, as florestas, a água doce ou os mares. Sabe-se que os cultivos transgênicos podem produzir toxinas que se movimentam através da cadeia alimentar e acabam chegando ao solo, onde se aderem a coloides e mantêm sua toxicidade, afetando invertebrados e, possivelmente, a ciclagem de nutrientes (Altieri, 2000). Ninguém pode realmente prever os impactos de longo prazo sobre a agrobiodiversidade e os processos originados a partir da implantação maciça de tais culturas, uma tendência infeliz, já que a maioria dos cientistas acredita que seria fundamental ter essa informação antes de se promover a ampla disseminação dessas inovações biotecnológicas.

Embora exista uma clara necessidade de se aprofundar a avaliação sobre a gravidade, a magnitude e a abrangência dos riscos associados à liberação massiva dos transgênicos, a movimentação de transgenes via pólen e sementes já está tão difundida que o único caminho seguro possível para garantir uma agricultura livre de contaminação é criar áreas geograficamente isoladas e conservar as variedades crioulas e convencionais. Além disso, o uso recorrente de transgênicos em uma área pode gerar efeitos cumulativos, tais como os resultantes do acúmulo de toxinas no solo, que tornarão os inadequados para outras formas de agricultura por um período de tempo ainda desconhecido. A diminuição do uso de agrotóxicos não é aceitável como representando um benefício ambiental, uma vez que reduzir o uso dessas substâncias não significa que a cultura transgênica deixou de liberar exsudados, toxinas, ou que herbicidas associados tenham deixado de exercer efeitos multitróficos e outros impactos sobre o funcionamento do agroecossistema.

Não resta dúvida de que a homogeneização da paisagem agravará os problemas ecológicos já associados às monoculturas (Altieri, 2000). Promover a expansão dessa tecnologia em países em desenvolvimento sem antes questionar seus efeitos pode não ser algo sensato ou desejável. Há uma força na diversidade agrícola de muitos desses países que não deve ser inibida ou reduzida pelas extensas monoculturas, especialmente quando suas consequências ocasionam sérios problemas sociais e ambientais (Altieri, 2003). Sob condições de pobreza, as populações rurais marginalizadas não têm outra opção senão manter agroecossistemas de baixo risco que são estruturados principalmente para garantir a segurança alimentar local.

Os agricultores das regiões periféricas precisam continuar a produzir alimentos para abastecer suas comunidades na ausência de insumos modernos, e isso pode ser alcançado pela preservação da agrobiodiversidade ecologicamente intacta e localmente adaptada de suas respectivas regiões. Para tanto, pode ser necessário manter áreas geograficamente isoladas e bancos de germoplasma, já que essas ilhas de agricultura tradicional podem futuramente servir de salvaguardas contra o fracasso ecológico potencial decorrente da implantação de padrões inadequados de modernização agrícola encabeçados pelas culturas transgênicas.

É justamente a capacidade de gerar e manter recursos genéticos diversificados que concede aos pequenos agricultores possibilidades de abertura de nichos de mercado "únicos" e exclusivos que não poderão ser acessados por outros agricultores que se dedicam a cultivares geneticamente uniformes, mesmo ocupando as terras mais favoráveis. Esse "diferencial" inerente aos sistemas tradicionais pode ser usado estrategicamente, explorando oportunidades ilimitadas que existem para ligar a biodiversidade agrícola tradicional aos mercados local/nacional/internacional, desde que essas atividades sejam cuidadosamente planejadas e permaneçam sob o controle popular.

Outro aspecto preocupante é que as universidades públicas e os sistemas de pesquisa estão sucumbindo à sedução do grande capital e têm sido presas fáceis da influência do poder político e empresarial. Além das implicações da interferência do capital privado na definição da agenda de pesquisa e da composição da academia – que compromete a missão pública das universidades –, trata-se de uma afronta à liberdade acadêmica e à autonomia universitária. Esse controle corporativo impede que as universidades se dediquem a uma pesquisa imparcial e impossibilita que o capital intelectual explore alternativas verdadeiramente sustentáveis para a crise energética e as mudanças climáticas. As universidades e os órgãos públicos de pesquisa deveriam ter liberdade para aprofundar pesquisas que visam responder a uma série de questionamentos relacionados ao uso indiscriminado da biotecnologia e dos agrocombustíveis, tais como (La Peña, 2007):

a. Quem se beneficia da tecnologia e como os benefícios associados são repartidos entre os agricultores de um determinado país, dada sua heterogeneidade em termos de acesso a capital, recursos naturais, mercados, crédito e extensão rural?

b. Essa tecnologia responde a demandas locais ou globais? Quem submete as inovações biotecnológicas a uma análise prévia de avaliação de necessidade? Quem faz a comparação entre essas inovações e as alternativas existentes?

c. Qual é o impacto nos mercados locais uma vez que a adoção dos transgênicos pode ocasionar mudanças nos mercados e nas políticas de preços que afetam os pequenos agricultores?

d. Como é afetado o acesso aos mercados internacionais, tendo em vista que a adoção de plantas transgênicas pode provocar a perda de mercados? Quem compensará os produtores ecológicos que enfrentam dificuldades para manter uma convivência diferenciada das culturas transgênicas com as demais culturas? Quem irá compensar os possíveis danos que o cruzamento entre esses dois tipos de cultivos pode causar, uma vez que pode acarretar perda de mercados nos países cujos consumidores rejeitam os produtos transgênicos (como os países europeus e o Japão)?

e. Como os direitos de proteção de propriedade intelectual coexistem com as regras de acesso aos recursos genéticos e ao conhecimento tradicional? Como podemos avaliar o efeito da imposição de direitos de propriedade intelectual sobre os camponeses, especialmente quando eles são forçados a assinar contratos dispendiosos para ter acesso ao uso de sementes melhoradas, renunciando o seu direito de guardar e replantar as sementes para plantios futuros?

f. Quais são as capacidades em biossegurança? Quais são as limitações no desenvolvimento de mecanismos de biossegurança, uma vez que eles podem não responder adequadamente às demandas da sociedade civil e dos mercados?

g. Que valores culturais podem ser afetados com a introdução de culturas geneticamente modificadas?

h. Quais são os efeitos ecológicos dos cultivos transgênicos e seus impactos sobre a saúde humana? Já não seria tarde demais para fazer essa avaliação, uma vez que o monitoramento dos impactos deveria ter sido feito antes de sua liberação massiva?

Somente alianças estratégicas e ações coordenadas de movimentos sociais (organizações de agricultores, movimentos ambientalistas e de trabalhadores rurais, ONGs, associações de consumidores, membros engajados do setor acadêmico etc.) podem exercer pressão sobre os governos e as empresas multinacionais para garantir que essas tendências sejam contidas. E, mais importante ainda, precisamos trabalhar em conjunto para assegurar que todos os países tenham o direito à soberania alimentar por meio de sistemas alimentares baseados na Agroecologia e que encurtem os circuitos de produção e consumo. Será necessário implementar uma ampla reforma agrária que garanta aos agricultores acesso à água, a sementes e a outros recursos produtivos. Precisamos também criar políticas agrícolas e alimentares que respondam às necessidades dos agricultores e consumidores, especialmente os mais pobres.

IMPACTOS ECOLÓGICOS DAS MONOCULTURAS DESTINADAS À PRODUÇÃO DE AGROCOMBUSTÍVEIS NAS AMÉRICAS[12]

Este capítulo analisa a expansão dos agrocombustíveis nas Américas e os impactos ecológicos associados às tecnologias utilizadas na produção de vastas monoculturas de milho e soja. Além do desmatamento e do deslocamento de terras destinadas ao cultivo de alimentos em função da expansão dos agrocombustíveis, o uso massivo de transgênicos e de insumos agroquímicos, principalmente fertilizantes e herbicidas, impõem graves problemas ambientais.

Diversas corporações, certos governos, instituições científicas e algumas poucas organizações ambientais têm defendido os agrocombustíveis como alternativa ao petróleo, capaz de mitigar os efeitos das mudanças climáticas ao reduzir as emissões de gases de efeito estufa, aumentar a renda dos agricultores e promover o desenvolvimento rural (Demirbas, 2009). Entretanto, pesquisas e análises mais rigorosas realizadas por ecólogos e cientistas sociais de renome apontam que a expansão da produção industrial de agrocombustíveis já está se revelando desastrosa para os pequenos e médios agricultores, o meio ambiente, a biodiversidade e os consumidores, especialmente os mais pobres (Bravo, 2006).

Contrariamente às falsas alegações das empresas que promovem esses "combustíveis verdes", o cultivo massivo de milho, soja, cana-

---

[12] Edição elaborada a partir do artigo "The Ecological Impacts of Large-Scale Agrofuel Monoculture Production Systems in the Americas", de Miguel Altieri, publicado em Bulletin of Science Technology Society 2009; 29; 236 originally published online Apr 21, 2009; DOI: 10.1177/0270467609333728.

de-açúcar, dendê e outras culturas hoje incentivadas pela indústria para a produção de combustíveis – muitos deles geneticamente modificados – não irá reduzir as emissões de gases de efeito estufa. E pior: vai deslocar dezenas de milhares de agricultores, diminuir a segurança alimentar em muitos países, acelerar o desmatamento e acentuar a pegada ecológica da agricultura industrial, acarretando novos e diversos problemas econômicos, ambientais e sociais. A consolidação e a força sem precedentes de uma série de empresas, que se aproveitam de políticas nacionais que favorecem a expansão dos agrocombustíveis, deram andamento à expansão de um sistema de produção especializado, baseado em grandes propriedades monocultoras manejadas com elevado emprego de insumos agroquímicos, sobretudo herbicidas e fertilizantes nitrogenados, que, quando aplicados massivamente, acarretam graves consequências ambientais (Altieri; Bravo, 2007). Nas regiões que já sofrem estresse hídrico, a produção de agrocombustíveis pode diminuir ainda mais a disponibilidade futura de água para irrigação e outras alternativas de desenvolvimento (Shattuck, 2008).

Os agrocombustíveis estão sendo introduzidos em um mundo governado em grande parte por políticas neoliberais com regras de mercado que demonstram forte repulsa a regulamentações e a qualquer "restrição comercial" para proteger o meio ambiente, o clima ou as comunidades. Hoje é o mercado que em geral determina quais culturas serão cultivadas, como, onde e em que quantidade. E esse mercado costuma favorecer os produtos mais baratos, ou seja, aquelas culturas tropicais de maior produtividade, tais como dendê e cana-de-açúcar. Já as culturas de baixa produtividade podem conquistar o mercado se seus custos se mantiverem baixos e os governos garantirem um suprimento ilimitado de novas terras e subsídios, sendo o biodiesel de soja e o etanol de milho casos exemplares (Shapouri; Mcaloon, 2004). Para gerar lucros rápidos, muitas riquezas estão sendo inevitavelmente sacrificadas, como as florestas, a biodiversidade, solos saudáveis, água limpa, emissões de gases de efeito de estufa, que permanecem como "externalidades". Apesar do fato de que em alguns países, como Argentina, Brasil e Estados Unidos, o modelo de produção de agrocombustíveis parece um sucesso do ponto de vista macroeconômico, os impactos ambientais de sua produção se acumulam a um ritmo alarmante e não são refletidos nos indicadores econômicos. Até agora não existe um sistema para contabilizar os custos ambientais desses novos modelos de desenvolvimento.

AGROCOMBUSTÍVEIS: GRAU DE EXTENSÃO, EXPANSÃO E PRODUÇÃO

Enquanto Estados Unidos, Brasil e União Europeia responderam por 75% da produção mundial de agrocombustíveis em 2006, a atividade está se espalhando rapidamente para outras partes do mundo, atingindo em 2005 cerca de 3% dos 1,5 bilhão de hectares da área agrícola mundial (Scharlemann; Laurance, 2008).

A área global cultivada com transgênicos atingiu 114,3 milhões de hectares em 2007, com a maior parte de sua soja e milho sendo utilizadas para a produção de agrocombustíveis. Da área total, 57% (58,6 milhões de hectares) são destinados à soja *Roundup Ready* (RR). Só no Brasil, cerca de 750 mil hectares de soja RR foram usados em 2007 para a produção de biodiesel. Na Argentina, entre 2007 e 2008, 16 milhões de hectares foram utilizados para cultivar a soja RR e 2,8 milhões de hectares foram cultivados com milho transgênico (James, 2007). Há pesquisadores modificando geneticamente variedades de cana e de milho que contêm a enzima alfa-amilase, que facilitaria a elaboração de etanol.

PRODUÇÃO DE ETANOL

Houve um crescimento exponencial do setor de agrocombustíveis desde 2000. Só entre 2004 e 2005, a produção mundial de etanol subiu quase 13%, passando de 40,77 bilhões de litros para 46 bilhões de litros. Entre 2005 e 2006, houve mais um aumento de 11%, chegando a 51,07 bilhões de litros. O etanol de milho representa 99% de todo agrocombustível usado nos Estados Unidos, e espera-se que sua produção supere a meta fixada para 2012 de 28,39 bilhões de litros por ano (Pimentel, 2003). A quantidade de milho cultivado para produzir etanol triplicou nos Estados Unidos, passando de 18 milhões de toneladas em 2001 para 55 milhões de toneladas em 2006 (Bravo, 2006). A área cultivada de milho nos EUA subiu de 12,6 milhões de hectares em 2006 para 15 milhões de hectares em 2007.

O Brasil tem produzido cana-de-açúcar para álcool combustível desde 1975. Em 2005, havia 313 usinas de processamento, com uma capacidade de produção de 16 milhões de metros cúbicos. O Brasil é o maior produtor mundial de cana, produzindo 60% de todo o etanol derivado de cana do mundo, com 3 milhões de hectares da cultura (Jason, 2004). Em 2005, sua produção alcançou o recorde de 16,5 bilhões de litros, dos quais 2 bilhões foram destinados para exportação.

Se os EUA dedicassem toda a atual produção de milho e soja para os agrocombustíveis só conseguiriam atender a 12% da demanda por combustível no país. A área agrícola nos Estados Unidos totaliza 373 milhões de hectares. Hoje, para se atender à demanda por etanol seriam necessários 362 milhões de hectares de milho. Os estados de Dakota do Sul e Iowa já dedicam mais de 50% da sua produção de milho para a fabricação de etanol, o que ocasionou uma diminuição do fornecimento do cereal para ração animal e consumo humano. Apesar de um quinto da safra de milho dos EUA ter sido dedicada à produção de etanol em 2006, o volume foi suficiente para abastecer apenas 3% do total do combustível necessário no país (Pimentel; Patzek, 2005).

BIODIESEL

A produção de agrocombustíveis também está se expandindo. Em 2006, o biodiesel representou 12,35% da produção global de agrocombustíveis, isto é, 62,17 bilhões de litros. Os principais produtores de biodiesel (respondendo por pelo menos 10% da área global de cultivo de agrocombustíveis) são China, Índia e Canadá, para a colza; a Rússia, Ucrânia e Índia, para girassol; Malásia, Indonésia, Colômbia e Nigéria, para o dendê; e os Estados Unidos, Brasil, Argentina e China, para a soja. Atualmente, mais de 95% da matéria-prima do biodiesel é fornecida pela colza (84%), sementes de girassol (13%), dendê (1%) e soja (1%). Mesmo se metade da produção dessas principais matérias-primas fosse destinada à produção de biodiesel, a área atual com culturas para biodiesel (150,6 milhões de hectares) – com uma capacidade efetiva de produção de biodiesel de 120 milhões de toneladas/ano –, ainda seria cerca de 60% (156,7 milhões de toneladas/ano) aquém da capacidade necessária para 2050 (Pahl, 2008).

Nos Estados Unidos, a produção do biodiesel triplicou, passando de 94,6 milhões de litros em 2004 para 283,9 milhões de litros em 2005. Em 2006, o país produziu 946 milhões de litros de biodiesel, um aumento de 10 vezes desde 2004. Cerca de 67 novas refinarias estão em construção, com investimentos oriundos de gigantes do agronegócio como Cargill e ADM. Cerca de 1,5% da safra de soja produz 257 milhões de litros de biodiesel, o equivalente a menos de 0,1% do consumo de gasolina. Portanto, mesmo se toda a safra de soja fosse dedicada à produção de biodiesel, ela atenderia apenas 6% da demanda por diesel nos EUA. Seria necessário algo em torno de 22 bilhões de hectares de soja para atingir a autossuficiência em biodiesel (Pimentel; Patzek, 2005). E justamente porque os Estados Unidos não serão capazes de produzir biomassa suficiente para a produção doméstica de biocombustível para satisfazer seu apetite por energia as plantações de culturas energéticas estão se expandindo cada vez mais nos países do sul. Grandes plantações de dendê, cana e soja já estão substituindo florestas, pastagens e áreas de cultivos alimentares no Brasil, Argentina, Colômbia, Equador e Paraguai.

IMPACTOS ECOLÓGICOS DO MODELO DE PRODUÇÃO DE AGROCOMBUSTÍVEIS

Desmatamento e perda de *habitats*

O aumento da demanda por agrocombustíveis nos Estados Unidos e na União Europeia tem um profundo impacto sobre o padrão da produção agrícola mundial e do uso da terra, pressionando de forma considerável florestas em todo o mundo em desenvolvimento. Aumentar a produção de agrocombustíveis para satisfazer a demanda energética dos países industrializados acarreta uma expansão substancial das áreas de cultivos, o que ocasionará potenciais conflitos por terra, principalmente diante da necessidade de se preservar os ambientes naturais remanescentes no planeta (Donald, 2004). Estimativas conservadoras sugerem que, mesmo utilizando os cultivos com os maiores valores de energia líquida, seria necessário pelo menos 2,5 a 27,5 vezes a quantidade de terras potencialmente cultiváveis no mundo para produzir agrocombustíveis suficientes para atender à demanda global por combustíveis fósseis. Isso pode obviamente alterar o meio ambiente drasticamente, ao provocar maior perda e fragmentação de *habitats*, reduzir a biodiversidade e impactar negativamente a qualidade e a disponibilidade de solo e água (Jason, 2004).

Cálculos conservadores indicam que o cenário da produção de biodiesel à base de soja para atender à demanda global futura provavelmente resultaria na maior perda de *habitats* (76,4 a 114,2 milhões de hectares) se comparado aos cenários alternativos de produção de biodiesel a partir de sementes de girassol (56 a 61,1 milhões de hectares), colza (25,9 a 34,9 milhões de hectares) e dendê (0,4 a 5,4 milhões de hectares). O Brasil é um bom exemplo, já que sua área de soja aumentou 3,2% por ano (320 mil hectares por ano). A soja hoje, juntamente com a cana, ocupa mais terras do que qualquer outro cultivo no Brasil, chegando a 21% do total da área cultivada. O total de terras utilizadas para produção de soja aumentou por um fator de 57 desde 1961, e o volume produzido foi multiplicado por 138 vezes. Hoje, 55% da safra de soja, ou 11,4 milhões de hectares, é geneticamente modificada. O Brasil precisaria aumentar sua produção em mais 135 bilhões de litros por ano e, diante disso, presume-se que os agrocombustíveis se expandiriam sobre áreas de florestas (Morton *et al.*, 2006). A área plantada cresce rapidamente no Cerrado, onde há previsões de que a cobertura vegetal natural desapareça já em 2030. 340 usinas de grande porte controlam mais de 60% da área plantada com cana (Klink; Machado, 2005).

Diante do novo contexto energético global, políticos e representantes do setor industrial do Brasil estão formulando uma nova visão para o futuro econômico do país, centrada na produção de fontes de energia (principalmente cana) para substituir 10% do uso mundial de gasolina nos próximos 20 anos. Isso exigiria aumentar em cinco vezes a área de cana, de 6 a 30 milhões de hectares. A criação dessas novas frentes de cultivo ocasionaria derrubada de matas comparáveis ao ocorrido em Pernambuco, onde restam apenas 2,5% de sua cobertura florestal original (Fearnside, 2001). No Paraguai, um intenso desmatamento acompanhou a expansão da soja. Grande parte da Mata Atlântica do país foi derrubada, em parte para a produção de soja, que compreende 29% das terras agrícolas paraguaias (Altieri; Pengue, 2006).

Nos últimos nove anos, segundo dados oficiais, 2,5 milhões de hectares de florestas nativas foram perdidos, principalmente no norte da Argentina, devido à expansão da soja. A cifra seria equivalente, em 2007, a uma média de 821 hectares de floresta desmatada por dia. Entre 1972 e 2001, 588.900 ha (aproximadamente 20% das florestas) foram desmatados no semiárido do Chaco. O desmatamento tem se acelerado, chegando a mais de 28.000 ha/ano após 1997. O desmatamento inicial foi associado ao cultivo de feijão-preto seguido de um aumento na precipitação durante a década de 1970. Nos anos 1980, os altos preços da soja estimularam ainda mais o desmatamento. Finalmente, a introdução de variedades de soja transgênica em 1997 reduziu os custos de plantação e estimulou mais desmatamentos, atingindo valores acima de 300 mil hectares (Grau, Gasparrin; Mitchell, 2005).

A PEGADA ECOLÓGICA DO MILHO

A escala necessária para produzir a quantidade projetada de matéria-prima para etanol incentiva a adoção de monoculturas industriais de milho que dependem do uso intensivo de herbicidas e fertilizantes nitrogenados, que gera drásticos efeitos ambientais. A produção de milho gera mais erosão de solo do que qualquer outra nos EUA. Como o uso do etanol provoca elevação do preço do milho, os produtores cada vez mais abandonam a tradicional rotação milho-soja e são estimulados a plantar milho ano após ano. Essa intensificação aumenta não só a erosão do solo como também as exigências por fertilizantes e agrotóxicos (Pimentel *et al.*, 1995).

Em todo o meio-oeste dos EUA, a taxa média de erosão do solo aumentou de 6,6 toneladas por ha/ano para 48,7 nas áreas que deixaram de fazer rotação de culturas (Pimentel *et al.*, 1995). A falta de rotação também tem aumentado a vulnerabilidade a pragas e, portanto, exige maior quantidade de venenos do que a maioria das culturas. Nos Estados Unidos, cerca de 41% de todos os herbicidas e 17% de todos os inseticidas são aplicados ao milho (Pimentel; Lehman, 1993). Outra razão para crer que a especialização na produção de milho pode ser perigosa diz respeito ao fato de que no início dos anos 1970, quando os híbridos de alta produtividade constituíam 70% de todo o milho cultivado, uma doença ocasionou perdas de 15% na produção do grão por toda a década. Acredita-se que esse tipo de vulnerabilidade tende a se acentuar em função de um clima cada vez mais instável, gerando repercussões em toda a cadeia de alimentos (Cassman, 2007).

O cultivo de milho geralmente envolve o uso do herbicida atrazina, um conhecido disruptor endócrino. Doses baixas de disruptores endócrinos podem causar danos no desenvolvimento, ao interferir na atividade hormonal em momentos críticos do desenvolvimento de um organismo. A atrazina pode provocar anomalias sexuais em populações de rãs, incluindo hermafroditismo (Hayes *et al.*, 2002).

O milho requer grandes quantidades de fertilizantes nitrogenados, o que leva à poluição das águas superficiais e subterrâneas. A lixiviação de fertilizantes que escoam pelo rio Mississipi esgotou o oxigênio de uma parte do Golfo do México chamada de *zona morta* que nos últimos anos atingiu o tamanho de Nova Jersey. As taxas médias de aplicação de nitrato nas terras agrícolas dos EUA variam entre 120 e 550 kg de nitrogênio por hectare. O uso ineficiente de fertilizantes pelas culturas gera perdas por lixiviação que acabam chegando principalmente nas águas superficiais ou subterrâneas. A contaminação de aquíferos por nitrato é bastante disseminada e atinge níveis perigosamente elevados em muitas regiões rurais. Nos EUA, estima-se que mais de 25% dos poços de água potável contenha níveis de nitrato acima do limite de segurança para consumo humano, que é de 45 partes por milhão (Conway; Pretty, 1991). Os altos níveis de nitrato são prejudiciais à saúde humana, e existem estudos associando a ingestão de nitrato à metaemoglobinemia em crianças e ao câncer de bexiga, estômago e esôfago em adultos (Altieri, 2007).

Fertilizantes nitrogenados sintéticos podem também poluir o ar e têm sido recentemente implicados na contribuição para o aquecimento global e para a destruição da camada de ozônio. O N_2O é liberado para a atmosfera por meio da aplicação de fertilizantes nitrogenados e tem cerca de 300 vezes o potencial de aquecimento global do que uma mesma massa de CO_2. Para o biodiesel de colza, as análises disponíveis indicam que o aquecimento global por N_2O é em média algo entre 1,0 e 1,7 vezes maior do que o efeito benéfico de resfriamento gerado pela "emissão evitada de CO_2 fóssil", excluindo o aporte de energia fóssil (Searchinger *et al.*, 2008).

O uso excessivo de fertilizantes nitrogenados pode gerar desequilíbrios nutricionais nas plantas, resultando em uma maior incidência de danos causados por pragas e doenças (Conway; Pretty, 1991; McGuiness, 1993). Ao fazer um levantamento de 50 anos de pesquisas relacionadas à nutrição de plantas e ataques de insetos, Scriber (1984) encontrou 135 estudos que mostram um aumento nos danos e/ou no crescimento de insetos ou ácaros mastigadores em culturas adubadas com fertilizantes nitrogenados. E encontrou menos de 50 estudos em que o dano por herbívoros foi reduzido por meio de regimes normais de adubação. Analisados em conjunto, esses resultados sugerem uma hipótese com implicações para o padrão de aplicação de fertilizantes na agricultura, ou seja, que altos aportes de nitrogênio podem ocasionar elevados níveis de danos causados por herbívoros.

A grande expansão do etanol fez disparar a demanda por água. A expansão de milho para áreas mais secas, como o Kansas, exige irrigação, aumentando a pressão sobre fontes subterrâneas já esgotadas, como o aquífero de Ogallala, no sudoeste dos Estados Unidos. Em algumas partes do Arizona, a água subterrânea já está sendo bombeada a uma taxa 10 vezes maior do que a taxa de recarga natural desse aquífero (Pimentel; Tariche; Schreck; Alpert, 1997).

IMPACTOS AMBIENTAIS DA PRODUÇÃO DE SOJA

Altas taxas de erosão de solo acompanham a produção de soja, especialmente em áreas onde não são implementados ciclos longos de rotação de culturas. No meio-oeste dos EUA, perde-se em média 16 toneladas de camada superficial de solo por hectare de soja. Estima-se que no Brasil e na Argentina as perdas médias de solo variem entre 19 e 30 toneladas por hectare, dependendo das práticas de manejo, do clima e da inclinação do terreno. O surgimento de variedades de soja tolerantes a herbicidas tem aumentado a viabilidade da produção de soja para os agricultores, muitos dos quais começaram o cultivo em terras frágeis, propensas à erosão (Jason, 2004).

Na Argentina, a produção intensiva de soja gerou forte depleção de nutrientes do solo. Estima-se que em todo o país os solos tenham sofrido uma perda de 1,1 milhão de toneladas de nitrogênio e 250 mil toneladas de fósforo em função da produção contínua de soja. O custo para repor via fertilizantes essa perda de nutrientes é estimado em US$

910 milhões. O aumento das quantidades de nitrogênio e fósforo em várias bacias hidrográficas da América Latina está certamente relacionado com o aumento da produção de soja (Pengue, 2005). As monoculturas de soja na Bacia Amazônica têm contribuído bastante para tornar os solos inférteis. Solos empobrecidos precisam de maiores aplicações de fertilizantes solúveis para manter produtividades competitivas. Cem mil hectares de terras degradadas onde anteriormente havia plantios de soja foram abandonados para a criação de pastagens, o que causa uma degradação ainda maior (Fearnside, 2001). Na Bolívia, a produção de soja está se expandindo para o leste, justamente onde as áreas já apresentam solos compactados e degradados.

A maior parte da soja nos Estados Unidos é transgênica, desenvolvida pela Monsanto para resistir aos herbicidas que ela própria produz, o *Roundup*, feito a partir do ingrediente ativo glifosato (30,3 milhões de hectares de soja RR foram cultivados em 2006, mais de 70% da produção agrícola nacional). No Brasil, 14,5 milhões de hectares foram plantados com soja RR em 2007 (James, 2007). A dependência da soja resistente a herbicidas faz aumentar os problemas de resistência em plantas espontâneas e a perda de vegetação natural. Com a pressão que a indústria exerce para aumentar o uso de herbicidas, a tendência é que uma quantidade crescente de terras venha a ser pulverizada com *Roundup*. A resistência ao glifosato já foi documentada na Austrália em populações de azevém, *Agropyron repens*, cornichão [*Lotus corniculatus*] e *Cirsium arvense*. Em Iowa, populações de *Amaranthus rudis* exibiram sinais de germinação retardada que lhes permitiu se adaptar melhor às primeiras aplicações, enquanto *Abutilon theophrasti* demonstrou tolerância ao glifosato. Em Delaware foi registrado um biotipo de buva resistente ao herbicida. Mesmo em áreas onde a resistência de plantas espontâneas não tenha sido observada, cientistas têm verificado um aumento da presença de espécies mais agressivas, como a maria-pretinha (*Solanum ptycanthum*), em Illinois, e *Amaranthus rudis*, em Iowa (Cerdeira & Duke,

2006). As culturas transgênicas resistentes ao glifosato têm maior potencial para causar problemas como culturas voluntárias[13] do que as culturas convencionais. Foram encontrados transgenes resistentes ao glifosato em campos de canola supostamente não transgênicos. Em certo casos, o maior risco associado às culturas resistentes ao glifosato é o fluxo de transgenes (introgressão) para espécies aparentadas, que pode se tornar um sério problema para os ecossistemas naturais. Os transgenes resistentes ao glifosato por si sós dificilmente constituem uma ameaça às populações de plantas silvestres, mas quando se ligam a transgenes que podem carregar vantagens seletivas para fora da agricultura (por exemplo, resistência a insetos), os ecossistemas naturais podem ser afetados (Rissler & Mellon, 1996).

Nos Pampas argentinos, a aplicação de glifosato na soja RR aumentou de 1 milhão para 160 milhões de litros em oito anos. A aplicação contínua desse herbicida tem causado o aparecimento de plantas espontâneas tolerantes ao glifosato, tais como: *Parietaria debilis, Petunia axilaris, Verbena litoralis, Verbena bonariensis, Hybanthus parviflorus, Iresine diffusa, Commelina erecta* e *Ipomoea sp.* O desenvolvimento da resistência implica um aumento ainda maior do uso de herbicidas, incluindo combinações de glifosato com outros herbicidas, restabelecendo inclusive o uso do antigo 2,4-D (Pengue, 2005).

Atualmente não existem dados sobre os níveis de resíduos do *Roundup* encontrados no milho e na soja, uma vez que a produção de grãos não está incluída nas pesquisas convencionais de mercado para verificar a presença de resíduos de agrotóxicos. No entanto, sabe-se que, por ser um herbicida sistêmico [que circula por toda a planta], o glifosato é levado para os grãos e não é prontamente metabolizado,

---

[13] O problema ocorre, por exemplo, quando sementes caídas durante a colheita germinam em meio à lavoura seguinte. No caso de uma sucessão soja RR – milho RR, o herbicida glifosato não controlará as plantas voluntárias de soja transgênica que nascerão no meio da lavoura. Um outro herbicida ou método de cultivo será necessário nesse caso. (N.R.)

acumulando-se, portanto, em regiões meristemáticas, incluindo raízes e nódulos[14] (Duke; Baerson; Rimando, 2003).

Além disso, não há informações completas sobre os efeitos biológicos desse herbicida no solo, embora já existam pesquisas demonstrando que as aplicações de glifosato podem ser associadas aos seguintes efeitos (Buffin; Topsy, 2001; Cerdeira; Duke, 2006; Motavalli; Kremer; Fang; Means, 2004):

1. Fungos e bactérias benéficos presentes no solo, incluindo bactérias fixadoras de nitrogênio e fungos responsáveis pela decomposição da matéria orgânica são afetados pelo glifosato. Alguns estudos têm mostrado que o impacto das aplicações de glifosato pode durar vários meses. Isso sugere que o produto pode permanecer ativo, podendo ser liberado do solo e ingerido por organismos do solo.

2. Além de afetar bactérias fixadoras de nitrogênio, o glifosato pode inibir fungos micorrízicos que auxiliam as plantas na absorção dos nutrientes e ajudam a protegê-las do frio ou da seca. A formação de nódulos fixadores de nitrogênio nas raízes do trevo foi inibida com doses entre 2 e 2.000 mg/kg de glifosato. O efeito persistiu 120 dias após o tratamento. A diminuição da presença de microrganismos do solo, que exercem funções regenerativas necessárias, incluindo a decomposição da matéria orgânica, a liberação e a ciclagem de nutrientes, bem como a supressão de organismos patogênicos, pode afetar drasticamente a fertilidade do solo e o crescimento dos cultivos.

3. Também foi verificado que o glifosato afeta negativamente as minhocas. Um estudo realizado na Nova Zelândia revelou que aplicações quinzenais de doses reduzidas de glifosato (1/20 da dosagem normal) causaram uma redução no crescimento, um aumento no tempo até a

---

[14] Pesquisas já confirmaram que o glifosato reduz o número de nódulos responsáveis pela fixação biológica de nitrogênio em soja e sua produção de massa seca como, por exemplo, SERRA, Ademar Pereira *et al.* Influência do glifosato na eficiência nutricional do nitrogênio, manganês, ferro, cobre e zinco em soja resistente ao glifosato. Cienc. Rural [online]. 2011, vol.41, n.1 [citado 2011-04-05], pp. 77-84. (N.R.)

maturidade e um aumento na mortalidade das minhocas mais comumente encontradas em solos agrícolas.

4. Verificou-se ainda que o glifosato e suas formulações comerciais produzem efeitos tóxicos diretos e impactos indiretos sobre *habitats* das populações de insetos benéficos, ácaros e aranhas, tanto nos testes de laboratório quanto nos de campo. Outro estudo descobriu que a exposição ao glifosato matou mais de 80% de uma população teste de besouros predadores e 50% de vespas parasitoides, Neuropteras, joaninhas e ácaros predadores. Um estudo conduzido em trigo de inverno na Carolina do Norte mostrou que as populações de besouros carabídeos diminuíram após o tratamento com glifosato e não se restabeleceram por 28 dias. Já em 1970, o declínio no número de artrópodes predadores e na densidade de plantas espontâneas após o uso de herbicidas foi apontado como causa para o aumento da frequência de surtos de pulgões em cereais tratados com o produto.

5. Aplicações de glifosato podem tornar certas culturas mais vulneráveis a doenças. O glifosato aumentou a patogenicidade e a sobrevivência do fungo *Gaeumannomyces graminis*, causador de doenças como o mal-do-pé no trigo. Além disso, diminuiu a proporção de fungos de solo antagonistas do causador do mal-do-pé. O glifosato aumentou a suscetibilidade das plantas de feijão à antracnose. Além disso, verificou-se que a pulverização de *Roundup* antes do plantio da cevada aumentou a incidência da doença podridão-de-raízes, causada pelo fungo *Rhizoctonia*, diminuiu sua produtividade.

6. Embora seja destinado para o uso terrestre, o glifosato pode contaminar águas superficiais, tanto diretamente, como pelo uso no controle de plantas aquáticas, ou indiretamente, quando o glifosato adere a partículas do solo e é carregado para rios ou córregos ou, ainda, quando o *Roundup* atinge *habitats* aquáticos via pulverização aérea inadvertida (ou inevitável). O glifosato, que contém o surfactante polioxietilenoamina (POEA), é tóxico para peixes e alguns invertebrados

aquáticos. O POEA é aproximadamente 30 vezes mais tóxico para os peixes do que o próprio glifosato.

Estudos têm demonstrado que a toxicidade aguda do glifosato varia de acordo com a espécie e a idade do peixe, bem como sob diferentes condições ambientais, tais como dureza, pH e temperatura da água. Um estudo realizado na Louisiana avaliou o efeito de concentrações subletais de glifosato no molusco aquático *Pseudosuccinea columella*. O estudo revelou que baixos níveis de glifosato afetam negativamente sua reprodução e desenvolvimento (Buffin; Topsy, 2001). Relyea (2005) descobriu que o *Roundup* causou um declínio de 70% na biodiversidade de anfíbios e uma queda de 86% na massa total de girinos. Tanto os girinos de *Rana pipiens* quanto os girinos de *Hyla versicolor* foram totalmente dizimados, enquanto os girinos da *Rana sylvatica* e os de *Bufo americanus* foram praticamente eliminados.

SEGURANÇA ALIMENTAR E O DESTINO DOS AGRICULTORES

Os defensores dos transgênicos alegam que a expansão do cultivo da soja indica o sucesso da adoção da tecnologia pelos agricultores. Mas essa afirmação omite o fato de que a expansão da soja tem levado a uma extrema concentração da renda e da terra. No Brasil, o cultivo de soja desloca 11 trabalhadores agrícolas para cada novo trabalhador que emprega. Esse não é um fenômeno novo. Em 1970, 2,5 milhões de pessoas foram deslocadas pela produção de soja no Paraná e 300 mil no Rio Grande do Sul. Muitas delas são agora sem terra e se mudaram para a Amazônia, onde acabam derrubando florestas antes intactas. Na região do Cerrado, onde a produção de soja transgênica está se expandindo, esse movimento de expulsão foi mais modesto, porque a área não era densamente povoada (Altieri; Pengue, 2006).

Na Argentina, 60 mil propriedades agrícolas faliram, enquanto a área de soja RR quase triplicou. Em 1998, havia 422 mil propriedades rurais na Argentina, enquanto em 2002 restavam apenas 318 mil, uma redução de um quarto. Em uma década, a área de soja aumentou 126%

em detrimento da produção de laticínios, milho, trigo e frutas. Na safra de 2003/2004, foram plantados 13,7 milhões de hectares de soja, mas houve uma redução de 2,9 milhões de hectares de milho e de 2,15 milhões de hectares de girassol. No Chaco, onde o algodão costumava ser uma cultura tradicional, a introdução da soja reduziu a população rural de 40% para 20%. Isso significa maior importação de alimentos básicos e, portanto, perda da soberania alimentar, aumento dos preços dos alimentos e da fome, especialmente na região nordeste, onde a soja reina e onde 37% das pessoas estão abaixo da linha de pobreza, incapazes de se alimentar adequadamente (Pengue, 2005).

O avanço da "fronteira agrícola" para acomodar os agrocombustíveis é um atentado contra a soberania alimentar dos países em desenvolvimento, uma vez que a terra para a produção de alimentos vem sendo cada vez mais destinada a alimentar os carros dos indivíduos nos países do norte. A produção de agrocombustíveis também afeta diretamente os consumidores ao aumentar o custo dos alimentos. Em breve os preços do milho, da soja e da cana-de-açúcar serão determinados pelo seu valor como matéria-prima para os agrocombustíveis, em vez de sua importância como alimento humano ou ração animal. Os grandes proprietários rurais dos países que respondem pela maior parte da produção mundial de agrocombustíveis irão desfrutar da promessa relativa aos preços e lucros exorbitantes das *commodities*. Por outro lado, as populações pobres urbanas e rurais dos países importadores de alimentos pagarão preços muito mais altos por alimentos básicos e haverá menor disponibilidade de grãos para a ajuda humanitária (Shattuck, 2008).

À medida que o plantio de milho aumenta, ele desaloja o trigo e a soja, aumentando os seus preços no mercado. Como o milho americano corresponde a cerca de 40% da produção mundial, a expansão dos agrocombustíveis nos EUA afeta os mercados globais de todos os grãos alimentares e acentua a inflação sobre os preços dos alimentos no mundo inteiro. Nos Estados Unidos, entre 2006 e 2007, a expansão do etanol provocou uma rápida subida dos preços do milho e de outras *commodities*, uma vez que o uso da terra tem sido desviado de outras culturas para milho e soja, em particular. No período de um ano, o preço do milho passou de US$ 2,20/saca para US$ 3,50/saca ou mais – um aumento de 60%. Os preços dos alimentos têm aumentado, mas não na proporção do preço dos agrocombustíveis, uma vez que outros fatores interferem na escalada dos preços dos alimentos. A carne e os ovos de aves são os mais impactados, já que o milho representa cerca de dois terços da ração desses animais. Como consequência, o custo total de produção de carnes e ovos de aves aumentou cerca de 15%, valor que acaba sendo repassado para os consumidores. Dependendo da fonte consultada, as estimativas atualizam a elevação dos gastos do consumidor com alimentação, em função do etanol de milho, entre 1,5% e 25%. Mas, qualquer que seja a cifra correta, os consumidores americanos em geral pagaram cerca de US$ 22 bilhões a mais para se alimentar em 2007 devido aos agrocombustíveis. A demanda por agrocombustíveis nos Estados Unidos também foi associada a um aumento massivo no preço do milho, o que levou a um recente aumento de 400% no preço das tortilhas no México (Holt-Gimenez; Peabody, 2008).

CONCLUSÕES

O pico do petróleo gerou uma oportunidade para a criação de parcerias globais poderosas entre empresas petrolíferas, de grãos, de biotecnologia e automotivas. Essas novas alianças que aproximam grandes grupos produtores de alimentos e combustíveis estão traçando o futuro das paisagens agrícolas do mundo. A expansão dos agrocombustíveis irá consolidar ainda mais sua influência sobre a cadeia agroalimentar e de combustíveis, bem como irá permitir que eles determinem o que, como e quanto será cultivado. Tudo isso resultará em mais pobreza rural, destruição ambiental e fome. Os maiores beneficiários da revolução dos agrocombustíveis serão os gigantes que comercializam grãos, incluindo

Cargill, ADM e Bunge; as companhias petrolíferas, como BP, Shell, Chevron, Neste Oil, Repsol e Total; as empresas automotivas, como General Motors, Volkswagen, FMC Ford França, PSA Peugeot-Citroën e Renault; e gigantes da biotecnologia, como Monsanto, DuPont e Syngenta. Já entre os perdedores figuram os pequenos e médios agricultores, os consumidores e o meio ambiente.

Hoje, as monoculturas de agrocombustíveis estão aumentando em ritmo alucinante em todo o mundo, principalmente por meio da expansão territorial, em detrimento das florestas, ocasionado a perda de ambientes naturais e a substituição de áreas destinadas ao cultivo de alimentos, ameaçando a segurança alimentar de regiões inteiras do planeta. As tecnologias que facilitam essa mudança em direção a essas monoculturas de grande escala são a mecanização, a transgenia, bem como a aplicação de quantidades massivas de fertilizantes e herbicidas. Os investimentos empresariais e a sedução dos governos pelos agrocombustíveis têm sido fundamentais para promover sua expansão. Claramente, os ecossistemas das áreas em que os agrocombustíveis são produzidos estão sendo rapidamente degradados, não só devido ao desmatamento, mas também em decorrência dos impactos ecológicos associados às tecnologias de produção agrícola (fertilizantes nitrogenados, herbicidas e sementes transgênicas). Por essas e outras razões, a produção de agrocombustíveis não é ambiental nem socialmente sustentável, nem agora nem no futuro.

A indústria da biotecnologia está se aproveitando da atual febre dos agrocombustíveis para "esverdear" (*greenwash*) sua imagem por meio do desenvolvimento e da disponibilização de sementes transgênicas para a produção de energia, e não para a produção de alimentos. Diante da crescente desconfiança e rejeição pública em relação aos transgênicos como alimento humano, a técnica será utilizada pelas empresas para melhorar sua imagem. Essas empresas começaram a anunciar que vão desenvolver novas culturas geneticamente modificadas com maior produção de biomassa ou que contenham a enzima alfa-amilase, o que permitirá que o processo de etanol seja iniciado enquanto o milho ainda está no campo – uma tecnologia que, segundo essas empresas, não terá impactos negativos sobre a saúde humana ou o meio ambiente. A implantação de tais culturas no meio ambiente acrescentará mais uma ameaça ambiental àquelas já vinculadas ao milho transgênico, que em 2006 chegou a ocupar 32,2 milhões de hectares: a introdução na cadeia alimentar humana de alimentos com novas características, como já ocorrido com o milho *Starlink*[15] e o arroz LL601[16].

Como os governos foram convencidos pelas promessas feitas pelo mercado mundial de agrocombustíveis, eles decidiram elaborar seus programas nacionais, que irão transformar seus agroecossistemas em grandes monoculturas dependentes do uso intensivo de herbicidas e fertilizantes químicos e, portanto, desviando milhões de hectares de terras agrícolas valiosas da sua função tão essencial que é a de produzir alimentos. Há uma grande necessidade de se fazer uma análise de cunho social e ecológico para tentar antever as implicações ambientais e sobre a segurança alimentar decorrentes desses programas que estão sendo desenvolvidos em pequenos países. O Equador espera ampliar a produção de cana em 50 mil hectares e derrubar 100 mil hectares de florestas para dar lugar a plantações de dendê. Entretanto, essas plantações já estão causando um grande desastre ambiental na região de Choco na Colômbia (Bravo, 2006).

Também é preocupante que as universidades públicas e as instituições de pesquisa (por exemplo, o recente acordo assinado entre a BP e a Universidade da Califórnia, Berkeley) estejam se deixando

---

[15] Proibido para consumo humano segundo recomendação da agência reguladora americana devido seu potencial alergênico, no ano de 2000 o milho *Starlink* foi encontrado em muitos alimentos nos Estados Unidos, desencadeando um custoso processo de retirada desses produtos do mercado. A variedade fora desenvolvida pela francesa Aventis Cropsciense, posteriormente comprada pela Bayer. (N.R.)

[16] Em 2006 foi identificado arroz LL601 em cultivos de arroz de grão longo nos EUA. A variedade nunca foi autorizada para cultivo comercial, mas foi testada a campo pela Bayer entre 1998 e 2001. (N.R.)

seduzir pelo dinheiro e se submetendo à influência da política e do poder corporativo. Além das implicações da invasão do capital privado na formulação da agenda de pesquisa e da composição do corpo docente – que corrompe a missão pública das universidades em favor de interesses privados –, essa situação constitui um ataque contra a liberdade e a governança acadêmica. Essas parcerias têm feito com que as universidades deixem de se engajar em pesquisas imparciais e impedem o capital intelectual de explorar alternativas verdadeiramente sustentáveis para a crise energética e as mudanças climáticas.

Não há dúvida de que o conglomerado do capital do petróleo e da biotecnologia cada vez mais definirá o destino das paisagens rurais das Américas. Somente alianças estratégicas e a ação coordenada de movimentos sociais (organizações de agricultores, movimentos de trabalhadores rurais e ambientalistas, ONGs, associações de consumidores, cientistas conscienciosos etc.) poderão exercer pressão sobre governos e empresas multinacionais para garantir que essas tendências sejam refreadas. Mais importante ainda, precisamos trabalhar juntos para assegurar que todos os países tenham o direito de alcançar a soberania alimentar por meio de sistemas de produção de alimentos de base agroecológica e local, reforma agrária, acesso à água, sementes e outros recursos e políticas domésticas rurais e alimentares que respondam às verdadeiras necessidades dos agricultores e de todos os consumidores, especialmente os mais pobres.

BASES CONCEITUAIS E METODOLÓGICAS DA AGROECOLOGIA

AGROECOLOGIA: PRINCÍPIOS E ESTRATÉGIAS PARA O DESENHO DE SISTEMAS AGRÍCOLAS SUSTENTÁVEIS[17]

O conceito de agricultura sustentável é relativamente recente e surge como resposta ao declínio que a agricultura moderna vem provocando na qualidade da base de recursos naturais. Atualmente, a discussão sobre produção agrícola tem evoluído, partindo de uma abordagem puramente técnica para uma leitura mais complexa, caracterizada por dimensões sociais, culturais, políticas e econômicas. O conceito de sustentabilidade, embora controvertido e difuso, em função da existência de inúmeras definições e interpretações conflitantes, é bastante útil, uma vez que encerra um conjunto de questões que envolvem a agricultura, concebida como o resultado da coevolução dos sistemas socioeconômicos e naturais (Reijntjes *et al.*, 1992). Para se obter um entendimento mais amplo do contexto agrícola, entretanto, é preciso o estudo da agricultura, do ambiente global e do sistema social, tendo em vista que o desenvolvimento social resulta de uma complexa interação de uma série de fatores. É por meio dessa compreensão mais profunda da ecologia dos agroecossistemas que surgirão novas percepções e alternativas de manejo em maior sintonia com os objetivos de uma agricultura verdadeiramente sustentável.

O conceito de sustentabilidade tem suscitado muita discussão e ao mesmo tempo tem gerado certo consenso acerca da necessidade

---

[17] Edição elaborada a partir do capítulo «Agroecología: principios y estrategias para diseñar sistemas agrarios sustentables», *in*: Sarandón, Santiago J. (Ed.) *Agroecologia: el camino hacia una agricultura sustentable*. La Plata: Ediciones Científicas Americanas. 2002.

de se propor maiores ajustes na agricultura convencional de modo a torná-la mais viável e compatível sob o ponto de vista ambiental, social e econômico. Algumas possíveis soluções aos problemas ambientais criados pelos sistemas agrícolas intensivos em capital e tecnologia já têm sido apresentadas tomando como base pesquisas que analisam o desempenho de sistemas alternativos (Gliessman, 1998). O principal foco é a redução ou mesmo a eliminação de agroquímicos, optando por implementar mudanças no manejo que garantam adequada nutrição e proteção das plantas, por meio de fontes orgânicas de nutrientes e um manejo integrado de pragas, respectivamente.

Apesar da existência de centenas de projetos destinados a criar sistemas agrícolas e tecnologias ambientalmente mais saudáveis, que têm proporcionado muitas e importantes lições, a tendência predominante continua sendo altamente tecnológica, enfatizando a supressão dos fatores limitantes ou dos sintomas que, na verdade, apenas mascaram um sistema produtivo doente. A filosofia dominante alega que as pragas, as deficiências de nutrientes ou outros fatores são a causa da baixa produtividade, entendimento oposto àquele que considera que as pragas ou os nutrientes só se tornam um fator limitante quando o agroecossistema não está em equilíbrio (Carrol *et al.*, 1990). Por essa razão, ainda persiste e prevalece a visão estreita de que a produtividade é afetada por causas específicas e, portanto, bastaria saná-las por meio de novas tecnologias para resolver o problema. Essa lógica tem impedido que os agrônomos percebam que os fatores limitantes tão somente refletem os sintomas de uma doença sistêmica inerente a desequilíbrios dentro do agroecossistema. Além disso, ela tem provocado uma avaliação superficial do contexto e da complexidade dos agroecossistemas que subestima as principais causas das limitações do modelo agrícola dominante.

Por outro lado, a ciência da Agroecologia, que é definida como a aplicação dos conceitos e princípios ecológicos para desenhar agroecossistemas sustentáveis, oferece uma base mais ampla para avaliar sua complexidade. A Agroecologia vai mais além do uso de práticas alternativas e do desenvolvimento de agroecossistemas com baixa dependência de agroquímicos e de aportes externos de energia. A proposta agroecológica enfatiza agroecossistemas complexos nos quais as interações ecológicas e os sinergismos entre seus componentes biológicos promovem os mecanismos para que os próprios sistemas subsidiem a fertilidade do solo, sua produtividade e a sanidade dos cultivos.

PRINCÍPIOS DA AGROECOLOGIA

Ao buscar restabelecer uma racionalidade mais ecológica na produção agrícola, cientistas e outros atores têm ignorado um aspecto essencial do desenvolvimento de uma agricultura mais autossuficiente e sustentável: um entendimento mais profundo da natureza dos agroecossistemas e dos princípios por meio dos quais eles funcionam. Dada essa limitação, a Agroecologia emerge como uma disciplina que disponibiliza os princípios ecológicos básicos sobre como estudar, projetar e manejar agroecossistemas que sejam produtivos e ao mesmo tempo conservem os recursos naturais, assim como sejam culturalmente adaptados e social e economicamente viáveis.

A Agroecologia extrapola a visão unidimensional dos agroecossistemas (genética, edafologia, entre outros) para abarcar um entendimento dos níveis ecológicos e sociais de coevolução, estrutura e funcionamento. Em vez de centrar sua atenção em algum componente particular do agroecossistema, a Agroecologia enfatiza as inter-relações entre seus componentes e a dinâmica complexa dos processos ecológicos (Vandermeer, 1995).

Os agroecossistemas são comunidades de plantas e animais interagindo com seu ambiente físico e químico que foi modificado para produzir alimentos, fibras, combustíveis e outros produtos para consumo e utilização humana. A Agroecologia é o estudo holístico dos agroecossistemas, abrangendo todos os elementos ambientais e humanos. Sua atenção é voltada para a forma, a dinâmica e a função de suas inter-relações, bem como para os processos nos quais estão envolvidas. Uma área usada para produção agrícola (um campo, por exemplo) é vista como um sistema complexo no qual os processos ecológicos que ocorrem sob condições naturais também podem se realizar, tais como: ciclagem de nutrientes, interações predador-presa, competição, simbiose e mudanças decorrentes de sucessões ecológicas. Uma ideia implícita na pesquisa em agroecologia é que, ao compreender essas relações e processos ecológicos, os agroecossistemas podem ser manejados de modo a melhorar a produção e torná-la mais sustentável, reduzindo impactos ambientais e sociais negativos e diminuindo o aporte de insumos externos (Gliessman, 1998).

A concepção de tais sistemas se baseia na aplicação dos seguintes princípios ecológicos (Reinjntjes *et al.*, 1992):

- Aumentar a ciclagem de biomassa e otimizar a disponibilidade e o fluxo equilibrado de nutrientes.
- Assegurar solo com condições favoráveis para o crescimento das plantas, particularmente por meio do manejo da matéria orgânica e do incremento de sua atividade biológica.
- Minimizar as perdas decorrentes dos fluxos de radiação solar, ar e água por meio do manejo do microclima, da captação de água e da cobertura do solo.
- Promover a diversificação inter e intraespécies no agroecossistema, no tempo e no espaço.
- Aumentar as interações biológicas e os sinergismos entre os componentes da biodiversidade promovendo processos e serviços ecológicos chaves.

Esses princípios podem ser aplicados por intermédio de diversas técnicas e estratégias. Cada uma delas produz um efeito diferente sobre a produtividade, a estabilidade e a resiliência do sistema, dependendo das condições locais, da disponibilidade de recursos e, em muitos casos, do mercado. O principal objetivo da abordagem agroecológica é integrar os diferentes componentes do agroecossistema de forma a aumentar sua eficiência biológica geral, capacidade produtiva e autossuficiência (Quadro 1). Busca-se, assim, estabelecer uma trama de agroecossistemas dentro de uma unidade de paisagem de modo a reproduzir a estrutura e a função dos ecossistemas naturais.

Quadro 1

Processos ecológicos que devem ser otimizados nos agroecossistemas

- Fortalecer a imunidade do sistema (funcionamento apropriado do sistema natural de controle de pragas)
- Diminuir a toxicidade por meio da eliminação de agroquímicos
- Otimizar a função metabólica (decomposição da matéria orgânica e ciclagem de nutrientes)
- Equilibrar os sistemas regulatórios (ciclos de nutrientes, equilíbrio de água, fluxo de energia, regulação de populações etc.)
- Aumentar a conservação e a regeneração do solo, da água e da biodiversidade
- Aumentar e manter a produtividade no longo prazo

DIVERSIFICAÇÃO DE AGROECOSSISTEMAS

Sob uma perspectiva de manejo, o objetivo da agroecologia é proporcionar ambientes equilibrados, rendimentos sustentáveis, fertilidade do solo resultante de processos biológicos e regulação natural das pragas por meio do desenho de agroecossistemas diversificados e do uso de tecnologias de baixos insumos externos (Gliessman, 1998). Os agroecólogos reconhecem que os policultivos, os sistemas agroflorestais e outros métodos de diversificação imitam os processos ecológicos naturais e que a sustentabilidade dos agroecossistemas complexos se baseia nos mesmos modelos ecológicos que eles seguem. Por meio do estabelecimento de sistemas de produção que imitem a natureza, portanto, é possível fazer um melhor uso da radiação solar, dos nutrientes do solo e da chuva (Pretty, 1994).

A alteração humana de ecossistemas para a produção agrícola faz com que os agroecossistemas sejam estrutural e funcionalmente muito diferentes dos ecossistemas naturais (Quadro 2). Os agroecossistemas são ecossistemas artificiais movidos por energia solar, da mesma forma que os ecossistemas naturais, dos quais diferem nos seguintes aspectos: (a) as fontes de energia auxiliares são os combustíveis processados (junto com o trabalho humano e animal), não as energias naturais; (b) o manejo humano reduz significativamente a diversidade, visando maximizar o rendimento de determinados produtos; (c) as plantas e os animais principais estão sob uma pressão de seleção artificial, não natural; e (d) o controle é externo e motivado por certos objetivos, ao invés de um controle interno mediante a retroalimentação do subsistema, como ocorre nos ecossistemas naturais (Gliessman, 1998).

Quadro 2

Diferenças estruturais e funcionais entre os agroecossistemas e os ecossistemas naturais

Características	Agroecossistema	Ecossistema natural
Produtividade líquida	Alta	Média
Cadeias tróficas	Simples, lineares	Complexas
Diversidade de espécies	Baixa	Alta
Diversidade genética	Baixa	Alta
Ciclos minerais	Abertos	Fechados
Estabilidade (resistência)	Baixa	Alta
Entropia	Alta	Baixa
Controle humano	Definido	Desnecessário
Permanência temporal	Curta	Longa
Heterogeneidade do *habitat*	Simples	Complexa
Fenologia	Sincronizada	Estacional
Maturidade	Imatura, sucessão inicial	Madura, clímax

Fonte: modificado de Gliessman (1998).

Os seguintes processos, que alteram a estrutura e o funcionamento dos ecossistemas, são os mais significativos em relação à instabilidade das monoculturas tropicais:

Quadro 3

Características ecológicas desejáveis dos ecossistemas em relação com o desenvolvimento sucessional

Característica	Etapa sucessional			Benefício para o ecossistema
	Inicial	Intermediária	Tardia	
Alta diversidade de espécies		√	√	Menor risco de perda catastrófica da colheita
Alta biomassa total			√	Uma maior fonte de matéria orgânica no solo
Alta produtividade primária líquida	√			Maior potencial para a produção de biomassa
Complexidade das interações entre espécies	√	√		Maior potencial de controle biológico
Ciclagem eficiente de nutrientes		√	√	Menor necessidade de insumos externos
Interferência mutualista			√	Maior estabilidade; menor necessidade de insumos externos

Fonte: modificado de Gliessman (1998).

O manejo agroecológico deve intensificar a ciclagem de nutrientes e de matéria orgânica, otimizar os fluxos de energia, conservar a água e o solo e equilibrar as populações de pragas e inimigos naturais. A estratégia explora as complementaridades e os sinergismos que resultam de várias combinações de cultivos, árvores e animais, em arranjos espaciais e temporais diversos (Altieri, 1994).

Em essência, um manejo mais eficiente dos agroecossistemas vai depender do nível de interações entre os vários componentes bióticos e abióticos. Ao promover uma biodiversidade funcional, é possível desencadear sinergismos que subsidiem os processos do agroecossistema por meio de serviços ecológicos, tais como a ativação biológica do solo, a ciclagem de nutrientes, o aumento dos organismos benéficos e dos antagonistas, entre outros (Altieri; Nicholls, 1999). Atualmente, há uma extensa gama de práticas e tecnologias disponíveis que variam tanto em efetividade quanto em valor estratégico. As melhores práticas são aquelas de natureza preventiva, multifuncionais e que atuam reforçando a imunidade do agroecossistema por meio de uma série de mecanismos (Quadro 4).

Quadro 4

Mecanismos para melhorar a imunidade do agroecossistema

- Aumentar as espécies de plantas e a diversidade genética no tempo e no espaço
- Melhorar a biodiversidade funcional (inimigos naturais, antagonistas etc.)
- Incrementar a matéria orgânica do solo e a atividade biológica
- Aumentar a cobertura do solo e a capacidade de supressão da vegetação espontânea
- Eliminar agrotóxicos e seus resíduos

Existem várias estratégias para restaurar a diversidade agrícola no tempo e no espaço, incluindo rotação de culturas, cultivos de cobertura, policultivos/consórcios e integração com a criação animal, além de outras estratégias similares, que apresentam as seguintes características ecológicas:

Rotação de culturas – Diversidade temporal incorporada aos agroecossistemas proporcionando nutrientes para os cultivos e interrompendo o ciclo de vida de vários insetos-praga, doenças e plantas espontâneas (Sumner, 1982).

Policultivos/Consórcios – Sistemas agrícolas complexos nos quais duas ou mais espécies são plantadas com uma proximidade espacial suficiente para que haja competição ou complementação, aumentando, portanto, a produtividade (Vandermeer, 1989).

Sistemas agroflorestais – Sistema agrícolas em que as árvores exercem funções protetoras e produtivas quando crescem junto a cultivos anuais e/ou animais, o que resulta num aumento das relações complementares entre os componentes, incrementando o uso múltiplo do agroecossistema (Nair, 1982).

Cultivos de cobertura – O uso (em forma pura ou misturada) de espécies leguminosas ou outras anuais, geralmente sob espécies frutíferas perenes, com o objetivo de melhorar a fertilidade do solo, aumentar o controle biológico de pragas e alterar o microclima da área de plantio (Finch; Sharp, 1976).

Integração animal no agroecossistema – Visa atingir uma alta produção de biomassa e uma ciclagem mais eficiente (Pearson; Ison, 1987).

Todas essas formas diversificadas de agroecossistemas compartilham as seguintes características:

a. mantêm a cobertura vegetal como medida efetiva para conservar água e solo, por meio do uso de práticas como plantio direto, cultivos com uso de cobertura morta (*mulch*), ou o uso de cultivos de cobertura (adubos verdes, por exemplo), entre outros métodos apropriados;

b. garantem fornecimento regular de matéria orgânica por meio do uso de esterco, da compostagem e da promoção da atividade biológica do solo;

c. aumentam os mecanismos de ciclagem de nutrientes através do uso de sistemas de rotação baseados em espécies leguminosas, integração animal etc.;

d. promovem a regulação de insetos-pragas por meio do aumento da atividade biológica dos agentes de controle obtido pela conservação e/ou introdução de inimigos naturais e antagonistas.

A pesquisa sobre a diversificação dos sistemas de cultivos tem destacado a importância da diversidade do entorno agrícola (Vandermeer, 1989). A diversidade assume grande valor nos agroecossistemas por vários motivos (Altieri, 1994; Gliessman, 1998):

- À medida que a diversidade aumenta, crescem também as oportunidades para que as espécies possam coexistir e interagir de forma benéfica, o que pode contribuir bastante para a sustentabilidade do agroecossistema.

- Uma maior diversidade sempre permite que seja feito um melhor uso dos recursos no agroecossistema. Existe uma melhor adaptação à heterogeneidade do *habitat*, levando a uma complementaridade nas necessidades das diferentes espécies cultivadas, a uma diversificação de nichos, a uma sobreposição dos nichos das espécies e ao compartilhamento dos recursos.

- Os ecossistemas nos quais as plantas estão intercaladas possuem maior resistência associada a insetos herbívoros, uma vez que neles existe uma maior abundância e diversidade de inimigos naturais que mantém sob controle populações de espécies individuais de herbívoros.

- A combinação de diferentes cultivos gera uma diversidade de microclimas dentro dos sistemas agrícolas que pode fazer que eles sejam ocupados por um conjunto de organismos espontâneos – inclusive predadores benéficos, parasitoides, polinizadores, fauna do solo e antagonistas – que cumprem um papel importante para a totalidade do sistema.

- A diversidade na paisagem agrícola pode contribuir para a conservação da biodiversidade nos ecossistemas naturais do entorno.

- A diversidade no solo favorece uma variedade de serviços ecológicos, tais como a ciclagem de nutrientes, a desintoxicação de substâncias químicas prejudiciais e a regulação do crescimento das plantas.

- A diversidade diminui o risco de prejuízo para os agricultores, especialmente os que vivem em áreas marginais com condições ambientais de alta instabilidade. Num sistema diversificado, se a produtividade de um cultivo é comprometida, os rendimentos gerados por outras culturas podem compensar as eventuais perdas.

AGROECOLOGIA E O PLANEJAMENTO DE AGROECOSSISTEMAS SUSTENTÁVEIS

Muitos envolvidos com promoção da agricultura sustentável buscam criar uma forma de produção agrícola que mantenha a produtividade no longo prazo por meio das seguintes medidas (Pretty, 1994; Vandermeer, 1995):

- Otimizar o uso de insumos localmente disponíveis, combinando os diferentes componentes do sistema, tais como plantas, animais, solo, água, clima e pessoas, buscando que se complementem uns aos outros e obtenham os maiores efeitos sinérgicos possíveis.

- Reduzir o uso de insumos externos à propriedade e não renováveis com grande potencial de causar danos ao meio ambiente e à saúde de produtores e consumidores, além de buscar fazer um uso mais restrito e localizado dos insumos que eventualmente continuem sendo empregados, visando minimizar os custos variáveis.

- Contar, sobretudo, com os recursos disponíveis no próprio agroecossistema, substituindo os insumos externos pela reciclagem de nutrientes, pela melhor conservação e pelo uso eficiente de insumos locais.

- Melhorar a relação entre os modelos de cultivo, o potencial produtivo e as limitações ambientais de clima e paisagem, de modo a assegurar a sustentabilidade dos níveis atuais de produção no longo prazo.

- Valorizar e conservar a biodiversidade fazendo um uso eficiente do potencial biológico e genético das espécies de plantas e animais presentes dentro e no entorno do agroecossistema.

- Aproveitar o conhecimento e as práticas locais, inclusive as abordagens e técnicas inovadoras que, embora ainda não sejam reconhecidas e/ou plenamente compreendidas pelos cientistas, já são amplamente adotadas pelos agricultores.

A Agroecologia disponibiliza o conhecimento e as metodologias necessárias para desenvolver uma agricultura que seja ambientalmente adequada, por um lado, e altamente produtiva, socialmente equitativa e economicamente viável, por outro. Ao optar pela aplicação dos princípios agroecológicos, o desafio principal da agricultura sustentável de fazer um melhor uso dos recursos locais pode ser facilmente superado, minimizando o uso de insumos externos e, de preferência, gerando localmente os recursos de forma mais eficiente, por meio de estratégias de diversificação que aumentam o sinergismo entre os componentes chaves do agroecossistema.

Assim, pode-se dizer que o maior objetivo do modelo agroecológico é integrar todos os componentes, buscando aumentar a eficiência biológica geral, a preservação da biodiversidade e a manutenção da capacidade produtiva e autorregulatória do agroecossistema. O objetivo é construir um agroecossistema que reproduza a estrutura e a função dos ecossistemas naturais locais. Ou seja, a ideia é criar um sistema altamente diversificado e um solo biologicamente ativo; um sistema que promova o controle natural de pragas, a reciclagem de nutrientes e uma ampla cobertura do solo de modo a prevenir as perdas dos recursos edáficos.

CONCLUSÕES

A Agroecologia oferece orientações básicas para o desenvolvimento de agroecossistemas que se beneficiam dos efeitos da integração proporcionados pela biodiversidade de plantas e animais. Tal integração favorece as complexas interações e sinergismos, assim como torna mais eficientes as funções e os processos do agroecossistema, tais como: a regulação biótica de organismos prejudiciais, a reciclagem de nutrientes e a produção e acumulação de biomassa, permitindo, assim, que o agroecossistema estabilize seu próprio funcionamento. O objetivo final do modelo agroecológico é melhorar a sustentabilidade econômica e ecológica dos agroecossistemas, ao propor um sistema de manejo que tenha como base os recursos locais e uma estrutura operacional adequada às condições ambientais e socioeconômicas existentes. Ao se adotar uma estratégia agroecológica, os componentes de manejo são geridos com o objetivo de garantir a conservação e aprimorar os recursos locais (germoplasma, solo, fauna benéfica, diversidade vegetal etc.), enfatizando o desenvolvimento de metodologias que valorizem a participação dos agricultores, o conhecimento tradicional e a adaptação da atividade agrícola às necessidades locais e às condições socioeconômicas e biofísicas.

MANEJO AGROECOLÓGICO DOS RECURSOS NATURAIS EM AMBIENTES MARGINAIS[18]

Em todo o mundo em desenvolvimento, cerca de 1,4 bilhão de agricultores vivem em ambientes marginais de alto risco e permanecem alijados da tecnologia agrícola moderna. Uma nova abordagem para o manejo dos recursos naturais deve ser desenvolvida para que novos sistemas de gestão possam ser desenhados e adaptados a essas condições agrícolas, específicas, altamente variáveis e diversificadas, típicas desses agricultores. A Agroecologia proporciona as bases científicas para a implantação de agroecossistemas biodiversos capazes de subsidiar o seu próprio funcionamento. Os últimos avanços na pesquisa em agroecologia têm sido revistos a fim de melhor definir os elementos devem fazer parte da agenda de estudos sobre manejo dos recursos naturais, uma agenda que deverá ser compatível com as necessidades e aspirações dos camponeses. Está claro que, para que assumam um caráter relevante, tais estudos precisam incluir a plena participação dos agricultores, assim como a de organizações de assessoria. A implementação da agenda de pesquisa também implicará importantes mudanças institucionais e políticas.

INTRODUÇÃO

Pode-se dizer que um dos avanços mais significativos do início do século XXI foi o reconhecimento de que, no mundo em

---

[18] Edição elaborada a partir do artigo "Agroecology: the science of natural resource management for poor farmers in marginal environments", publicado em Agriculture, Ecosystems and Environment 1971 (2002) 1–24.

desenvolvimento, as áreas caracterizadas pela agricultura tradicional continuam sendo assistidas por modelos de transferência de tecnologia implementadas de cima para baixo, em função da tendência de se exaltar o conhecimento científico moderno e negligenciar a participação e o conhecimento tradicional. Na maior parte das vezes, esses agricultores tiveram muito poucos ganhos com a Revolução Verde (Pearse, 1980). Muitos analistas também têm apontado que as novas tecnologias não foram neutras em seu direcionamento. Os proprietários de grandes áreas foram os que mais se beneficiaram, enquanto os agricultores com menos recursos muitas vezes saíram perdendo, o que acentuou ainda mais as disparidades de rendimentos (Shiva, 1991).

Não só as tecnologias disponibilizadas são inadequadas para os agricultores mais pobres, como também os camponeses têm sido excluídos do acesso ao crédito, à informação, ao apoio técnico e outros serviços que os teriam ajudado a utilizar e adaptar esses novos insumos, se assim desejassem (Pingali *et al.*, 1997). Apesar de estudos posteriores mostrarem que a disseminação de variedades de alta produtividade entre os pequenos agricultores ocorreu somente em áreas de abrangência da Revolução Verde, onde havia acesso à irrigação e agrotóxicos subsidiados, as desigualdades permaneceram (Lipton; Longhurst, 1989). Está claro que o desafio histórico da comunidade internacional de pesquisa agrícola financiada com recursos públicos é reorientar os seus esforços para os agricultores e agroecossistemas marginalizados e assumir a responsabilidade pela prosperidade de sua atividade. Na verdade, muitos autores (Conway, 1997; Blavert; Bodek, 1998) concordam que, para aumentar a segurança alimentar no mundo em desenvolvimento, a produção suplementar de alimentos terá de vir de sistemas agrícolas situados em países onde haverá aumento da população e, especialmente, onde concentra-se a maior parte da população pobre (Pinstrup-Andersen; Cohen, 2000). Mesmo essa abordagem pode não ser suficiente, uma vez que as atuais políticas da Organização Mundial do Comércio (OMC) têm obrigado os países em desenvolvimento a abrirem seus mercados, o que permite aos países ricos despejar sua superprodução a preços não muito vantajosos para os produtores locais (Mander; Goldsmith, 1996).

Estima-se que 1,4 bilhão de pessoas vivem e trabalham no Sul em áreas vastas, diversas e sujeitas a risco, onde os sistemas de produção não têm se beneficiado muito das tecnologias agrícolas convencionais. Seus sistemas estão normalmente localizados em ambientes heterogêneos demasiadamente marginais para a agricultura intensiva e muito distantes dos mercados e instituições (Wolf, 1986). A fim de beneficiar os pobres de forma mais direta, deveria ser adotada uma abordagem de manejo dos recursos naturais (MRN) que tratasse direta e simultaneamente dos seguintes objetivos:

- Redução da pobreza;
- Segurança alimentar e autonomia;
- Manejo ecológico dos recursos produtivos;
- Empoderamento das comunidades rurais;
- Estabelecimento de políticas de apoio.

O manejo dos recursos naturais tem que ser aplicado sob as condições altamente heterogêneas e diversas em que vivem os pequenos agricultores, além de ser ambientalmente sustentável e baseado na utilização de recursos locais e no conhecimento tradicional (Quadro 1). A ênfase deve residir na melhoria geral de sistemas agrícolas, seja em nível local ou de bacia hidrográfica, e não na rentabilidade de produtos específicos. A geração de tecnologia deve ser um processo orientado pela demanda, o que significa que as prioridades das pesquisas agrícolas devem ser baseadas nas necessidades socioeconômicas e nas condições ambientais dos agricultores mais pobres (Blauert; Zadek, 1998).

A necessidade de combater urgentemente a pobreza rural e ao mesmo tempo preservar e regenerar a base de recursos deteriorada das pequenas propriedades exige uma busca ativa de novas abordagens para a pesquisa agrícola e o manejo de recursos. Organizações Não Governamentais (ONGs) há muito vêm argumentando que uma estratégia de desenvolvimento agrícola sustentável que promova a preservação do meio ambiente deve ser baseada em princípios agroecológicos e deve empregar uma abordagem mais participativa para o desenvolvimento e a difusão de tecnologias. Afinal, muitos concordam que esse pode ser o caminho mais sensato para resolver tanto os problemas da pobreza e da insegurança alimentar como os da degradação ambiental (Altieri *et al.*, 1998).

Para beneficiar os agricultores mais pobres, a pesquisa e o desenvolvimento agrícola devem operar com base numa abordagem "de baixo para cima" (*bottom-up*), utilizando e desenvolvendo os recursos já disponíveis: a população local, seus conhecimentos e recursos naturais nativos. Devem também levar seriamente em consideração, por meio de abordagens participativas, as necessidades, aspirações e contextos dos agricultores (Richards, 1985).

O objetivo principal deste capítulo é analisar alguns avanços obtidos pela pesquisa agroecológica e avaliar se as abordagens ecológicas para a agricultura podem oferecer diretrizes para superar as necessidades técnicas e de produção dos agricultores que vivem em ambientes marginais em todo o mundo em desenvolvimento.

Quadro 1

Demandas tecnológicas dos agricultores	
Características de inovações importantes	Critérios para o desenvolvimento de tecnologias
Economia de insumos e redução de custos	Ter como base o conhecimento ou a racionalidade tradicional
Redução de riscos	Ser economicamente viável, acessível e com base nos recursos locais
Expansão em direção a terras marginais/frágeis	Ambientalmente sadia; social e culturalmente sensível
Sintonia com os sistemas agrícolas locais	Baixo risco; adaptada às condições dos agricultores
Melhoria da nutrição, da saúde e do meio ambiente	Melhoria total da produtividade e da estabilidade das propriedades

ESTRATÉGIAS AGRÍCOLAS BASEADAS NO CONHECIMENTO TRADICIONAL

Muitos pesquisadores têm apontado que o ponto de partida para a elaboração de novas abordagens de desenvolvimento agrícola são os próprios sistemas que os agricultores tradicionais desenvolveram e/ou herdaram ao longo dos séculos (Chambers, 1983). Esses sistemas complexos, adaptados às condições locais, têm ajudado os pequenos agricultores a manejar de forma sustentável ambientes adversos e ainda a satisfazer suas necessidades de autoconsumo, sem depender de mecanização, fertilizantes químicos, agrotóxicos ou outras tecnologias oferecidas pela ciência agrícola convencional (Denevan, 1995).

Embora muitos desses sistemas tenham colapsado ou desaparecido em muitas partes do mundo em desenvolvimento, a permanência de milhões de hectares sob regime da agricultura tradicional, na forma de campos elevados, terraços, policultivos, sistemas agroflorestais etc., são a prova viva de uma estratégia agrícola bem-sucedida e prestam uma homenagem à *criatividade* dos pequenos agricultores presentes em todo o mundo em desenvolvimento (Wilken, 1987). Esses microcosmos de agricultura tradicional oferecem modelos promissores para outras áreas, uma vez que promovem a biodiversidade, prosperam sem agrotóxicos e conseguem manter a produtividade durante o ano inteiro. Estima-se que aproximadamente 50 milhões de indivíduos, que pertencem a cerca de 700 etnias indígenas diferentes, vivem e utilizam as regiões tropicais úmidas do mundo. Cerca de dois milhões deles vivem na Amazônia e no sul do México (Toledo, 2000). No México, metade dos trópicos úmidos é ocupada por comunidades indígenas e *ejidos*[19] que exibem sistemas agroflorestais integrados voltados para o autoconsumo e os mercados locais e regionais.

---

[19] Modelo fundiário baseado em unidades coletivas de organização produtiva e de representação dos camponeses organizados, resultante do processo de reforma agrária mexicano e estabelecido por sua Constituição de 1917. (N.R.)

Os sistemas agrícolas tradicionais costumam apresentar um elevado grau de diversidade vegetal na forma de policultivos e agroflorestas (Gliessman, 1998). Essa estratégia de minimização de riscos por meio do cultivo de diferentes espécies e variedades estabiliza a produtividade no longo prazo, promove a diversificação da dieta e maximiza os retornos, mesmo sob condições de pouco acesso à tecnologia e limitação de recursos (Harwood, 1979).

A maioria dos sistemas camponeses são produtivos mesmo utilizando poucos insumos químicos (Brookfield; Padoch, 1994). Geralmente, o trabalho agrícola apresenta altos retornos por unidade de insumo despendida. Numa propriedade camponesa típica, o retorno de energia em relação ao trabalho empregado é suficientemente alto para garantir a manutenção do sistema. Ainda em termos energéticos, esses sistemas apresentam taxas de retorno favoráveis entre os insumos (*inputs*) e a produção (*outputs*). Nas áreas de encostas do México, por exemplo, a produtividade do milho em sistemas baseados no trabalho manual é de cerca de 1.940 kg/ha, exibindo uma taxa de produção/insumo de 11:1. Na Guatemala, sistemas similares rendem cerca de 1.066 kg/ha de milho, com eficiência energética de 4,84. Quando a tração animal é empregada, a produtividade não necessariamente aumenta, mas a eficiência energética cai atingindo valores entre 3.11 e 4.34. Quando há uso de fertilizantes e outros agroquímicos, a produtividade pode chegar a até 5–7 ton./ha, mas o rendimento energético torna-se negativo (inferior a 2,0) (Netting, 1993).

Na maioria dos sistemas diversificados desenvolvidos por pequenos agricultores, a produtividade em termos de produtos colhidos por unidade de área é maior do que nas monoculturas com o mesmo nível de manejo (Francis, 1986). Essa superioridade de produtividade pode variar entre 20 a 60% e se acentuar em função da redução na incidência de pragas e do uso mais eficiente de nutrientes, água e radiação solar.

O conjunto de práticas agrícolas empregadas por muitos agricultores tradicionais sem dúvida representa uma rica fonte de saberes para os trabalhadores atuais que procuram criar agroecossistemas inovadores que se adaptem às condições agroecológicas e socioeconômicas locais. Os camponeses lançam mão de uma diversidade de técnicas, muitas das quais se ajustam bem às condições locais e podem levar à conservação e regeneração da base de recursos naturais, como demonstrado pelo estudo de Reij *et al.* (1996) sobre práticas tradicionais de manejo do solo e da água na África. As técnicas tendem a ser intensivas em conhecimento, mas não no uso de insumos. Evidentemente, nem todas são eficazes ou aplicáveis e, portanto, poderá ser necessário promover ajustes ou adaptações. O desafio é manter os fundamentos de tais modificações assentados na lógica e no conhecimento dos camponeses.

A agricultura de *roça e queima*, ou *milpa*[20], talvez seja um dos melhores exemplos de estratégia ecológica tradicional de manejo da agricultura nos trópicos. Ao manter um mosaico de parcelas sob cultivo e outras em pousio, os agricultores capturam a essência dos processos naturais de regeneração da fertilidade típica de qualquer sucessão ecológica. Seguindo a racionalidade das *milpas*, o uso de adubos verdes tem proporcionado uma via ecológica para a intensificação da produção em áreas onde não é mais possível manter longos períodos de pousio devido ao crescimento populacional ou à conversão de florestas em pastagens (Flores, 1989).

Experiências na América Central demonstraram que sistemas de consórcio de milho e mucuna (*Mucuna pruriens*) são bastante estáveis e conseguem atingir níveis consideráveis de produtividade (geralmente 2 a 4 ton./ha) a cada ano (Buckles *et al.*, 1998). O sistema parece diminuir de maneira significativa o estresse causado pela seca, uma

---

[20] Sistema de cultivo consorciado muito presente na América Central no qual são semeadas diferentes variedades de milho, feijão, pimenta, abóbora e outras espécies no início do período chuvoso. (N.R.)

vez que a camada de cobertura morta deixada pela mucuna ajuda a conservar a água no perfil do solo. Com água suficiente, os nutrientes se tornam prontamente disponíveis, em boa sincronia com o período em que a demanda das culturas é maior. Além disso, a mucuna suprime as plantas espontâneas (com notável exceção da *Rottboellia cochinchinensis*[21]), seja porque a mucuna as impede fisicamente de germinar, emergir ou sobreviver por muito tempo durante o seu ciclo, seja porque a interface formada pela camada de cobertura morta e o solo não permite o enraizamento profundo das plantas espontâneas, tornando-as mais fáceis de controlar. Os dados mostram que esse sistema fundamentado no conhecimento dos agricultores, envolvendo a contínua rotação anual de mucuna e milho, pode ser mantido por pelo menos quinze anos em um nível razoavelmente alto de produtividade, sem qualquer aparente declínio da base de recursos naturais (Buckles *et al.*, 1998).

Como constatado no caso do uso da mucuna, é fundamental obter uma maior compreensão dos sistemas tradicionais para continuar a desenvolver sistemas contemporâneos. Isso só poderá ocorrer a partir de estudos sistêmicos que identifiquem o conjunto de fatores que condicionam a forma com que os agricultores percebem seu ambiente e como eles o modificam, para posteriormente traduzir tais informações em termos científicos (Figura 1).

---

[21] Capim-camalote, gramínea de rizoma estonolífero e colmos compridos. (N.R.)

Figura 1

O papel da agroecologia e da etnoecologia no resgate do conhecimento agrícola tradicional e no desenvolvimento de agroecossistemas sustentáveis, incluindo inovações apropriadas de manejo de pragas

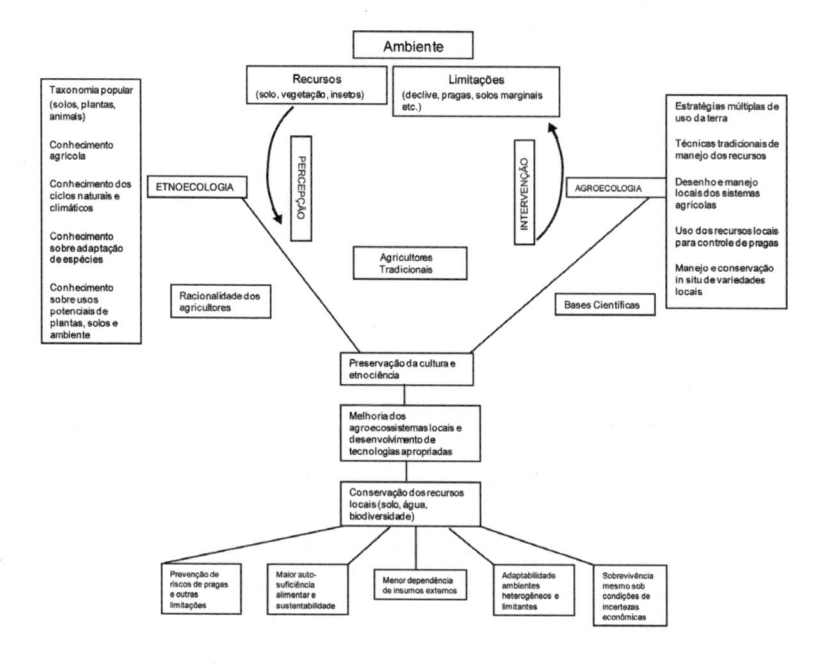

REDIRECIONANDO O FOCO DA PESQUISA

Os problemas enfrentados pelos agricultores não eram contemplados pelas abordagens de pesquisa anteriormente utilizadas pela comunidade científica internacional (Quadro 2). Na maioria das organizações, incluindo os 16 centros de pesquisa do Grupo Consultivo em Pesquisa Agrícola Internacional (CGIAR, sigla em inglês), a pesquisa tem sido orientada para as *commodities*, com o objetivo de aumentar os rendimentos de determinadas culturas alimentícias e do gado, mas geralmente sem a compreensão adequada das necessidades e opções dos agricultores mais pobres nem tampouco considerando o contexto ecológico em que os sistemas estudados estão inseridos.

Quadro 2

Características e limitações dos sistemas agrícolas camponeses e familiares

Características	Limitações
Posse ou acesso precários à terra	Ambientes heterogêneos e erráticos
Pouco ou nenhum capital	Acesso limitado a canais de comercialização
Poucas oportunidades de trabalho não agrícola	Ausência de institucionalidade
Estratégias de geração de renda variadas e complexas	Acesso desigual a bens e serviços públicos
Sistemas agrícolas complexos e diversificados em ambientes frágeis	Acesso restrito à terra e a outros recursos Tecnologias inapropriadas

A maioria dos cientistas utiliza uma abordagem disciplinar que no geral leva a recomendações para áreas específicas, mas que não proveem os agricultores de tecnologias apropriadas nem das condições necessárias para tomar decisões informadas entre as opções disponíveis. Essa situação, porém, está mudando. Prova disso é que uma das Iniciativas Inter-Centros do CGIAR está propondo inovações para o manejo integrado dos recursos naturais. A ideia é gerar uma nova abordagem de pesquisa que considere os efeitos interativos entre os ecossistemas e os sistemas socioeconômicos em nível ecorregional, entendendo-se manejo dos recursos naturais como (CGIAR, 2000):

a) Manejo responsável e amplamente participativo das terras, águas, florestas e base de recursos biológicos (incluindo os genes) necessários para manter a produtividade agrícola e evitar a degradação da produtividade potencial.

b) Manejo dos processos biogeoquímicos que regulam os ecossistemas dentro dos quais os sistemas agrícolas funcionam. Os métodos de manejo dos recursos naturais são aqueles ligados à ciência sistêmica, contemplando a interação dos humanos com seus recursos naturais.

Apesar desses novos esforços em direção à interdisciplinaridade e dos avanços significativos na compreensão da relação que existe entre os componentes da comunidade biótica e a produtividade agrícola, a agrobiodiversidade ainda é vista pelos pesquisadores como uma *caixa-preta* (Swift; Anderson, 1993). Isso aponta para a necessidade de que o manejo do solo, da água e das pragas devem ser tratados simultaneamente, seja em nível local ou de bacia hidrográfica, a fim de combinar elementos para a produção com formas de manejo de agroecossistemas que sejam sensíveis à manutenção e/ou ao aumento da biodiversidade. Essa abordagem integrada de gestão dos agroecossistemas permite a definição de uma série de estratégias que podem potencialmente oferecer aos agricultores (especialmente os mais dependentes da agrobiodiversidade) um leque de alternativas ou as condições de manejar seus sistemas de acordo com suas restrições e necessidades socioeconômicas (Blauert; Zadek, 1998).

Outra questão que tem sido apontada é o fato de o manejo integrado de pragas ter evoluído separadamente do manejo integrado da fertilidade do solo, o que demonstra a falta de uma percepção global do funcionamento dos agroecossistemas de baixo uso de insumos. Para manter sua integridade, eles contam justamente com as sinergias entre a diversidade de plantas e a atividade contínua da comunidade microbiana do solo e sua relação com a matéria orgânica (Deugd *et al.*, 1998). É crucial, portanto, que os cientistas compreendam que os métodos de manejo de pragas mais utilizados pelos agricultores também podem ser considerados estratégias de manejo da fertilidade do solo. Deve-se buscar perceber que existem interações positivas estabelecidas entre solos e pragas que, uma vez identificadas, podem servir como indicadoras para a otimização do funcionamento total do agroecossistema (Figura 2).

Figura 2

Interações entre práticas de manejo do solo e de pragas usadas por agricultores, algumas das quais podem gerar sinergias responsáveis por culturas saudáveis e produtivas

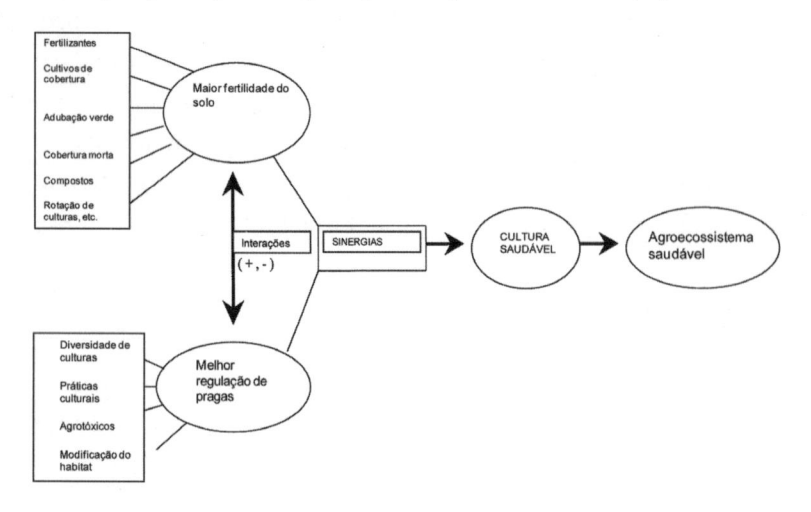

Cada vez mais pesquisas têm mostrado que a habilidade de uma cultura para resistir ou tolerar pragas e doenças está atrelada às propriedades ideais do solo, em termos físicos, químicos e, sobretudo, biológicos (Luna, 1988). Os solos que apresentam alta concentração de matéria orgânica e alta atividade biológica possuem um bom nível de fertilidade, assim como cadeias alimentares complexas e organismos benéficos que previnem infecções. Por outro lado, as práticas agrícolas que provocam desequilíbrios nutricionais podem reduzir a resistência a pragas (Magdoff; Van Es, 2000).

A partir de várias oficinas sobre manejo integrado de recursos naturais, cientistas do CGIAR construíram uma lista de temas de pesquisa relevantes para áreas menos favoráveis (Quadro 3), mas certamente isso ainda não é suficiente. Além disso, seu Comitê Técnico Consultivo (TAC, sigla em inglês) saiu à frente com uma proposta de trabalho visando a redução da pobreza, a segurança alimentar e a agricultura sustentável. Entretanto, ainda mais importante e urgente do que definir e mapear a pobreza, o que parece ser a grande ênfase do TAC, é compreender as suas causas e combater tais fatores por meio da pesquisa agrícola. Outra questão em destaque para o TAC é avaliar os impactos que eventos climáticos extremos e imprevisíveis têm sobre os mais pobres. Embora seja importante descrever como as tendências de longo prazo do aquecimento global afetarão a produção agrícola de pequena escala, isso não é tão relevante quanto compreender a capacidade de adaptação exibida pelos agroecossistemas ou buscar formas de melhorar a resistência dos sistemas agrícolas tradicionais às mudanças climáticas.

Quadro 3

Temas de pesquisa para áreas de menor potencial (Conway, 1997)

- Maior compreensão dos agroecossistemas críticos selecionados, tais como os vales das terras altas da região norte do sul da Ásia.
- Novas variedades produzidas por meio do melhoramento convencional e da engenharia genética que proporcionam maiores rendimentos diante de estresses ambientais.
- Tecnologias para o arroz de sequeiro em áreas sujeitas a secas ou inundações.
- Sistemas de pequena escala para conservação dos recursos hídricos e irrigação manejada comunitariamente.
- Sistemas agrícolas de produção de cereais mais produtivos na África Oriental e Austral.
- Sistemas aprimorados e adaptados às especificidades dos solos ácidos e deficientes em minerais nos Cerrados da América Latina.
- Integração lavoura-pecuária, proporcionando rendimentos maiores e mais estáveis nas regiões montanhosas do Oeste da Ásia.
- Alternativas agroflorestais produtivas e sustentáveis para a agricultura itinerante.
- Exploração sustentável da floresta, da pesca e dos recursos naturais que gere renda e emprego.

O que falta nessas novas definições é a descrição explícita das bases científicas do manejo dos recursos naturais e dos métodos para aumentar a nossa compreensão acerca da estrutura e dinâmica dos ecossistemas agrícolas e naturais, buscando fornecer orientações para seu manejo produtivo e sustentável. Para que uma estratégia de manejo dos recursos naturais seja relevante, é preciso lançar mão de princípios agroecológicos gerais e de tecnologias agrícolas moldadas às necessidades e circunstâncias locais. Quando o modelo convencional de transferência de tecnologia é quebrado, dá-se lugar a novos sistemas de manejo que devem ser ajustados e adaptados às condições agrícolas locais específicas, altamente variáveis e diversificadas. Ou seja, embora os princípios agroecológicos tenham aplicabilidade universal, as formas tecnológicas por meio das quais esses princípios se tornam operacionais dependem das condições ambientais e socioeconômicas predominantes em cada local (Uphoff, 2002).

AGROECOLOGIA COMO BASE CIENTÍFICA DO MANEJO DOS RECURSOS NATURAIS

Na tentativa de melhorar a produção agrícola, a maioria dos cientistas tem ignorado um aspecto chave no desenvolvimento de uma agricultura mais autossuficiente e sustentável: uma profunda compreensão da natureza dos agroecossistemas e dos princípios que regem seu funcionamento. Dada essa limitação, a Agroecologia surge como a disciplina que disponibiliza os princípios ecológicos básicos sobre como estudar, projetar e manejar agroecossistemas que sejam produtivos e ao mesmo tempo conservem os recursos naturais, assim como sejam culturalmente sensitiva, socialmente justos e economicamente viáveis (Altieri, 1995).

Conceitos ecológicos são utilizados para favorecer os processos naturais e interações biológicas que otimizam sinergias de modo que os sistemas diversificados sejam capazes de viabilizar por conta própria a fertilidade do solo, a sanidade das plantas e a produtividade. Ao combinar culturas, animais, árvores, solos e outros fatores em arranjos espaciais e temporais diversificados, vários processos são otimizados (Quadro 4). Tais processos são cruciais para determinar a sustentabilidade dos sistemas agrícolas (Vandermeer *et al.*, 1998).

A Agroecologia tira melhor proveito dos processos naturais e das interações benéficas incidentes nas propriedades de modo a reduzir a necessidade de insumos externos e melhorar a eficiência dos sistemas agrícolas. Há tecnologias que tendem a incrementar a biodiversidade funcional dos agroecossistemas, bem como a conservação dos recursos existentes. Outras, como plantas de cobertura, adubação verde, consórcios, sistemas agroflorestais e integração lavoura-pecuária, são multifuncionais, uma vez que sua adoção geralmente implica mudanças favoráveis e simultâneas em vários componentes do sistema (Gliessman, 1998).

A maioria dessas tecnologias pode funcionar como uma "mesa de controle ecológica", ao ativar e influenciar os componentes do agroecossistema e processos, como:

1. Reciclagem da biomassa e equilíbrio do fluxo e da disponibilidade de nutrientes.

2. Condições de solo favoráveis ao crescimento das plantas, por meio do incremento de matéria orgânica e da atividade biológica do solo.

3. Minimização das perdas de radiação solar, ar, água e nutrientes por meio do manejo do microclima, da captação de água e da cobertura do solo.

4. Diversificação genética e de espécies no tempo e no espaço.

5. Aumento das interações biológicas e dos sinergismos entre os componentes da agrobiodiversidade resultando na promoção de processos e serviços ecológicos essenciais.

DESAFIOS TEMÁTICOS PARA A PESQUISA EM AGROECOLOGIA

IMITANDO A NATUREZA

No coração da estratégia da Agroecologia está a ideia de que um agroecossistema deve imitar o funcionamento dos ecossistemas locais e, portanto, deve exibir uma ciclagem eficiente de nutrientes, uma estrutura complexa e uma ampla biodiversidade. A expectativa é que tais imitações, assim como os seus modelos naturais, possam ser produtivas, resistentes a insetos pragas e conservem nutrientes (Ewel, 1999).

O método de sucessão análoga requer uma descrição detalhada de um ecossistema natural em um ambiente específico e a caracterização botânica de todos os cultivos componentes potenciais. Com essa disponível, o passo seguinte é encontrar espécies vegetais que são estrutural e funcionalmente similares às plantas do ecossistema natural. Os arranjos espaciais e temporais das plantas no ecossistema natural são então usados para projetar um sistema de cultivo análogo (Hart, 1980). Na Costa Rica, pesquisadores substituíram espécies silvestres por cultivares com características botânicas e estruturais semelhantes. Dessa forma, as espécies nativas que ocorrem na sucessão natural, tais como *Heliconia spp.*, cucurbitáceas trepadeiras, *Ipomoea spp.*, leguminosas trepadeiras, arbustos, gramíneas e árvores de pequeno porte, foram substituídas por banana (*Musa spp.*), variedades de abóbora (*Curcurbita spp.*) e inhame (*Dioscorea spp.*). Nos anos dois e três anos, as árvores como castanha-do-pará (*Bertholletia excelsa*), pêssego (*Prunus persica*), palma (*Chamaerops spp.*), jacarandá (*Dalbergia spp.*) podem formar um estrato adicional, mantendo assim uma contínua cultura de cobertura, evitando a degradação do local e a lixiviação de nutrientes, bem como proporcionando colheitas durante todo o ano (Ewel, 1986).

A ideia dos agroecossitemas análogos, entretanto, também tem sido comprovada nas latitudes temperadas. Soule e Piper (1992) propuseram a utilização da pradaria das Grandes Planícies dos Estados Unidos como um modelo apropriado para desenvolver um agroecossistema dominado por combinações de gramíneas perenes, leguminosas e compostas (família *Asteraceae)*, todas plantas que diferem na utilização sazonal de nutrientes e que, portanto, desempenhariam papéis complementares e facilitadores no campo.

O uso de espécies perenes imitaria os aspectos originais de retenção e construção do solo de uma pradaria. O componente de leguminosas ajudaria a manter um aporte interno de fertilidade do solo, enquanto a diversidade de espécies, incluindo algumas nativas, permitiria o desenvolvimento de controles e equilíbrios naturais de herbívoros, doenças e plantas espontâneas.

Essa concepção de agricultura de sistemas naturais, que foi desenvolvida no Instituto de Terras dos Estados Unidos, em 1977, apresenta um sistema de produção de alimentos e grãos ecologicamente saudável e perene, no qual a erosão do solo chega a quase zero, a contaminação química por agrotóxicos cai significativamente e a dependência dos combustíveis fósseis declina abruptamente. O principal objetivo da agricultura de sistemas naturais é *imitar a estrutura natural* para que seus componentes consigam *adquirir uma função* (Jackson, 2002).

Para muitos, a abordagem do ecossistema análogo é a base para a promoção de sistemas agroflorestais, especialmente a construção de agroecossistemas que reproduzem ambientes de floresta ao imitar a sucessão ecológica vegetal, apresentando pouca necessidade de fertilizantes, um uso elevado de nutrientes disponíveis e alta proteção contra insetos pragas (Sanchez, 1995).

Solos saudáveis – plantas saudáveis

Como ressaltado anteriormente, as estratégias de diversificação de culturas devem ser complementadas por aplicações regulares de adubos orgânicos (resíduos de culturas, estercos animais e compostos) para manter ou melhorar a qualidade e a produtividade do solo. Muito já se sabe sobre os benefícios das rotações de culturas, dos cultivos de cobertura, dos sistemas agroflorestais e dos consórcios (Francis, 1986). Entretanto, menos conhecidos são os efeitos multifuncionais provocados pelos adubos orgânicos para além dos efeitos documentados sobre a melhoria da estrutura do solo e do teor de nutrientes. Estercos maturados e compostos podem servir como fontes de substâncias estimuladoras do crescimento, tais como o ácido indol-3-acético e os ácidos húmicos e fúlvicos (Magdoff; Van Es, 2000). Os efeitos benéficos das substâncias do ácido húmico no crescimento das plantas são mediados por uma série de mecanismos, muitos dos quais são semelhantes aos que resultam da aplicação direta de reguladores de crescimento vegetal.

A capacidade de uma cultura resistir ou tolerar pragas está associada às condições químicas, físicas e biológicas ideais dos solos. A umidade adequada, uma boa aeração do solo, pH moderado, quantidades certas de matéria orgânica e nutrientes e uma comunidade diversificada e ativa dos organismos do solo contribuem para a saúde da planta. Solos ricos em matéria orgânica geralmente apresentam boa fertilidade, bem como redes tróficas complexas e organismos benéficos que previnem doenças causadas, por exemplo, por *Pythium* e *Rhizoctonia* (Hendrix *et al.*, 1990). Compostos orgânicos também podem influenciar a resistência de plantas a doenças. Trankner (1992) observou que o oídio do trigo e da cevada foi menos severo em solos adubados com composto do que em solos sem nenhum tratamento. Ele também registrou menor incidência de pinta-preta e mancha bacteriana do tomateiro em plantas cultivadas em solos enriquecidos com compostos do que nas plantas controle. Nematoides patogênicos também podem ser suprimidos com a aplicação de adubos orgânicos (Rodriguez-Kabana, 1986). Por outro lado, algumas práticas agrícolas, como aplicações de doses elevadas de fertilizante nitrogenado, podem criar desequilíbrios nutricionais e gerar culturas suscetíveis a doenças, como a *Phytophtora* e *Fusarium*, assim como estimular surtos de *Homopteras* como pulgões e cigarrinhas (Slansky; Rodriguez, 1987). De fato, há cada vez mais evidências de que plantas cultivadas em solos biologicamente ativos e ricos em matéria orgânica estão menos sujeitas ao ataque de insetos pragas (Luna, 1988). Muitos estudos (Scriber, 1984) sugerem ainda que a susceptibilidade fisiológica das culturas a pragas e patógenos pode ser influenciada pelo fertilizante utilizado (orgânico *versus* químico).

A literatura está repleta de referências sobre os benefícios da adubação orgânica, que incentiva a presença de antagonistas e reforça, portanto, o controle biológico de doenças (Campbell, 1989). Várias espécies de bactérias do gênero *Bacillus* e *Pseudomonas*, bem como o fungo

Trichoderma, são antagonistas excelentes que suprimem patógenos por meio de competição, lise, antibiose ou hiperparasitismo (Palti, 1981).

Estudos que documentam menor abundância de insetos herbívoros em sistemas de baixo aporte de insumos têm atribuído essa redução em parte a um baixo teor de N em culturas cultivadas organicamente. No Japão, campos de arroz orgânico apresentaram densidade de cigarrinhas (*Sogatella furcifera*) imigrantes significativamente menor, assim como a taxa de colonização das fêmeas adultas e a taxa de sobrevivência dos estágios imaturos de gerações seguintes também foram mais baixas. Consequentemente, a densidade de ninfas e adultos das cigarrinhas nas gerações seguintes diminuiu nos cultivos orgânicos (Kajimura, 1995). Na Inglaterra, os campos convencionais de trigo de inverno desenvolveram uma infestação do pulgão *Metopolophium dirhodum* maior do que os campos orgânicos. A cultura convencional de trigo também apresentou níveis mais elevados de aminoácidos livres em suas folhas durante junho, o que foi atribuído à aplicação de nitrogênio em cobertura no início de abril. No entanto, a diferença na infestação de pulgões entre as culturas foi atribuída à resposta desses insetos às proporções relativas de certos aminoácidos não proteicos e proteicos presentes nas folhas no momento da colonização do pulgão na cultura (Kowalski; Visser, 1979). Em experimentos conduzidos em estufas, onde havia a opção de milho cultivado em solos com fertilização orgânica ou fertilização química, as fêmeas da broca-europeia-do-milho (*Ostrinia nubilalis*) preferiram botar uma quantidade de ovos significativamente maior naquelas plantas com adubação química (Phelan *et al.*, 1995).

Já Liebman e Gallandt (1997) avaliaram os impactos dos adubos orgânicos no solo na regeneração de plantas espontâneas, no uso de recursos e na interação alelopática. Os resultados obtidos a partir de estudos de sistemas produtores de milho doce e batata nas regiões temperadas mostraram que as espécies de plantas espontâneas parecem ser mais suscetíveis aos efeitos fitotóxicos dos resíduos das culturas e de outros adubos orgânicos que as espécies cultivadas, possivelmente devido a diferenças na massa das sementes. Eles apontam que os padrões de atraso na disponibilidade de nitrogênio apresentados pelos sistemas de baixo aporte de insumos externos podem favorecer cultivos de sementes grandes em detrimento das plantas espontâneas de sementes pequenas. Eles também descobriram que o aporte de materiais orgânicos pode alterar a incidência e a gravidade de doenças de solo que afetam as espécies espontâneas, mas não as culturas. Tais resultados sugerem que esses mecanismos onipresentes em solos sob manejo orgânico podem reduzir a densidade e o crescimento de espécies espontâneas e ainda manter uma produtividade razoável das culturas.

Tais descobertas são de suma importância para agricultores como os de Cakchiquel, em Patzúm, Guatemala. Desde que abandonaram a adubação orgânica e passaram a adotar fertilizantes sintéticos, eles têm vivenciado um aumento da população de insetos pragas, como pulgões e lagartas-da-espiga-do-milho (*Heliothis zea*) (Morales *et al.*, 2001). O uso cada vez mais intensivo de fertilizantes pode causar problemas similares a muitos agricultores que vêm aderindo ao processo de modernização, assim como pode criar desequilíbrios sutis na ecologia de sistemas agrícolas específicos.

Diversidade vegetal e incidência de pragas

Ao longo dos anos, muitos ecólogos têm conduzido experimentos para testar a hipótese de que a diminuição da diversidade vegetal em agroecossistemas leva a uma maior abundância de insetos herbívoros (Altieri; Letourneau, 1982; Andow, 1991). Muitos desses experimentos mostraram que combinar determinadas espécies de plantas com o hospedeiro primário de um herbívoro especializado dá um resultado razoavelmente consistente: insetos-praga especialistas geralmente apresentam maior abundância em monoculturas do que em sistemas diversificados (Altieri, 1994).

Muitos estudos têm sido publicados documentando como a diversidade nos *habitats* pode afetar os insetos (Altieri; Nicholls, 1999;

Landis *et al.*, 2000). Foram formuladas duas hipóteses principais (a dos inimigos naturais e a da concentração de recursos) para explicar por que as comunidades de insetos em agroecossistemas podem ser estabilizadas por meio da construção de arquiteturas vegetativas que favorecem a manutenção das populações de inimigos naturais e/ou inibem diretamente o ataque das pragas (Smith; Mcsorely, 2000). Revisão bibliográfica feita por Risch *et al.* (1983) sistematizou 150 estudos sobre os efeitos da diversificação dos agroecossistemas sobre o número de insetos-praga. Esses estudos examinaram 198 espécies de herbívoros, sendo que 53% delas se mostraram menos abundantes no sistema mais diversificado, 18% foram mais abundantes no sistema diversificado, 9% não mostraram alteração e 20% apresentaram uma resposta variável.

Muitos desses estudos têm transcendido a fase de pesquisa e encontrado aplicabilidade para o controle de pragas específicas, tais como as lagartas Lepidópteras (brocas-do-caule) na África. Cientistas do Centro Internacional de Fisiologia e Ecologia de Insetos (Icipe, sigla em inglês) desenvolveram um sistema de manejo de *habitats* que intercala dois tipos de cultura ao cultivo do milho: uma planta que repele as brocas (efeito de empurra) e outra que as atrai (efeito puxa) (Khan *et al.*, 1998). O sistema puxa-empurra foi testado em mais de 450 propriedades em dois distritos do Quênia e recentemente foi divulgado para ser adotado pelos sistemas de extensão rural do Leste da África. Os agricultores de Trans Nzoia que participam do projeto têm relatado um aumento de 15 a 20% na produção de milho. No distrito de Suba, região semiárida, assolado tanto pelas brocas-do-caule quanto pela *Striga*, foi observado um aumento substancial na produção de leite nos últimos quatro anos. Essa situação pode ser atribuída ao fato de que agora os agricultores contam com uma produção de forragem mais elevada e suficiente para poder criar um número maior de vacas leiteiras. Quando os agricultores plantam milho em consórcio com as plantas puxa-empurra, conseguem obter um retorno de US$ 2,30 para cada dólar investido, enquanto que a monocultura de milho rende apenas US$ 1,40.

O capim Napier (*Pennisetum purpureum*) e o capim Sudão (*S. vulgare sudanese*) também são bastante úteis como armadilhas para atrair os inimigos naturais das brocas, tais como a vespa parasítica *Cotesia semamiae*. Para tanto, são plantadas nas margens dos campos de milho. Outras duas culturas atuam como excelentes repelentes, capim-gordura (*Melinis minutifolia*), que também afasta carrapatos, e a leguminosa carrapicho-de-beiço-de-boi (*Desmodium*), que pode ainda suprimir a erva parasítica *Striga* por um fator de 40 quando comparamos a uma monocultura de milho. A capacidade de fixação de nitrogênio do *Desmodium* incrementa a fertilidade do solo, e a leguminosa ainda é uma excelente forrageira. Além de todos esses benefícios, a venda de sementes de *Desmodium* tem se mostrado uma nova oportunidade de geração de renda para as mulheres nas áreas de abrangência do projeto (Khan *et al.*, 1997).

Os dados empíricos e os argumentos teóricos sugerem que a variação na abundância de pragas verificada entre sistemas de cultivos anuais diversificados e especializados pode ser explicada tanto pelas diferenças no comportamento de movimentação, colonização e reprodução de herbívoros quanto pelas atividades dos inimigos naturais. Os estudos sugerem ainda que, quanto mais diversificado o agroecossistema e quanto mais tempo essa diversidade permanecer intacta, mais interações internas serão desenvolvidas e promoverão uma maior estabilidade da população de insetos (Altieri; Nicholls, 1999). Pesquisas nessa linha são cruciais para a grande maioria dos pequenos agricultores que contam com o rico complexo de predadores e parasitas associado aos seus sistemas de cultivo mistos para controlar pragas de insetos. Qualquer alteração dos níveis de diversidade de plantas nesses sistemas pode ocasionar perturbações dos mecanismos naturais de controle de pragas, o que potencialmente tornaria os agricultores mais dependentes de agrotóxicos.

Independentemente disso, mais estudos são necessários para determinar os elementos subjacentes às combinações de plantas que interrompem a invasão dos insetos-praga e favorecem os inimigos naturais. As pesquisas devem também se expandir para avaliar os efeitos da diversidade genética, obtida por meio de uma variedade de combinações, na supressão de fitopatógenos. Na área de controle de doenças, as evidências sugerem que a variabilidade genética reduz a vulnerabilidade dos monocultivos a doenças. Numa pesquisa recente conduzida na China, quatro diferentes misturas de variedades de arroz foram cultivadas por agricultores de quinze municípios espalhados por mais de 3 mil hectares. Os resultados revelaram que a área sofreu uma incidência da brusone 44% menor e apresentou rendimento 89% superior aos campos geneticamente homogêneos, sem a necessidade do uso de fungicidas (Zhu *et al.*, 2000). Mais estudos desse tipo permitirão um planejamento mais preciso de sistemas de cultivo para a elaboração de mecanismos ideais de regulação de pragas e doenças.

Conversão agroecológica

Em algumas áreas, o desafio é reverter os sistemas que já passaram por processos de modernização e nos quais os agricultores experimentam altos custos ambientais e econômicos devido à dependência de agroquímicos. Essa conversão de um sistema convencional de alto aporte de insumos para um sistema de baixo aporte de insumos externos pode ser conceituada como um processo de transição com três fases bem demarcadas (Mc Rae *et al.*, 1990.)

1. Aumento da eficiência do uso de insumos por meio do manejo integrado de pragas ou do manejo integrado da fertilidade do solo.

2. Substituição de insumos ou substituição por insumos ambientalmente benéficos.

3. Redesenho dos sistemas: diversificação por meio de uma combinação de lavouras e criação de animais, o que incentiva

o sinergismo de modo que o próprio agroecossistema possa viabilizar sua fertilidade do solo, a regulação natural de pragas e a produtividade das culturas.

Muitas práticas que atualmente estão sendo promovidas como componentes de uma agricultura sustentável se enquadram nas categorias 1 e 2. Ambos os estágios oferecem claros benefícios em termos de diminuição dos impactos ambientais, uma vez que reduzem o uso de agrotóxicos. Além disso, muitas vezes podem trazer vantagens econômicas em relação aos sistemas convencionais. Sabe-se que mudanças pontuais tendem a ser aceitas mais facilmente pelos agricultores do que propostas de alterações drásticas, que podem ser vistas como de alto risco. Mas será que a adoção de práticas que aumentam a eficiência do uso de insumos ou que substituam agrotóxicos por insumos de base biológica, embora deixem a estrutura de monocultura intacta, realmente tem o potencial de levar ao redesenho produtivo dos sistemas agrícolas?

Em geral, o ajuste pontual no uso de insumos por meio do manejo integrado de pragas ou do manejo integrado da fertilidade do solo representa muito pouco quando se trata de oferecer aos agricultores uma alternativa concreta aos sistemas altamente dependentes de insumos. Na maioria dos casos, o manejo integrado de pragas se resume a "manejo racional de agrotóxicos", já que implica apenas o uso seletivo de venenos de acordo com um limite de dano econômico pré-determinado, o qual muitas vezes as pragas conseguem "transpor" em situações de monocultura.

Por outro lado, a substituição de insumos tem seguido o mesmo paradigma da agricultura convencional: supera-se o fator limitante, mas desta vez com insumos biológicos ou orgânicos. Como muitos desses "insumos alternativos" tornaram-se mercadorias, os agricultores continuam dependendo de fornecedores externos, muitos de natureza corporativa (Altieri; Rosset, 1996). Claramente, da forma como ocorre nos dias de hoje, a "substituição de insumos" perdeu o seu potencial de favorecer os agricultores mais pobres. Uma notável exceção são os avanços obtidos em Cuba, onde a produção artesanal em pequena escala de biopesticidas e biofertilizantes é realizada em cooperativas, usando materiais locais e postos à disposição dos agricultores a um custo baixo.

Já o redesenho dos sistemas, ao contrário, ocorre a partir da transformação do funcionamento e da estrutura do agroecossistema, ao promover um manejo orientado a garantir os seguintes processos:

1. Aumento da biodiversidade acima e abaixo do solo;
2. Aumento da produção de biomassa e do teor de matéria orgânica do solo;
3. Ótimo planejamento de sequências e combinações de lavouras-animais e uso eficiente dos recursos localmente disponíveis; e
4. Reforço das complementaridades entre os diversos componentes das propriedades agrícolas.

A promoção da biodiversidade dentro dos sistemas agrícolas é o pilar fundamental de seu redesenho. A pesquisa tem demonstrado que (Power, 1999):

1. Elevada diversidade (genética, taxonômica, estrutural) dentro do sistema leva a alta diversidade da biota associada;
2. Aumento da biodiversidade torna a polinização e o controle de pragas mais eficazes;
3. O aumento da biodiversidade intensifica a ciclagem de nutrientes.

À medida que acumulamos mais informações sobre as relações específicas entre a biodiversidade, os processos dos ecossistemas e a produtividade em diferentes sistemas agrícolas, podemos formular princípios que serão utilizadas para melhorar a sustentabilidade do agroecossistema e a conservação dos recursos.

SÍNDROMES DE PRODUÇÃO

Uma das frustrações das pesquisas em agricultura sustentável tem sido a incapacidade que os sistemas de baixos insumos demonstram para superar os sistemas convencionais em comparações feitas lado a lado, apesar do êxito, na prática, de muitos sistemas orgânicos e de baixo aporte de insumos (Vandermeer, 1997). Uma possível explicação para esse paradoxo foi formulada por Andow e Hidaka (1989) com a sua descrição do conceito de "síndromes de produção". Esses pesquisadores compararam o tradicional sistema *shizeñ* de produção de arroz com o moderno sistema japonês de elevadas aplicações de insumos. Embora os rendimentos tenham sido comparáveis entre os dois sistemas, as práticas de manejo se mostraram diferentes em quase todos os aspectos: métodos de irrigação e de transplante, densidade de plantas, fontes e quantidades de nutrientes e manejo de insetos, doenças e plantas espontâneas. Andow e Hidaka (1989) argumentam que sistemas como o *shizeñ* funcionam de um modo qualitativamente diferente dos sistemas convencionais e a variedade de práticas de manejo utilizadas em cada sistema se traduziam em diferenças funcionais que não poderiam ser explicadas por uma prática em particular. Esse conjunto de tecnologias culturais e práticas de manejo de insetos-praga implicam diferenças funcionais que não podem ser atribuídas a uma única prática em particular.

A síndrome de produção é um conjunto de práticas de manejo que são mutuamente adaptativas e que, combinadas, conduzem a um melhor desempenho do agroecossistema. Entretanto, subconjuntos dessa coleção de práticas podem ser substancialmente menos adaptáveis, o que indica que, embora a interação entre as práticas melhore o funcionamento geral do sistema, esse fenômeno não possa ser explicado pela simples soma dos efeitos das práticas individuais. Em outras palavras, cada sistema de produção representa um grupo distinto de técnicas de manejo e, consequentemente, de relações ecológicas. Isso reforça o fato de que desenhos agroecológicos são específicos para cada local e, portanto, o que pode ser aplicado em outro lugar não são as técnicas, mas sim os princípios ecológicos que promovem a sustentabilidade. Ou seja, não tem sentido transferir tecnologias de um lugar para outro se as interações ecológicas associadas a elas não podem ser replicadas.

AVALIAÇÃO DA SUSTENTABILIDADE DE AGROECOSSISTEMAS

Como se pode avaliar a sustentabilidade de um agroecossistema? Como uma determinada estratégia interfere na sustentabilidade global do sistema de manejo dos recursos naturais? Qual é a abordagem adequada para explorar suas dimensões econômica, ambiental e social? Essas são questões cruciais para cientistas e profissionais que lidam com agroecossistemas complexos. Um bom número de pessoas que trabalham com estratégias agroecológicas alternativas tem tentado definir um marco que responda a esses questionamentos (Conway, 1994). Há muita discussão para saber se é melhor utilizar indicadores universais ou específicos do local. Alguns argumentam que os principais indicadores de sustentabilidade são encontrados em nível local e mudam conforme a situação prevalecente numa propriedade agrícola (Harrington, 1992). Em encostas íngremes, por exemplo, a erosão do solo tem um grande impacto sobre a sustentabilidade, enquanto que nos cultivos de arroz em várzea, a perda de solo por erosão é insignificante e, sendo assim, pode não ser um indicador muito útil. Com base nesse princípio, portanto, o protocolo para medir a sustentabilidade começa com a elaboração de uma lista de indicadores potenciais a partir da qual os profissionais selecionam um subconjunto de indicadores que consideram adequados para a propriedade que está sendo avaliada em particular.

Uma forte corrente defende que a definição e, consequentemente, os procedimentos para avaliar a agricultura sustentável devem ser os mesmos, independentemente da diversidade de situações encontradas nas diferentes propriedades agrícolas. Segundo esse princípio, a sustentabilidade é definida por um conjunto de requisitos que devem ser cumpridos por qualquer propriedade independentemente das particularidades que possa apresentar (Harrington, 1992). O enfoque que utiliza um conjunto comum de indicadores oferece um protocolo para medir a sustentabilidade em nível local, tendo como base: (i) a definição dos requisitos para a sustentabilidade, (ii) a seleção do conjunto comum de indicadores, (iii) a especificação os valores limitantes (iv) a transformação dos indicadores em um índice de sustentabilidade, e (v) a aplicação do procedimento utilizando um conjunto de dados de propriedades selecionadas (Gomez *et al.*, 1996). De acordo com esse método, um sistema agrícola é considerado sustentável se conservar a base de recursos naturais e continuar a satisfazer as necessidades do agricultor, o gestor do sistema. Qualquer sistema que não satisfaça essas duas condições é obrigado a se submeter a modificações significativas no curto prazo e, portanto, não é considerado sustentável. Ao estabelecer os níveis limiares (valor mínimo de um indicador a partir do qual os valores começam a tender para a sustentabilidade), Gomez *et al.* (1996) utilizaram como indicadores de satisfação dos agricultores a produtividade, o lucro e a estabilidade (frequência de desastres), enquanto que a profundidade do solo, a capacidade de retenção de água, o balanço de nutrientes, o conteúdo de matéria orgânica, a cobertura do solo e a diversidade biológica foram utilizados como indicadores de conservação dos recursos.

Já Lopez-Ridaura *et al.* (2000) optaram por trabalhar com valores ótimos (e não com os limiares) de sustentabilidade, utilizando indicadores tais como a independência de insumos externos, a produtividade de grãos, a adaptabilidade do sistema, a autossuficiência alimentar, a diversidade de espécies etc. Como ilustrado na Figura 3, um gráfico tipo radar foi usado para mostrar em termos qualitativos em que medida o objetivo foi alcançado para cada indicador, ao fornecer a porcentagem de idade do valor real com relação ao valor ideal (valor de referência). Isso permite fazer uma simples, embora abrangente, comparação das vantagens e limitações dos dois sistemas que estão sendo avaliados e comparados.

Figura 3

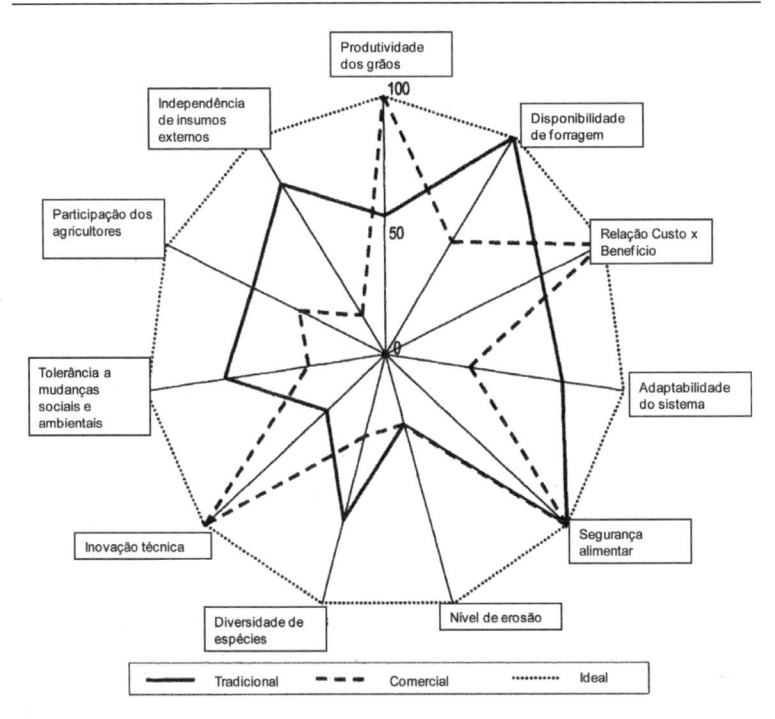

APLICANDO A AGROECOLOGIA PARA ELEVAR A PRODUTIVIDADE DOS AGROECOSSISTEMAS

Desde o início dos anos 1980, centenas de projetos de base agroecológica foram promovidos por ONGs em todo o mundo em desenvolvimento e incorporam elementos tanto do conhecimento tradicional quanto da ciência agrícola moderna. Diversos projetos apresentam sistemas agrícolas que conservam os recursos e ainda são altamente produtivos, tais como policultivos, sistemas agroflorestais, integração lavoura-pecuária etc. (Altieri *et al.*, 1998). Essas abordagens alternativas podem ser descritas como sendo tecnologias de baixo uso de insumos, mas essa designação se refere aos insumos externos. A quantidade de trabalho, conhecimentos e gestão requerida como aporte para tornar mais produtivos fatores de produção como a terra é substancial. Sendo assim, ao invés de se concentrar no que não está sendo utilizado, é melhor focar no que é mais importante para aumentar a produção de alimentos, trabalho, conhecimento e manejo (Uphoff; Altieri, 1999).

Abordagens agroecológicas são baseadas na utilização dos recursos disponíveis localmente, tanto quanto possível, embora não rejeitem totalmente o uso de insumos externos. No entanto, os agricultores não podem se beneficiar das tecnologias que não estejam disponíveis, acessíveis ou adequadas às suas condições. A compra de insumos representa problemas e riscos especiais para os agricultores desprovidos de mecanismos de securitização, sobretudo quando os suprimentos e o crédito são inadequados.

A análise de dezenas de projetos agroecológicos conduzidos por ONGs mostra de forma convincente que os níveis de produção (*output*) dos sistemas agroecológicos não são necessariamente limitados ou baixos, como alguns críticos têm afirmado. Aumentos na ordem de 50-100% são até bastante comuns com a maioria dos métodos alternativos de produção. Em alguns desses sistemas, os rendimentos de culturas como arroz, feijão, milho, mandioca, batata e cevada, aumentaram em várias vezes. Esse processo resulta mais do trabalho e *know-how* do que da compra de insumos caros. Da mesma forma, tira partido dos processos de intensificação e sinergia (Uphoff, 2002).

Em um estudo de 208 projetos e/ou iniciativas de base agroecológica em todo o mundo em desenvolvimento, Pretty e Hine (2000) documentaram claros aumentos na produção de alimentos em mais de 29 milhões de hectares, com quase nove milhões de famílias se beneficiando da maior diversidade e segurança alimentar. As práticas de agricultura sustentável promovidas por essas famílias elevaram em 50-100% a produção de alimentos por hectare (cerca de 1,71 ton./ano/unidade familiar) em áreas de sequeiro típicas de pequenos agricultores que vivem em ambientes marginais, ou seja, uma área de cerca de 3,58 milhões de hectares, cultivados por cerca de 4,42 milhões de agricultores. Tais melhorias no desempenho desses sistemas representam um verdadeiro avanço para alcançar a segurança alimentar entre os agricultores alijados das instituições agrícolas convencionais.

Mais importante do que apenas os rendimentos, as intervenções agroecológicas aumentam significativamente a produção total por meio da diversificação dos sistemas agrícolas, seja com a criação de peixes em arrozais, o cultivo de árvores em consórcio com culturas ou pela introdução de caprinos ou aves nos sistemas (Uphoff; Altieri, 1999). As abordagens agroecológicas conseguem elevar assim a estabilidade da produção, o que pode ser constatado pelos menores coeficientes de variação na produtividade das culturas com melhor manejo de solo e água (Francis, 1988).

Os dados obtidos dos projetos agroecológicos mostram que as combinações tradicionais de cultivos com criações podem frequentemente ser adaptadas para aumentar a produtividade quando a estrutura biológica da propriedade é melhorada e a mão de obra e os recursos locais são empregados de forma eficiente (Altieri, 1999). Em geral, os resultados indicam que, com o tempo, os sistemas agroecológicos apresentam níveis mais estáveis de produção total por unidade de área do que os sistemas de elevado uso de insumos. Além disso, produzem taxas de retorno economicamente favoráveis, recompensam o trabalho e outros insumos empregados, proporcionando melhores condições de vida para os pequenos agricultores e suas famílias, garantindo ainda a proteção e a conservação do solo, bem como o aumento da biodiversidade (Pretty, 1997).

LIMITAÇÕES ATUAIS PARA A DISSEMINAÇÃO DA AGROECOLOGIA

Apesar das evidências e da crescente conscientização sobre as vantagens da Agroecologia, essa ciência ainda não teve o devido alcance. Então por que a Agroecologia não se disseminou mais rapidamente e como ela pode ser multiplicada e adotada de forma mais ampla? Um dos principais obstáculos é a especificidade na sua aplicação. Ao contrário dos sistemas convencionais, que apresentam pacotes tecnológicos homogêneos projetados para facilitar sua adoção e conduzir à simplificação dos agroecossistemas, os sistemas agroecológicos exigem que os princípios sejam aplicados de forma criativa, segundo as características de cada agroecossistema particular. Diante disso, torna-se importante que os profissionais de campo disponham de informações mais diversificadas não só sobre ecologia e ciências agrárias, mas também sobre ciências sociais em geral. Hoje, o currículo de agronomia, com foco na aplicação do pacote tecnológico da "Revolução Verde", simplesmente não é capaz de lidar com as complexas realidades que enfrentam os pequenos agricultores (Pearse, 1980). Essa situação está mudando, embora lentamente, à medida que muitas universidades começam a incorporar a Agroecologia e as questões de sustentabilidade no currículo convencional da Agronomia (Altieri; Francis, 1992).

A alta variabilidade dos processos ecológicos e suas interações com fatores heterogêneos em termos sociais, culturais, políticos e econômicos geram sistemas locais que são extremamente peculiares. Quando a heterogeneidade da população rural pobre é considerada, a inadequação das receitas ou projetos tecnológicos se torna óbvia. A única maneira pela qual a especificidade dos sistemas locais – desde o nível regional, para bacias hidrográficas até a propriedade de um agricultor – pode ser levada em conta é por meio do manejo dos recursos naturais localmente específico (Beets, 1990). Porém, isso não significa que os esquemas agroecológicos adaptados às condições específicas não podem ser aplicáveis em escalas ecológica e socialmente homólogas maiores. Deve-se apenas buscar compreender os princípios que explicam por que tais esquemas funcionam em nível local e, posteriormente, aplicar esses princípios em escalas mais amplas.

Para garantir a especificidade do manejo dos recursos naturais é preciso um acervo excepcionalmente amplo de conhecimento que nenhuma instituição de pesquisa pode gerar e manipular por conta própria. Essa é uma das razões que torna crucial a inclusão das comunidades locais em todas as fases dos projetos (concepção, experimentação, desenvolvimento de tecnologias, avaliação, disseminação etc.) voltados para o desenvolvimento rural. Nesse sentido, a inventiva autonomia das populações rurais é um recurso que deve ser valorizado e mobilizado de forma urgente e efetiva (Richards, 1985).

Quadro 5

Principais restrições para a implementação de redes de agricultura sustentável
(modificado de Thrupp, 1996)

• Políticas e instituições macroeconômicas
• Incentivos e subsídios para o uso de agrotóxicos
• Políticas orientadas para a exportação e com foco nas monoculturas
• Falta de incentivos para as parcerias institucionais
• Pressões de empresas agroquímicas
• Poder político e econômico exercido contra o MIP
• Publicidade e práticas de vendas
• Questões de financiamento/subvenções e sustentabilidade
• Falta de financiamento, especialmente de apoio de longo prazo
• Falta de financiamento, especialmente de apoio de longo prazo
• Falta de reconhecimento do MIP/benefícios da agricultura sustentável
• Necessidade de reduzir a dependência de doadores e para desenvolver bases de apoio local
• Falta de informação e divulgação sobre métodos alternativos inovadores
• Baixa capacidade interna das instituições envolvidas
• Rigidez institucional entre alguns colaboradores
• Falta de experiência com Agroecologia e metodologias participativas
• Questões sociais e de saúde algumas vezes negligenciadas
• Falta de habilidades de comunicação e cooperação (entre alguns grupos)

Por outro lado, as intenções tecnológicas ou ecológicas não são suficientes para disseminar a Agroecologia. Como apontado no Quadro 5, há muitos fatores que restringem a implementação de iniciativas de agricultura sustentável. Grandes mudanças devem ser feitas nas políticas, instituições e agendas de pesquisa e desenvolvimento para assegurar que as alternativas agroecológicas sejam adotadas, conduzidas de forma equitativa e amplamente acessível, assim como multiplicadas visando a que todos os seus benefícios para a segurança alimentar sejam efetivados. É preciso reconhecer que um dos principais entraves para a disseminação da Agroecologia é a pressão exercida pelos poderosos interesses econômicos e institucionais que orientam a pesquisa e o desenvolvimento para a abordagem agroindustrial convencional, enquanto a pesquisa e o desenvolvimento de abordagens agroecológicas e sustentáveis têm sido largamente ignorados ou até mesmo marginalizados. Somente nos últimos anos é que tem havido crescente percepção das vantagens de tecnologias agrícolas alternativas (Pretty, 1995).

As evidências mostram que os sistemas agrícolas sustentáveis podem ser tanto econômica, ambiental e socialmente viáveis, quanto contribuir positivamente para o abastecimento local (Uphoff; Altieri, 1999). Mas, sem o apoio de políticas adequadas, é provável que eles permaneçam restritos. Portanto, um grande desafio para o futuro consiste em promover mudanças institucionais e políticas para realizar o potencial das abordagens alternativas. As mudanças necessárias incluem:

- Aumento do investimento público em métodos agroecológicos-participativos.
- Mudanças nas políticas para suspender subsídios a tecnologias convencionais e dar apoio às abordagens agroecológicas.
- Melhoria da infraestrutura para áreas pobres e marginais.
- Oportunidades de mercado adequadas e equitativas, incluindo o acesso justo ao mercado e a informações de mercado para os pequenos agricultores.
- Segurança de posse da terra e processos progressivos de descentralização.
- Mudança de atitude e filosofia entre os tomadores de decisão, cientistas e outros para reconhecer e promover alternativas.
- Estratégias de instituições que promovam parcerias equitativas com ONGs locais e agricultores; substituir a transferência tecnológica de cima para baixo do modelo de tecnologia pelo

desenvolvimento de tecnologias participativas e pesquisa e extensão voltadas para o agricultor.

AUMENTO DE ESCALA DAS INOVAÇÕES AGROECOLÓGICAS

Em toda a África, Ásia e América Latina, existem muitas ONGs envolvidas na promoção de iniciativas agroecológicas que têm obtido um impacto positivo sobre as condições de vida de comunidades rurais em vários países (Pretty, 1995). O sucesso está relacionado ao uso de uma variedade de melhorias agroecológicas que, além da diversificação agrícola que favorece uma utilização mais eficiente dos recursos locais, também enfatizam o aperfeiçoamento do capital humano e o empoderamento da comunidade por meio de capacitações e métodos participativos, bem como maior acesso a mercados, crédito e atividades geradoras de renda (Figura 4). A análise de Pretty e Hine (2001) aponta os seguintes fatores como base do sucesso das melhorias agroecológicas:

- A tecnologia adequada e adaptada pela experimentação dos agricultores;
- A aprendizagem social e o enfoque participativo;
- Boas relações entre os agricultores e as agências externas, juntamente com a existência de alianças de trabalho entre as agências;
- Presença de capital social em nível local.

Na maioria dos casos, os agricultores que adotam modelos agroecológicos atingiram níveis significativos de segurança alimentar e conservação dos recursos naturais. Dado os benefícios e vantagens de tais iniciativas, duas questões básicas emergem: (1) por que esses benefícios não têm sido mais disseminados e (2) como aumentar a escala da adoção dessas iniciativas de modo a permitir um maior impacto? Considera-se aqui aumento de escala a difusão e a adoção de princípios agroecológicos por agricultores e técnicos em escalas substancialmente mais amplas. Em outras palavras, aumento de escala significa alcançar um aumento significativo no conhecimento e no manejo dos princípios e tecnologias agroecológicos entre os agricultores de variadas condições socioeconômicas e biofísicas, assim como entre atores institucionais envolvidos no desenvolvimento da agricultura de base familiar.

Figura 4

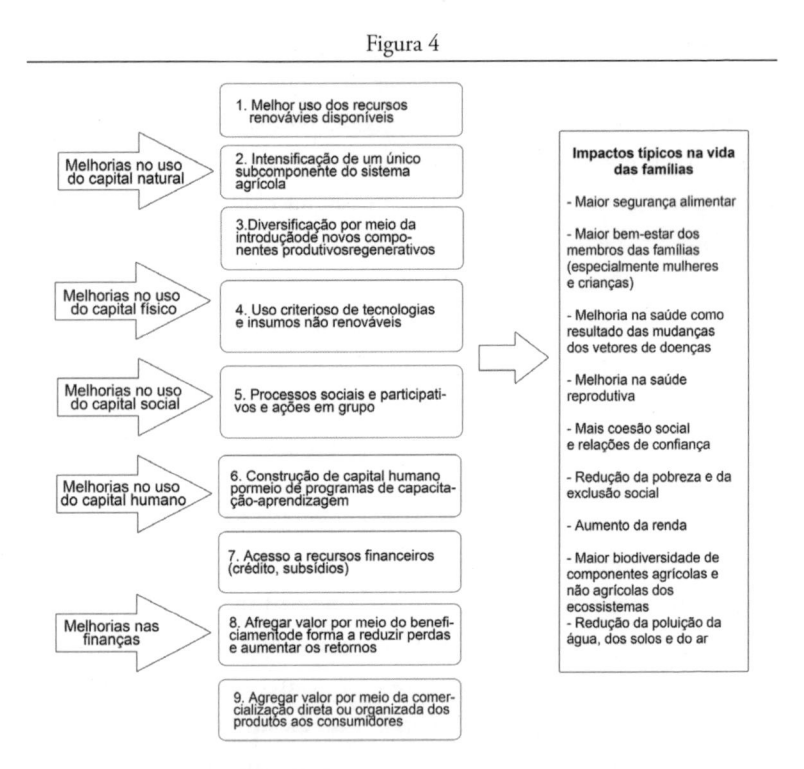

Um fator importante que limita a disseminação de inovações agroecológicas é que, em geral, as ONGs que assessoram essas iniciativas não têm analisado ou sistematizado os princípios que determinaram o nível de êxito das iniciativas locais, nem têm sido capazes de validar estratégias específicas para seu aumento de escala. Um ponto de partida, portanto, deve ser a compreensão das condições agroecológicas e socioeconômicas sob as quais as alternativas foram adotadas e implementadas em nível local. Essas informações podem lançar luzes sobre os entraves e as oportunidades que se apresentam aos agricultores, a quem os benefícios deveriam ser expandidos em uma escala mais regional.

Uma abordagem praticamente inexplorada é o fornecimento de ingredientes metodológicos ou técnicos adicionais presentes nos que obtiveram um certo nível de êxito. Evidentemente, em cada país existem fatores limitantes, tais como a falta de mercados e a ausência de políticas e tecnologias agrícolas adequadas, que acabam reprimindo o aumento de escala. Por outro lado, as oportunidades de intensificação das iniciativas existem, incluindo a sistematização e a aplicação de abordagens que tenham atingido sucesso em nível local e eliminado os fatores limitantes (IIRR, 2000). Assim, as estratégias de aumento de escala devem capitalizar sobre os mecanismos que conduzem à disseminação dos conhecimentos e técnicas, tais como:

- Fortalecimento das organizações de produtores por meio de canais alternativos de comercialização. A ideia principal é avaliar se a promoção de mercados alternativos sob controle dos agricultores tem levado à constituição de um mecanismo para melhorar a viabilidade econômica do enfoque agroecológico e, assim, fornecer a base para o processo de aumento de escala.

- Desenvolver métodos de resgate/registro/avaliação de tecnologias agroecológicas promissoras geradas pela experimentação dos agricultores e torná-las conhecidas para outros agricultores visando sua ampla adoção em diversas áreas. Mecanismos de disseminação das tecnologias com alto potencial podem incluir visitas de intercâmbio de agricultores, conferências regionais/nacionais de agricultores e publicação de manuais que expliquem as tecnologias para a utilização pelos técnicos envolvidos nos programas de desenvolvimento agroecológico.

- Realizar capacitações em Agroecologia para as agências oficiais de pesquisa e extensão para que essas organizações incluam princípios agroecológicos em seus programas.

- Desenvolver vínculos de trabalho entre as ONGs e as organizações de agricultores. Essa aliança entre técnicos e agricultores é fundamental para a disseminação dos sistemas de produção agroecológicos bem-sucedidos, enfatizando o manejo da biodiversidade e a utilização racional dos recursos naturais.

Cooper e Denning (2001) elencaram 10 condições e processos fundamentais que devem ser considerados para o aumento de escala de inovações agroflorestais. Entre os requisitos mais importantes, estão: organizações dos agricultores fortes, o estabelecimento de parcerias institucionais de pesquisa-extensão, mais oportunidades de intercâmbio, capacitação, transferência e validação de tecnologias no contexto de atividades de agricultor para agricultor, maior participação dos pequenos agricultores nos mercados etc. (Figura 5). A partir de sua pesquisa sobre iniciativas de agricultura sustentável ao redor do mundo, Pretty e Hine (2001) concluíram que, se a agricultura sustentável deve se espalhar para um número maior de agricultores e comunidades, a atenção futura precisa então ser focada em:

1. Assegurar que o ambiente político seja acolhedor e receptivo em vez de repressor;
2. Investir em infraestrutura para os mercados, transportes e comunicação;
3. Garantir o apoio de agências governamentais, sobretudo para as iniciativas locais de agricultura sustentável;
4. Desenvolvimento do capital social dentro das comunidades rurais e entre as agências externas.

A expectativa principal de um processo de aumento de escala é que ele deve ampliar a cobertura geográfica das instituições participantes e de seus projetos agroecológicos, além de possibilitar uma avaliação do impacto das estratégias empregadas. Um objetivo-chave de pesquisa deve ser que a metodologia utilizada permita uma análise comparativa das experiências aprendidas, extraindo princípios que possam ser aplicados no aumento de escala de outras iniciativas locais existentes, iluminando assim outros processos de desenvolvimento.

Figura 5

Requisitos e componentes-chave para aumento de escala de inovações agroecológicas (COOPER; DENNING, 2001).

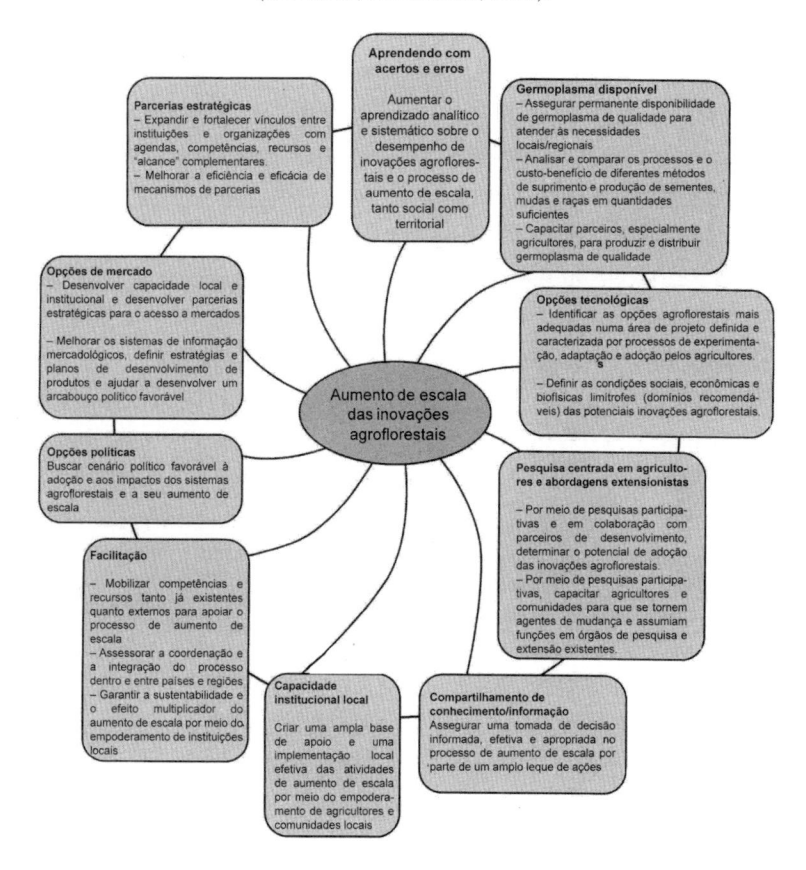

PERSPECTIVAS FUTURAS

Não há dúvida de que os pequenos agricultores que residem em ambientes marginais no mundo em desenvolvimento podem produzir grande parte dos alimentos de que precisam (Uphoff; Altieri, 1999; Pretty; Hine, 2000). As evidências são definitivas: novas abordagens e tecnologias desenvolvidas por agricultores, ONGs e alguns governos locais ao redor do mundo já estão prestando uma grande contribuição para a segurança alimentar em nível familiar, nacional e regional. Uma variedade de abordagens agroecológicas e participativas conduzidas em diversos países mostram resultados bastante positivos, mesmo em condições adversas. Entre esses potenciais, estão: o aumento de 5-200% na produção de cereais, crescente estabilidade da produção por meio da diversificação, a melhoria da alimentação e da renda, contribuição para a segurança alimentar nacional e até mesmo para a exportação e conservação dos recursos naturais e da agrobiodiversidade (Pretty, 1995; Uphoff; Altieri, 1999).

A concretização desse potencial e a disseminação de milhares de inovações agroecológicas locais dependem de vários fatores e ações. Em primeiro lugar, as estratégias de MRN têm que ser dirigidas aos mais pobres e não podem só visar ao aumento da produção e a conservação dos recursos naturais. Elas devem também criar empregos e proporcionar o acesso aos recursos locais e a mercados que absorvam sua produção (Quadro 6). As novas estratégias devem ser voltadas à facilitação da aprendizagem do agricultor para que ele se torne especialista em MRN e no aproveito de oportunidades que surjam em diferentes espaços (Uphoff, 2002).

Quadro 6

Elementos e contribuições de uma estratégia de MRN adequada	
Contribuir para uma maior preservação do meio ambiente	Promoção de tecnologias multifuncionais para a conservação dos recursos
Aumentar a produção e a segurança alimentar das famílias	Abordagens participativas para o envolvimento e o empoderamento da comunidade
Proporcionar empregos agrícolas e não agrícolas	Parcerias institucionais
Fornecimento de insumos locais e oportunidades de comercialização	Políticas efetivas e de apoio

Em segundo lugar, pesquisadores e profissionais da área terão de traduzir princípios ecológicos gerais e conceitos de manejo de recursos naturais em propostas práticas diretamente relevantes para as necessidades e condições dos pequenos produtores. A nova agenda tecnológica em prol dos mais pobres deve incorporar a perspectiva agroecológica. Será essencial enfatizar tecnologias de conservação de recursos que utilizem o trabalho de forma eficiente e sistemas agrícolas diversificados baseados em processos naturais do ecossistema. Isso implica uma clara compreensão da relação entre a biodiversidade e o funcionamento do agroecossistema e a identificação das práticas de manejo e desenhos que irão aumentar a biodiversidade que, por sua vez, contribuirá para a manutenção e produtividade dos agroecossistemas.

Qualquer tentativa séria de desenvolvimento de tecnologias agrícolas sustentáveis deve levar em consideração o conhecimento e as habilidades locais no processo de pesquisa (Richards, 1995; Toledo, 2000). Deve-se também dar particular importância à inclusão dos agricultores diretamente na formulação da agenda de pesquisa e à sua ativa participação no processo de inovação e difusão tecnológica. O foco deve ser no fortalecimento da experimentação e das capacidades de solução de problemas locais. Organizar os moradores locais em torno de projetos de manejo dos recursos naturais que fazem uso efetivo das habilidades e conhecimentos tradicionais proporciona um grande estímulo para mais aprendizagem e organização, melhorando assim as perspectivas de empoderamento da comunidade e seu desenvolvimento autossuficiente.

Em terceiro lugar, grandes mudanças devem ocorrer nas políticas, nas instituições, nas áreas de pesquisa e desenvolvimento para assegurar que as alternativas agroecológicas sejam adotadas, conduzidas de maneira equitativa e amplamente acessível e multiplicadas, de forma que possam fortalecer a segurança alimentar. Subsídios e incentivos políticos voltados para o enfoque agroquímico devem ser desmantelados. O controle corporativo sobre o sistema alimentar também deve ser contestado. Será ainda fundamental fortalecer a capacidade institucional local e ampliar o acesso dos agricultores a serviços de apoio que facilitem o uso de tecnologias. Os governos e as organizações públicas internacionais devem incentivar e apoiar efetivamente as parcerias entre ONGs, universidades locais e organizações de agricultores, a fim de auxiliar e capacitar os agricultores pobres a alcançar a segurança alimentar, gerar renda e conservar os recursos naturais.

Há também necessidade de aumentar a renda rural por meio de intervenções que se distingam daquelas voltadas apenas para o aumento da produtividade, tais como canais de comercialização complementares e atividades de processamento. Portanto, as oportunidades equitativas de mercado também devem ser desenvolvidas, enfatizando o comércio justo e outros mecanismos que estabeleçam relações mais diretas entre agricultores e consumidores. O maior desafio é aumentar o investimento e a pesquisa em Agroecologia e expandir a cobertura de projetos que já provaram ser um sucesso para milhares de outros agricultores. Isso irá gerar um impacto significativo sobre a segurança alimentar, a renda e o bem-estar ambiental da população de todo o mundo, especialmente para os milhões de camponeses que continuam alijados da tecnologia agrícola convencional.

DIÁLOGO DE SABERES: AGROECÓLOGOS E AGRICULTORES POR UMA AGRICULTURA VERDADEIRAMENTE SUSTENTÁVEL[22]

Ao longo dos séculos, gerações de agricultores desenvolveram sistemas agrícolas complexos, diversificados e localmente adaptados. Com o passar do tempo, esses sistemas foram sendo manejados, testados e aprimorados por meio de práticas engenhosas, muitas vezes conseguindo garantir a segurança alimentar da comunidade e a conservação da biodiversidade e dos recursos naturais. Essa estratégia camponesa de minimizar os riscos mantém a produtividade estável no longo prazo, promove uma dieta diversificada para as famílias e maximiza os retornos, embora conte com baixos níveis de tecnologia e recursos limitados. Esses microcosmos do patrimônio agrícola ainda podem ser encontrados em todo o mundo em desenvolvimento, abrangendo nada menos do que 10 milhões de hectares, proporcionando uma série de serviços culturais e ecológicos para as populações rurais, mas também para a humanidade, tais como a preservação das formas tradicionais de conhecimento agrícola, de raças e sementes crioulas e de formas autóctones de organização sociocultural. Ao estudar esses sistemas, os ecólogos podem ampliar seu aprendizado sobre a dinâmica de sistemas complexos, especialmente a relação entre biodiversidade e

---

[22] Edição elaborada a partir do capítulo "A dialogue of wisdoms: Linking Ecologists and Traditional Farmers in the Search for a Truly Sustainable Agriculture" da primeira edição do livro "Agroecology and the Search for a Truly Sustainable Agriculture", de Miguel Altieri e Clara I. Nicholls, pela série Basic Texbooks for Environmental Training, do Programa das Nações Unidas para o Meio Ambiente (2005).

funcionamento dos ecossistemas, enriquecendo assim a teoria ecológica. Além disso, os princípios podem ser gerados visando sua aplicação no desenho de sistemas agrícolas mais sustentáveis e adequados para os pequenos agricultores dos países em desenvolvimento. De fato, muitos avanços já foram feitos na Agroecologia justamente a partir do estudo dos agroecossistemas tradicionais, assim como uma série de novas concepções de agroecossistemas foram projetadas tendo como base sistemas agrícolas tradicionais exitosos.

DIVERSIDADE ECOLÓGICA NA AGRICULTURA TRADICIONAL

A grande maioria de agricultores da América Latina, África e Ásia são camponeses que ainda cultivam pequenas parcelas de terra, geralmente em ambientes marginais, utilizando métodos agrícolas indígenas e de subsistência. Uma das características marcantes desses sistemas de agricultura tradicional que ainda prevalecem é o alto nível de biodiversidade. Os policultivos predominam e cobrem pelo menos 80% da área cultivada da África Ocidental. Na América Latina, mais de 40% da mandioca, 60% do milho e 80% dos feijões são cultivados em consórcio com outras culturas (Francis, 1986). Esses agroecossistemas diversificados foram se estabelecendo ao longo de séculos de evolução cultural e biológica e representam o acúmulo de experiências de camponeses interagindo com o ambiente, sem acesso a insumos externos, capital ou conhecimento científico (Wilson, 1999). Ao lançar mão dessa autonomia inventiva, do conhecimento experimental e dos recursos localmente disponíveis, os camponeses têm frequentemente desenvolvido sistemas de produção adaptados às condições locais, permitindo aos agricultores obter uma produtividade sustentável para satisfazer suas necessidades, apesar do precário acesso a terras de qualidade e do baixo uso de insumos externos (Wilken, 1987; Denevan 1995). Parte desse desempenho pode ser atribuída ao fato de esses agroecossistemas tradicionais exibirem altos níveis de agrobiodiversidade que, por sua vez, influencia positivamente o funcionamento do agroecossistema (Vandermeer, 2001).

A persistência de milhões de hectares de agricultura tradicional, nas formas de campos elevados, terraços, policultivos, sistemas agroflorestais etc., documenta uma estratégia bem-sucedida de adaptação agrícola indígena a ambientes adversos e presta uma homenagem à *criatividade* dos camponeses de todo o mundo (Altieri, 1999). Esses microcosmos de agricultura tradicional também podem servir de bons exemplos a serem replicados em outras áreas, uma vez que promovem a biodiversidade, prosperam sem agrotóxicos e conseguem manter a produtividade durante todo o ano (Denevan, 1995). Sem dúvida, o conjunto de práticas adotadas por muitos agricultores de baixa renda em todo o mundo em desenvolvimento representa uma rica fonte para os ecólogos interessados em compreender os mecanismos que operam num agroecossistema complexo, como as interações entre a biodiversidade e as funções do ecossistema ou o uso da sucessão natural como modelo para o desenho de agroecossistemas. Apenas recentemente ecólogos começaram a reconhecer as virtudes dos agroecossistemas tradicionais diversificados, cuja sustentabilidade é mantida em função dos complexos modelos ecológicos que seguem. O estudo dos agroecossistemas tradicionais e das práticas empregadas por camponeses na manutenção e utilização da biodiversidade também pode acelerar consideravelmente a emergência de princípios agroecológicos, que são urgentemente necessários para desenvolver agroecossistemas mais sustentáveis e estratégias de conservação da agrobiodiversidade, tanto nos países industrializados como naqueles em desenvolvimento. De fato, esses estudos já ajudaram alguns agroecólogos a criar novos projetos agrícolas bem adaptados às condições locais agroecológicas e socioeconômicas dos camponeses (Altieri, 2002). Um dos principais desafios tem consistido na tradução de tais princípios em estratégias práticas de manejo dos recursos naturais. No entanto, mais pesquisas devem ser conduzidas e com urgência, antes que este legado ecológico neolítico seja perdido para sempre, vítima do desenvolvimento da agricultura industrial. Isso pode realmente ser uma das tarefas mais importantes para os ecólogos no século XXI.

A ABRANGÊNCIA E O SIGNIFICADO DA AGRICULTURA TRADICIONAL

Apesar da crescente industrialização da agricultura, a grande maioria de produtores ainda é formada por camponeses ou pequenos agricultores, que marcam a paisagem rural com seus sistemas agrícolas de pequena escala, complexos e diversificados (Beets, 1990; Netting, 1993). Estima-se que há cerca de 960 milhões de hectares de terra cultivada (culturas anuais e permanentes) na África, Ásia e América Latina, dos quais 10 a 15% são geridos por agricultores tradicionais (ver Quadro 1).

Na América Latina, a população camponesa consiste em 75 milhões de pessoas, representando quase dois terços da população rural total do continente. O tamanho médio das unidades produtivas é de 1,8 ha, mas a sua contribuição para o abastecimento geral de alimentos na região é significativa. Na década de 1980, chegou a aproximadamente 41% da produção agrícola para consumo interno, sendo responsável pela produção em nível regional de 51% do milho, 77% do feijão e 61% da batata (Browder, 1989). Cerca de dois milhões de pessoas de diferentes grupos indígenas vivem na Amazônia e no sul do México, mantendo sistemas agroflorestais voltados tanto para o autoconsumo como para mercados locais e regionais (Toledo, 2000).

Na África, a maioria dos agricultores (muitos deles mulheres) é composta por pequenos produtores, sendo que dois terços de todas as propriedades contam apenas com menos de dois hectares e 90% delas com menos de 10 hectares. A maioria dos pequenos agricultores pratica uma agricultura de *baixo uso de insumos externos* baseada, principalmente, na utilização de recursos locais, embora alguns façam uso moderado de insumos externos. Mas é essa agricultura de recursos escassos que

Quadro 1

Distribuição parcial e extensão da agricultura tradicional no Terceiro Mundo

Região	Número de agricultores	Área (hectares ou %)	Contribuição para a segurança alimentar
América Latina	a. 16 milhões de unidades camponesas b. 50 milhões de indígenas	38% do total de terra destinada à agricultura (cerca de 60,5 milhões de hectares)	a. 41% das culturas alimentícias consumidas domesticamente b. 50% dos trópicos úmidos no México e na Amazônia
Brasil	4,8 milhões de famílias agricultoras	30% do total de terras agrícolas	50% das terras destinadas à produção de culturas alimentícias
Cuba	1.612 cooperativas e agricultores individuais	1,5 milhão de hectares	10% de todas as culturas alimentícias
África	a. 60-80% da força de trabalho envolvida na agricultura b. 70% da população residente em áreas rurais (cerca de 375 milhões) da África Subsaariana	100-150 milhões de hectares	80% dos cereais 95% da carne
Ásia	200 milhões de pequenos produtores de arroz	a. 73 milhões de hectares de arroz de terras altas b. 205 milhões de hectares de arroz de sequeiro	250 milhões de pessoas de áreas rurais sustentadas pelo cultivo itinerante em terras altas
Estimativa global para o Terceiro Mundo	50-100 milhões de unidades agrícolas familiares	50-100 milhões de hectares	30-50% de produção de culturas alimentícias básicas

produz a maioria dos grãos; quase todas as culturas de raízes, tubérculos, além da maior parte das hortaliças. A maioria das culturas alimentares básicas é cultivada por pequenos agricultores, com pouco ou praticamente nenhum emprego de fertilizantes e sementes melhoradas. Essa situação, entretanto, tem mudado nas últimas duas décadas, em função da queda na produção *per capita* de alimentos. Com isso, a África, que costumava ser autossuficiente em cereais, agora tem que importar milhões de toneladas para suprir essa lacuna. Apesar desse aumento das importações, os pequenos agricultores ainda produzem a maior parte dos alimentos no continente africano (Asenso-Okyere; Benneh, 1997). A maioria dos mais de 200 milhões de produtores de arroz do mundo vive na Ásia, sendo que poucos deles cultivam algo mais de dois hectares de arroz. Só na China existem provavelmente 75 milhões de produtores de arroz que mantêm métodos agrícolas semelhantes aos utilizados há mais de mil anos (Hanks, 1992). Variedades locais, cultivadas principalmente em ecossistemas de terras altas e/ou sob condições de sequeiro, compõem a maior parte do arroz consumido pela população rural pobre. Já as grandes áreas de cultivares melhoradas semi-anãs fornecem a maioria do arroz para os centros urbanos.

A NATUREZA COMPLEXA DO CONHECIMENTO TRADICIONAL

As espécies e a diversidade genética dos sistemas de agricultura tradicional não são o resultado de um processo adaptativo aleatório. Esses agroecossistemas são fruto de um processo coevolutivo complexo entre os sistemas naturais e sociais, que originou estratégias engenhosas de apropriação dos ecossistemas. Na maioria dos casos, o conhecimento por trás da modificação agrícola do ambiente físico é bastante detalhado (Brokenshaw *et al.*, 1980). As classificações etnobotânicas são as taxonomias populares mais comumente documentadas. No México, os povos tzeltal, purépecha e os maias da região de Yucatán são capazes de identificar mais de 1.200, 900 e 500 espécies de plantas, respectivamente (Alcorn, 1984). Os tipos de solo, seus níveis de fertilidade e as categorias de uso da terra também são discriminados detalhadamente pelos agricultores. Os tipos de solo são normalmente identificados pela cor, textura e até gosto. Já os agricultores itinerantes costumam classificar os solos com base na cobertura vegetal (Williams; Ortiz Solorio, 1981).

A informação é extraída do meio ambiente por meio de sistemas especiais de percepção e cognição que selecionam as informações mais úteis e adaptáveis. A partir de então, as adaptações mais bem sucedidas são preservadas e passadas de geração para geração via oral ou por outros meios empíricos. Os conhecimentos dos povos indígenas sobre os ecossistemas geralmente originam estratégias produtivas multidimensionais (ou seja, ecossistemas de uso múltiplo com várias espécies). Por sua vez, tais estratégias promovem (dentro de certos limites ecológicos e técnicos) a autossuficiência alimentar dos agricultores daquela região (Wilken, 1987).

A agricultura tradicional em geral se estabelece em lugares específicos, evoluindo no tempo em um determinado *habitat* e cultura, o que indica onde e por que ela tende a ser bem-sucedida. A transferência de tecnologias específicas para outros lugares e contextos pode fracassar, caso os solos, os implementos e a organização social sejam diferentes. É por isso que agroecólogos não se prendem em tecnologias específicas, mas sim nos princípios utilizados pelos agricultores tradicionais para atender às exigências ambientais de seus sistemas de produção. De fato, apesar da miríade de sistemas agrícolas, a maioria dos agroecossistemas tradicionais compartilham as seguintes semelhanças estruturais e funcionais (Gliessman, 1998):

- Combinam um elevado número de espécies com diversidade estrutural no tempo e no espaço (tanto através de uma organização vertical quanto horizontal das culturas).
- Exploram todo o conjunto de microambientes (que diferem em termos de solo, água, temperatura, altitude, declividade, fertilidade etc.) presentes em uma área ou região.
- Mantêm ciclos fechados de materiais e resíduos por meio do emprego de práticas eficazes de reciclagem.
- Recorrem a uma complexidade de interdependências biológicas, resultando em altos níveis de regulação biológica de pragas.
- Valem-se não só dos recursos locais disponíveis, mas também da energia humana e animal, o que lhes permite utilizar baixos

níveis de insumos tecnológicos e apresentar índices positivos de eficiência energética.

- Recorrem a sementes de variedades locais e incorporam o uso de animais e plantas nativas. A produção é geralmente destinada ao consumo local. A renda obtida é baixa e, portanto, são os fatores não econômicos que exercem influência considerável nos processos de tomada de decisão.

A força do conhecimento da população rural reside no fato de que ele não se baseia apenas na observação aguçada, mas também na aprendizagem empírica. A abordagem experimental é bastante evidente quando se trata da seleção de variedades de sementes para ambientes específicos, mas também fica implícita na avaliação de novos métodos de cultivo para superar determinadas restrições biológicas ou socioeconômicas. A maioria dos agricultores locais detém profundo conhecimento sobre as forças ecológicas que os rodeiam. No entanto, sua experiência é limitada a um ambiente relativamente restrito em termos culturais e geográficos. Tal experiência não deve ser comparada ao conhecimento generalista do ecólogo, assim como a formação sofisticada do ecólogo não deve ser comparada ao conhecimento empírico dos agricultores, embora muitas vezes os ecólogos se mostrem incapazes de apreciar toda a riqueza oriunda do minucioso conhecimento dos agricultores locais (Vandermeer, 2003). E é justamente por isso que um *diálogo de saberes* se faz necessário entre ecólogos e agricultores tradicionais. Na verdade, é uma condição essencial para o desenvolvimento de uma agricultura verdadeiramente ecológica, em que as pessoas que possuem o conhecimento devam ser parte do processo de planejamento. Habilidades locais podem ser mobilizadas por meio de abordagens participativas de desenvolvimento, combinando o saber local com o conhecimento e as competências dos agentes externos na concepção e difusão de técnicas agrícolas apropriadas (Richards, 1985).

O QUE OS ECÓLOGOS APRENDERAM COM OS AGRICULTORES TRADICIONAIS?

Em agroecossistemas tradicionais, a prevalência de sistemas complexos e diversificados é de fundamental importância para os camponeses, uma vez que as interações entre cultivos, animais e árvores produzem sinergismos que geralmente possibilitam que os próprios agroecossistemas subsidiem a fertilidade do solo, o controle de pragas e garantam sua produtividade (Altieri, 1985; Reinjtjes *et al.*, 1992).

Ao estudar esses sistemas, os ecólogos podem aprender mais sobre a dinâmica dos sistemas complexos, especialmente no que se refere às relações entre a biodiversidade e o funcionamento do ecossistema (Tilman *et al.*, 1996). Enriquece-se, assim, a teoria ecológica, bem como se propicia a geração de princípios dirigidos a sua aplicação prática em sistemas agrícolas mais sustentáveis. Não há dúvida, portanto, que muito pode ser aprendido a partir de pesquisas sobre a agricultura tradicional. Por exemplo, decifrar como os agricultores tradicionais se beneficiam de plantios consorciados, que os permitem tirar proveito da capacidade que os sistemas de cultivo têm de reutilizar seus próprios nutrientes armazenados, pode contribuir para melhorar as práticas de manejo da fertilidade do solo empregadas pelos produtores modernos. Da mesma forma, ao determinar quais são os mecanismos biológicos em jogo dentro da complexa estrutura dos agroecossistemas tradicionais que atuam na minimização das perdas de colheita, seja em função de insetos-praga, doenças ou plantas espontâneas, muito progresso pode ser feito no manejo de pragas (Altieri, 1994). A seguir, alguns exemplos são elencados:

IMITANDO A NATUREZA

No coração da estratégia da Agroecologia está a ideia de que um agroecossistema deve imitar o funcionamento dos ecossistemas locais e, portanto, deve exibir uma ciclagem eficiente de nutrientes, uma estrutura complexa e uma elevada biodiversidade. A expectativa é que ao imitar os modelos naturais esses sistemas possam ser produtivos, resistentes a pragas e conservadores de nutrientes (Ewel, 1999). Essa visão não é uma novidade para os pequenos agricultores dos trópicos que, durante séculos, têm projetado sistemas que promovem uma forma altamente eficiente de uso da terra, incorporando uma série de cultivos com diferentes hábitos de crescimento. O resultado é uma estrutura semelhante às florestas tropicais, com agroflorestas exibindo diversas espécies combinadas em múltiplos estratos (Denevan, 1995). A produtividade atingida por esses sistemas é suficiente para garantir a segurança alimentar das famílias, além de gerar um excedente para venda nos mercados locais. Nesses sistemas agrícolas *imitadores de floresta*s, os ciclos de nutrientes são fechados, como no caso do café sombreado, em que a perda de nitrogênio ocorrida durante a colheita é amplamente compensada pelo sombreamento proporcionado por árvores consorciadas com os cafeeiros. Em sistemas altamente coevoluídos, pesquisadores têm encontrado evidências de sincronia entre os picos de liberação de nitrogênio para o solo resultante da decomposição de resíduos vegetais e os períodos de alta demanda do nutriente pelo café em fase de floração e frutificação (Wilken, 1987).

Ewel (1986) denominou essa estratégia de o método de sucessão análoga, que requer uma descrição detalhada de um ecossistema natural em um ambiente específico e a caracterização botânica de seus componentes. Tendo essa informação disponível, o primeiro passo é encontrar espécies vegetais que são estrutural e funcionalmente similares às do ecossistema natural. Os arranjos espaciais e temporais das plantas no ecossistema natural são então usados para projetar um sistema de cultivo análogo. A partir desse modelo, os pesquisadores prosseguem com substituições espaciais e temporais das espécies nativas por outras similares sob o ponto de vista botânico, estrutural e ecológico (Ewel, 1986).

Para Ewel (1999), a planície tropical úmida é a única região em que a imitação dos ecossistemas naturais seria mais vantajosa do que impor a simplificação de ecossistemas inerentemente complexos por meio do uso de elevadas doses de insumos externos. Essa área concentra ambientes de baixo nível de estresse abiótico, mas de extraordinária complexidade biótica. As peças-chave para o sucesso da agricultura nessa região são: (a) canalizar a produtividade para culturas que tenham importância nutricional e econômica; (b) manter a diversidade vegetal em níveis adequados para compensar as perdas, mas num sistema simples o suficiente para ser manejável; (c) manejar plantas e herbívoros buscando facilitar a resistência associativa; e (d) usar plantas perenes para manter a fertilidade do solo, proteger contra erosão e fazer uso integral dos recursos.

COMPREENDENDO OS MECANISMOS SUBJACENTES À PRODUTIVIDADE DE AGROECOSSISTEMAS DIVERSIFICADOS

Na maioria das vezes, os sistemas agrícolas diversificados desenvolvidos pelos pequenos agricultores apresentam maior produtividade por unidade de área do que as monoculturas, quando analisados sob o mesmo nível de manejo. A superioridade na produtividade dos sistemas diversificados em relação aos especializados pode ser de 20 a 60%. Essas diferenças podem ser explicadas por uma combinação de fatores que incluem a redução de perdas por plantas espontâneas, insetos-praga e doenças e uma utilização mais eficiente dos recursos disponíveis, como água, luz e nutrientes (Vandermeer, 1989).

No México, é preciso plantar 1,73 ha de milho solteiro para produzir a mesma quantidade de alimento que um hectare rende quando o milho é consorciado com abóbora e feijão. Além disso, o consórcio milho-feijão-abóbora pode produzir até quatro toneladas de biomassa seca por hectare para ser incorporada ao solo, enquanto a monocultura de milho produz apenas duas toneladas. Em ambientes mais secos, o milho é substituído pelo sorgo no consórcio, sem comprometer a capacidade produtiva do feijão-caupi (feijão-de-corda) ou do feijão e obtendo valores de Uso Eficiente da Terra (UET) de 1,25 a 1,58. Esse sistema apresenta maior estabilidade de produção pelo fato de o sorgo ser mais tolerante à seca (Francis, 1986).

Os mecanismos que promovem uma maior produtividade em agroecossistemas diversificados são incorporados no processo de facilitação. A facilitação ocorre quando uma cultura modifica o ambiente de forma a beneficiar uma segunda cultura, por exemplo, ao diminuir a população de determinado herbívoro ou pela liberação de nutrientes que podem ser utilizados pela segunda cultura (Vandermeer, 1989). A facilitação pode resultar em superprodução mesmo quando há substancial concorrência direta entre culturas. Os policultivos, por exemplo, quando comparados às monoculturas, apresentam maior estabilidade de produção e taxas menores de queda de produtividade durante a seca. Natarajan e Willey (1986) avaliaram o efeito da seca sobre o aumento da produtividade dos policultivos por meio da manipulação do estresse hídrico sobre consórcios de sorgo (*Sorghum bicolor*) e amendoim (*Arachis spp.*); de milheto (*Pennisetum glaucum*) e amendoim; e de sorgo e milheto. Todos os consórcios atingiram uma superprodução consistente em cinco níveis de disponibilidade de umidade, entre 297-584 mm de água aplicada durante o ciclo agrícola. Um dado muito interessante foi o fato de que a taxa de superprodução na verdade aumentou com o estresse hídrico, de modo que as diferenças relativas de produtividade entre as monoculturas e policulturas se tornaram mais acentuadas à medida que o estresse se intensificou.

DIVERSIDADE VEGETAL E A INCIDÊNCIA DE PRAGAS

Pesquisadores têm demonstrado que as populações de insetos herbívoros são menos abundantes nos parentes silvestres das espécies cultivadas do que nas plantas domesticadas (Rosenthal; Dirzo, 1997). É somente quando os sistemas tradicionais são modernizados, reduzindo a sua diversidade, que a incidência de herbívoros aumenta até atingir o *status* de pragas, o que é acentuado pelas mudanças ocasionadas pelos métodos modernos agronômicos e de melhoramento de plantas. De fato, embora os agricultores tradicionais estejam cientes de que os insetos podem causar danos às culturas, eles raramente os consideram como pragas. Foi o que Morales e Perfecto (2000) verificaram ao estudar os métodos tradicionais de controle de pragas adotados no altiplano maia da Guatemala. Influenciados pelas práticas maias, esses cientistas ocidentais rapidamente reformularam suas hipóteses de pesquisa e, em vez de estudar como os agricultores maias contornavam os problemas ocasionados pelas pragas, eles se concentraram em descobrir por que esses agricultores não tinham problemas com pragas. Essa linha de investigação mostrou-se mais profícua, uma vez que permitiu que os pesquisadores entendessem como os agricultores planejavam e manejavam sistemas de cultivo resistentes a pragas. Além disso, eles puderam explorar os mecanismos subjacentes à sanidade daqueles agroecossistemas.

Esse tipo de linha de pesquisa tem se concentrado em compreender como o consórcio de diversas espécies vegetais ajuda a prevenir o acúmulo de insetos-praga em agroecossistemas tradicionais. Em alguns casos, uma planta pode ser introduzida para servir de cultura-isca, por ser uma hospedeira preferencial dos insetos e, dessa forma, proteger outras culturas mais sensíveis ou economicamente mais importantes. Em outros casos, culturas consorciadas aumentam a abundância de predadores e parasitas que promovem o controle da densidade populacional da praga, minimizando assim a necessidade de inseticidas caros e perigosos (Altieri, 1994).

Ao longo dos anos, muitos ecólogos têm conduzido experimentos que testam a teoria de que a diminuição da diversidade vegetal em agroecossistemas leva a uma maior abundância de insetos herbívoros (Andow, 1991). Muitos desses experimentos mostraram que combinar determinadas espécies de plantas com o hospedeiro primário de um herbívoro especializado dá um resultado razoavelmente consistente: espécies de insetos-praga especializadas geralmente apresentam maior abundância em monoculturas do que em sistemas diversificados

(Altieri, 1994). As comunidades de insetos em agroecossistemas podem ser estabilizadas por meio de arranjos de espécies que favoreçam a manutenção das populações de inimigos naturais e/ou inibam diretamente o ataque das pragas (Smith; Mcsorely, 2000). A literatura oferece muitos exemplos de experiências que documentam que a diversificação dos sistemas muitas vezes leva à redução das populações de pragas. Há também muitos registros que indicam que a diferença na abundância de pragas entre sistemas anuais diversificados e sistemas simples pode ser explicada tanto pelas diferenças nos comportamentos de movimentação, colonização e reprodução dos herbívoros quanto pelo impacto das atividades dos inimigos naturais (Altieri; Nicholls, 1999; Andow, 1991; Landis *et al.*, 2000).

Muitos desses estudos têm transcendido a fase de pesquisa e encontrado aplicabilidade para o controle de pragas específicas, tais como as lagartas Lepidópteras (brocas-do-colmo) na África. Cientistas do Centro Internacional de Fisiologia e Ecologia de Insetos (Icipe, sigla em inglês) desenvolveram um sistema de manejo de *habitats* que introduz nas margens dos campos de milho gramíneas que atuam como culturas-armadilhas (capim Napier e capim Sudão), atraindo a colonização das brocas-do-colmo para longe do milho (empurra). Também são intercaladas ao cultivo do milho duas plantas (capim-gordura e carrapicho-de-beiço-de-boi) que servem como repelentes das brocas (puxa) (Khan *et al.*, 1998). As gramíneas colocadas nas bordas dos cultivos também acentuam o parasitismo das brocas-do-colmo pela vespa *Cotesia semamiae*, além de serem plantas forrageiras importantes. Já a leguminosa carrapicho-de-beiço-de-boi (*Desmodium uncinatum*) suprime a erva parasita *Striga* por um fator de 40 quando comparado a uma monocultura de milho. A capacidade de fixação de Nitrogênio do *Desmodium* incrementa a fertilidade do solo, e a leguminosa ainda é uma excelente forrageira. Além de todos esses benefícios, a venda de sementes de *Desmodium* tem se mostrado uma nova oportunidade de renda para as mulheres nas áreas de abrangência do projeto.

O sistema puxa-empurra foi testado em mais de 450 propriedades em dois distritos do Quênia e recentemente foi divulgado para adoção pelos sistemas de extensão rural do Leste da África. Os agricultores de Trans Nzoia que participaram do projeto relataram aumento de 15 a 20% na produção de milho. No distrito de Suba, região semiárida assolada tanto pelas brocas-do-colmo quanto pela *Striga*, foi observado um aumento substancial na produção de leite nos últimos quatro anos. Essa situação pode ser atribuída ao fato de que agora os agricultores contam com uma produção de forragem mais elevada e suficiente para criar um número maior de vacas leiteiras. Quando os agricultores plantam milho em consórcio com as plantas puxa-empurra, conseguem obter um retorno de US$ 2,30 para cada dólar investido, enquanto que a monocultura de milho rende apenas US$ 1,40 (Khan *et al.*, 1998).

Muitas outras pesquisas seguindo essa linha devem ser realizadas para atender a grande maioria dos pequenos agricultores que continuam contando com o rico complexo de predadores e parasitas associado aos seus sistemas de cultivo diversificados para o controle de pragas. Mudanças que alterem os níveis de diversidade vegetal desses sistemas têm o potencial de romper os mecanismos naturais de controle de pragas e fazer com que os agricultores se tornem mais dependentes de agrotóxicos.

Diversidade genética e a incidência de doenças

Em geral, os agroecossistemas tradicionais são menos vulneráveis a perdas drásticas por apresentarem uma grande variedade de cultivares. Muitas dessas plantas são variedades crioulas originadas de sementes que passaram de geração para geração e foram sendo selecionadas ao longo dos anos para reproduzirem características desejadas. As variedades crioulas são geneticamente mais heterogêneas do que as modernas e podem oferecer um amplo leque de defesas contra vulnerabilidades (Thurston, 1991). Como muitos agroecossistemas tradicionais estão localizados em centros de diversidade genética das espécies, também pode-se encontrar neles populações de parentes silvestres das espécies cultivadas, que enriquecem ainda mais a diversidade genética. Clawson (1985) descreveu vários sistemas em que os agricultores plantam diferentes variedades de cada cultura, proporcionando diversidade interespecífica e, assim, aumentando a segurança da colheita. Essa diversidade genética aumenta a resistência às doenças que atacam determinadas cultivares da planta e também permite que os agricultores explorem diferentes microclimas, façam múltiplos usos nutricionais e obtenham outras vantagens proporcionadas pela variabilidade genética intraespecífica.

Estudos realizados por fitopatologistas apontam que a heterogeneidade genética de fato reduz a vulnerabilidade das monoculturas a doenças. A mistura de espécies e/ou variedades pode retardar o aparecimento de doenças, ao reduzir a disseminação dos esporos patogênicos e modificar as condições ambientais de modo que elas se tornem menos favoráveis à propagação de determinados patógenos. Numa pesquisa conduzida na China, quatro diferentes coquetéis com variedades de arroz foram cultivados por agricultores de quinze municípios diferentes distribuídos em mais de 3 mil hectares. Os resultados revelaram que a área sofreu uma incidência da brusone 44% menor e apresentou rendimento 89% superior aos campos homogêneos, sem a necessidade do uso de fungicidas (Zhu *et al.*, 2000). Mais estudos como esse são necessários para validar a estratégia camponesa de diversificação genética, permitindo um planejamento mais preciso de sistemas que adotem as formas ótimas de regulação de pragas e doenças.

É evidente que a existência dessa diversidade genética tem um significado especial para a manutenção e o aumento da produtividade dos sistemas de cultivo de menor escala, uma vez que ela proporciona segurança contra doenças, pragas, secas e outras adversidades, assim como permite que os agricultores explorem toda a gama de agroecossistemas existentes em cada região. E é nesse aspecto que as pesquisas em Agroecologia podem ser de grande relevância para avaliar os potenciais impactos da introdução das sementes transgênicas nos centros de diversidade genética das culturas.

Muitos defensores da biotecnologia argumentam que o fluxo indesejável de genes do milho geneticamente modificado (GM) não compromete a biodiversidade do milho e, sendo assim, não afetaria as práticas agrícolas e seu conhecimento associado nem os processos ecológicos e evolutivos envolvidos. Esse fluxo de genes, portanto, não representaria uma ameaça maior do que a polinização cruzada entre sementes convencionais (não GM). De fato, alguns pesquisadores acreditam que é bastante improvável que o DNA recombinante de milho transgênico apresente vantagem adaptativa. Entretanto, se o transgene persistir, isso seria sinal, para essa corrente, de que ele pode realmente apresentar vantagens para os agricultores e para a diversidade genética (Murray, 2003).

Outros discordam (Quist; Chapela, 2001) e colocam a seguinte questão: as plantas geneticamente modificadas podem realmente aumentar a produção agrícola e, ao mesmo tempo, repelir pragas, resistir a herbicidas e favorecer a adaptação a fatores adversos comumente enfrentados por pequenos agricultores? O que está em jogo é a possibilidade de que características importantes para os agricultores tradicionais (resistência à seca, capacidade competitiva, desempenho em consórcios, qualidade de armazenamento etc.) sejam substituídas por características apresentadas pelas variedades transgênicas que podem não ser tão relevantes para os agricultores (Jordan, 2001). Nesse cenário, os riscos podem aumentar e os agricultores perderiam sua capacidade não só de adaptação às mudanças no ambiente biofísico, como também de produzirem de forma relativamente estável com um mínimo de insumos externos, promovendo a segurança alimentar das comunidades.

O desafio que se coloca para os agroecólogos é assessorar os agricultores na elaboração de estratégias de conservação *on farm* dessa grande variedade de espécies que representa um importante recurso para as comunidades rurais, uma vez que compõem a base de sustentação dos atuais sistemas de produção e que são essenciais para o atendimento das necessidades básicas das comunidades locais (Brush, 2000). Mas a conservação das variedades crioulas também é extremamente importante para a agricultura industrial, em função da grande diversidade genética que comportam, incluindo as características necessárias para a adaptação à mutação das pragas e doenças e às mudanças climáticas e dos solos. Além disso, essas variedades contribuem para a manutenção de formas sustentáveis de agricultura que conseguem obter produtividade ao mesmo tempo em que reduzem o aporte de insumos externos que normalmente causam degradação ambiental.

APRIMORANDO A AGRICULTURA TRADICIONAL POR MEIO DA PESQUISA EM AGROECOLOGIA

Sem dúvida, o conjunto de práticas tradicionais utilizadas por muitos agricultores representa um recurso valioso para se criar agroecossistemas inovadores bem adaptados às condições agroecológicas e socioeconômicas locais (Dewalt, 1994). Os camponeses em geral empregam uma diversidade de técnicas que tendem a ser intensivas em conhecimento, mas não no uso de insumos. Entretanto, certamente nem todas são eficazes ou aplicáveis e, sendo assim, alterações e adaptações podem ser necessárias. O desafio é manter os fundamentos de tais modificações assentados na lógica e no conhecimento dos camponeses.

A agricultura de *roça e queima* (coivara) é talvez um dos melhores exemplos de estratégia ecológica tradicional de manejo da agricultura nos trópicos. Ao manter um mosaico de parcelas sob cultivo e outras em pousio, os agricultores capturam a essência dos processos naturais de regeneração do solo típica da sucessão ecológica natural. Ao compreender a lógica da *coivara*, o uso de *adubos verdes*, tem proporcionado uma via ecológica para a intensificação da *coivara* em áreas onde longos períodos de pousio não são mais possíveis devido ao crescimento populacional ou à conversão de florestas em pastagens (Buckles *et al.*, 1998). Experiências na América Central mostram que sistemas de consórcio de milho e *mucuna* (*Mucuna pruriens*) são bastante estáveis e atingem níveis consideráveis de produtividade (geralmente 2-4 ton./ha) a cada ano (Buckles *et al.*, 1998). Particularmente, o sistema parece diminuir de maneira significativa o estresse causado pela seca, uma vez que a camada de cobertura morta deixada pela mucuna ajuda a conservar a água no perfil do solo. Com água suficiente ao redor, os nutrientes se tornam prontamente disponíveis, em boa sincronia com o período em que a demanda das culturas é maior. Além disso, a mucuna suprime a maioria das plantas espontâneas, seja porque as impede fisicamente de germinar, emergir ou sobreviver por muito tempo durante o seu ciclo, seja porque a interface formada pela camada de cobertura morta e o solo não permite o enraizamento profundo das espécies espontâneas, tornando-as mais fáceis de controlar. Os dados mostram que esse sistema fundamentado no conhecimento dos agricultores, envolvendo a contínua rotação anual de mucuna e milho, pode ser sustentado por pelo menos quinze anos em um nível razoavelmente alto de produtividade, sem qualquer aparente diminuição da base de recursos naturais (Buckles *et al.*, 1998).

Pesquisas realizadas depois da passagem do furacão Mitch na América Central mostraram que os agricultores em áreas declivosas que utilizam práticas sustentáveis – tais como o uso de mucuna como planta de cobertura, consórcios e sistemas agroflorestais – sofreram menos *danos* do que os seus vizinhos que adotam a agricultura convencional. A pesquisa, liderada pelo movimento *Campesino a Campesino* (de Camponês a Camponês), mobilizou 100 equipes de técnicos agrícolas e 1.743 agricultores para realizar observações conjuntas de indicadores agroecológicos específicos em 1.804 propriedades vizinhas, tanto sustentáveis como convencionais. O estudo abrangeu 360 comunidades e 24 departamentos da Nicarágua, Honduras e Guatemala. As propriedades sustentáveis apresentaram uma camada de solo superficial 20%

a 40% maior, assim como uma maior umidade do solo, menor erosão e suas perdas econômicas foram mais baixas do que as de seus vizinhos convencionais (Holt-Gimenez, 2001). Esses dados são de grande relevância para os agricultores que vivem em ambientes marginais. Os resultados também deverão servir para subsidiar a elaboração de uma estratégia de manejo dos recursos naturais que privilegie a diversificação dos sistemas agrícolas, o que tem demonstrado elevar a produtividade e provavelmente a resiliência frente às variabilidades climáticas.

Como observado no caso do uso da *mucuna*, é fundamental obter uma maior compreensão da lógica de funcionamento dos sistemas tradicionais para se continuar desenvolvendo sistemas contemporâneos. A adaptação e a inovação em escala local são geralmente favorecidas quando se *aprende fazendo*. Essa abordagem privilegia a experimentação participativa, tendo como base atividades práticas e o compartilhamento de saberes entre as gerações, no lugar da assimilação de conhecimentos por meio da pesquisa científica estruturada. Os agroecólogos precisarão estruturar um arcabouço que sintetize o conjunto de estratégias tradicionais, processos socioculturais e sistemas de valores associados que conceda esse caráter adaptativo ao manejo dos recursos naturais em cada local. Para tanto, duas dimensões ganham maior relevância: (1) práticas tradicionais baseadas no conhecimento ecológico, e (2) mecanismos sociais (rituais e cerimônias) que dão suporte a essas práticas. O manejo tradicional dos recursos naturais e os conhecimentos acerca dos processos ecossistêmicos nos quais ele se baseia estão muitas vezes inseridos em sofisticadas instituições sociais. Uma tarefa muito importante, então, é identificar e avaliar o arcabouço de conhecimentos tradicionais e as práticas de manejo de recursos adotados pelos indivíduos e suas comunidades, apontando o seu valor enquanto base para o manejo sustentável dos sistemas agrícolas locais. Isso só pode ocorrer a partir de estudos integradores que lancem mão de metodologias agroecológicas e etnoecológicas que, quando utilizadas em conjunto, possam ajudar a identificar e entender a miríade de fatores que condicionam a forma com que os agricultores percebem seu ambiente e como eles o modificam. Posteriormente, tais informações devem ser traduzidas em sistemas de manejo que promovam a conservação dinâmica dos agroecossistemas tradicionais.

CONCLUSÕES

Uma das características notáveis dos sistemas agrícolas tradicionais é seu alto grau de agrobiodiversidade, expresso na forma de policultivos e/ou agroflorestas (Thrupp, 1998). Esses sistemas diversificados conferem elevados níveis de tolerância a mudanças nas condições socioeconômicas e ambientais, sendo, portanto, extremamente valiosos para os agricultores mais empobrecidos, uma vez que servem de proteção contra variações naturais ou induzidas pelo homem que afetam a produção (Altieri, 2002).

Grande parte da pesquisa antropológica e ecológica na área tem mostrado que a maioria dos modos de produção indígenas, quando não perturbados por forças econômicas ou políticas, geralmente apresentam uma sólida base ecológica e conduzem à regeneração e à preservação da biodiversidade e dos recursos naturais (Denevan, 2001). Os métodos tradicionais são particularmente elucidativos porque oferecem uma perspectiva de longo prazo no que se refere a modelos bem-sucedidos de gestão agrícola. Alguns princípios fundamentais parecem estar subjacentes à sustentabilidade desses sistemas:

- Diversificação genética e de espécies no tempo e no espaço;
- Integração agricultura-criação animal;
- Intensificação da ciclagem de biomassa e de nutrientes;
- Acumulação de matéria orgânica;
- Minimização das perdas de recursos por meio da cobertura do solo e da coleta de água;
- Manutenção de níveis elevados de biodiversidade funcional.

O desafio para os agroecólogos é conseguir ajudar os agricultores a traduzirem esses princípios em técnicas e estratégias práticas para aumentar a produção, a estabilidade e a resiliência dos sistemas, conforme as oportunidades, as limitações de recursos e os mercados locais. Isso vai exigir o redirecionamento da pesquisa, que deverá se voltar mais para a resolução de problemas e se tornar mais participativa de maneira que seja relevante para a população rural. Uma das tarefas fundamentais nesse sentido será compreender os mecanismos ecológicos subjacentes à sustentabilidade dos sistemas agrícolas tradicionais e, em seguida, traduzi-los em princípios que façam com que as várias formas tecnológicas localmente adequadas e disponíveis possam se tornar acessíveis para um número maior de agricultores.

Os ecólogos também terão que assumir um papel mais pró-ativo no que se refere a alertar contra os esforços da modernização agrícola que ignoram as virtudes da agricultura tradicional. Não se trata de romantizar a agricultura tradicional ou de considerar o desenvolvimento por si só como prejudicial. Mas, se há realmente interesse em *aprimorar* a agricultura tradicional, os pesquisadores precisam primeiro entender e se guiar pelo que de fato deve ser alterado na agricultura que aí está, ao invés de simplesmente substituí-la. É importante destacar o papel da agricultura tradicional como fonte de material genético e de técnicas de agricultura regenerativa, o que constitui a base de uma estratégia de desenvolvimento rural sustentável voltada para os agricultores familiares (Toledo, 2000).

Em parte devido à falta de orientação ecológica, a modernização agrícola promove monoculturas, sementes melhoradas e pacotes de agrotóxicos. Todos esses componentes são percebidos como pré-requisitos fundamentais para o aumento da produtividade, da eficiência do trabalho e dos rendimentos agrícolas. Há uma forte pressão para converter a agricultura tradicional numa economia comercial e, à medida que isso ocorre, a perda de biodiversidade em muitas sociedades rurais está progredindo em ritmo alarmante. Nas áreas caracterizadas pela adoção de variedades modernas e pacotes de agrotóxicos, os padrões tradicionais têm sido frequentemente descontinuados e, juntamente com as variedades crioulas, seus parentes silvestres e o conhecimento local estão sendo progressivamente abandonados, tornando-se relíquias ou mesmo extintos (Brush, 1986). Essa situação pode ser agravada pela evolução tecnológica da agricultura com base na adoção de sementes transgênicas, levando a uma crescente homogeneidade agrícola (Jordan, 2001).

Os impactos sociais e ambientais gerados pela quebras de safras, resultantes de tal uniformização ou das alterações na integridade genética das variedades pela contaminação transgênica, podem ser consideráveis nas áreas marginais do mundo em desenvolvimento. Um dos problemas potenciais ocasionados pela introdução das sementes transgênicas em regiões de alta diversidade é que a dispersão de características das variedades geneticamente modificadas para as locais – as preferidas dos pequenos agricultores – pode afetar a sustentabilidade dessas espécies (Altieri, 2000). Nas regiões periféricas, as perdas de produção muitas vezes indicam que a degradação ecológica está em curso, o que, por sua vez, significa que haverá mais pobreza, falta de alimentos e, inclusive, fome. É sob essas condições de marginalidade que as habilidades e os recursos tradicionais associados à diversidade biológica e cultural devem estar disponíveis para serem acionados pelas populações rurais de modo a manter ou recuperar os seus processos de produção.

Naturalmente, as principais mudanças devem ocorrer nas políticas públicas, mas os agroecólogos podem desempenhar um papel decisivo ao sugerir cenários alternativos para a elaboração de políticas que promovam tecnologias alternativas por meio de abordagens participativas e de aprendizagem social, melhorem o acesso a recursos e mercados justos e aumentem os investimentos públicos na melhoraria da infraestrutura e dos serviços para os mais pobres (Uphoff, 2002).

Sob condições de pobreza, as populações rurais marginalizadas não têm outra opção senão manter agroecossistemas de baixo risco que são estruturados visando, sobretudo, garantir a segurança alimentar local. Os agricultores precisam continuar a produzir alimentos para abastecer suas comunidades locais mesmo na ausência de insumos modernos, o que pode ser alcançado por meio da preservação *in situ* da agrobiodiversidade. Para tanto, pode ser necessário manter geograficamente isoladas áreas de agroecossistemas tradicionais e de germoplasma diversificado, já que essas ilhas de agricultura tradicional podem futuramente servir de salvaguardas contra o potencial fracasso ecológico decorrente da implantação dos padrões inadequados da modernização agrícola.

É justamente a capacidade de gerar e manter a diversidade dos recursos genéticos que concede aos pequenos agricultores um caráter *único* que não pode ser replicado pelos outros agricultores que se fiam na uniformidade genética, mesmo que disponham das terras mais favoráveis. Esse *diferencial* inerente aos sistemas tradicionais pode ser estrategicamente utilizado para explorar oportunidades ilimitadas que hoje vinculam a agrobiodiversidade aos mercados local/nacional/internacional, desde que essas atividades sejam cuidadosamente planejadas e permaneçam sob controle popular.

Além disso, o estudo dos agroecossistemas tradicionais e das formas de manutenção e uso da biodiversidade pelos camponeses pode fornecer pistas sobre como reverter as tendências insustentáveis que caracterizam a agricultura industrial.

O AGROECOSSISTEMA: FATORES DETERMINANTES/ RECURSOS/ PROCESSOS E SUSTENTABILIDADE

Os termos agroecossistema, sistema de produção agrícola e sistema agrícola têm sido utilizados para descrever as atividades agrícolas realizadas por grupos de pessoas. Sistema agroalimentar, por sua vez, é uma expressão mais ampla, que inclui produção agrícola, distribuição de recursos, processamento e comercialização de produtos numa região e/ou num país (Krantz, 1974). Obviamente, pode-se definir um agroecossistema de muitas maneiras, mas este livro enfoca fundamentalmente os sistemas agrícolas dentro de pequenas unidades geográficas. Deste modo, a ênfase está nas interações entre as pessoas e os recursos de produção de alimentos dentro de uma propriedade ou de uma área específica. Torna-se difícil delinear os limites exatos de um agroecossistema. Entretanto, deve-se ter em mente que os agroecossistemas são sistemas abertos que recebem insumos do exterior, gerando como resultado, produtos que podem ser exportados para fora dos seus limites (Figura 1).

Uma das contribuições importantes da Agroecologia é a definição de alguns princípios básicos relacionados com a estrutura e a função dos agroecossistemas:

1. O agroecossistema é a unidade ecológica principal. Contém componentes abióticos e bióticos interdependentes se interativos, por intermédio dos quais se processam os ciclos de nutrientes e o fluxo de energia.

2. O funcionamento dos agroecossistemas está relacionado com o fluxo de energia e com a ciclagem dos materiais através dos componentes

estruturais do ecossistema, os quais são modificados de acordo como nível de manejo dos insumos. O fluxo de energia refere-se à fixação inicial pela fotossíntese, sua transferência através do sistema ao longo de uma cadeia trófica e sua dispersão final por meio da respiração. A ciclagem biológica refere-se à circulação continua de elementos da forma inorgânica (geo) à orgânica (bio) e vice-versa.

3. A quantidade total de energia que flui através de um agroecossistema depende da quantidade fixada pelas plantas ou produtores e dos insumos incorporados durante o manejo do sistema. A cada transferência de um nível trófico a outro, há uma perda considerável de energia. Isto limita o número e a quantidade de organismos que podem manter-se em cada nível trófico.

4. O volume total de matéria viva pode ser expresso em termos de sua biomassa. A quantidade, a distribuição e a composição da biomassa variam com o tipo de organismo, de ambiente físico, de estágio de desenvolvimento do ecossistema e das atividades humanas. Em geral, os ecossistemas apresentam a maior parte de seu componente orgânico como matéria orgânica morta; e desta, a maior proporção é constituída de material vegetal.

Figura 1

Estrutura geral de um sistema agrícola e sua relação com os sistemas externos (segundo Briggs e Coourtney, 1985).

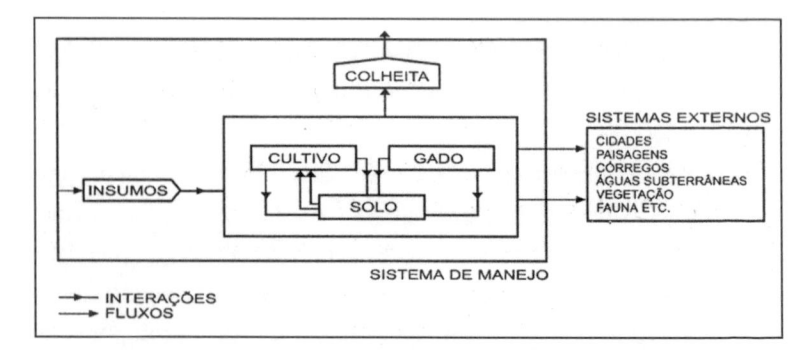

5. Os agroecossistemas tendem à complexidade. Eles podem passar de formas mais simples para estados mais sofisticados. Entretanto, essa transformação direcional é inibida na agricultura moderna pelas monoculturas, caracterizadas por baixa diversidade e baixo nível de complexidade.

6. A principal unidade funcional do agroecossistema é a população vegetal cultivada. Ela ocupa um nicho especial no sistema exercendo um papel importante no fluxo de energia e na ciclagem de nutrientes, ainda que a biodiversidade associada também desempenhe uma função-chave.

7. Um nicho dentro de um determinado agroecossistema, não pode ser ocupado simultânea e indefinidamente por uma população autossuficiente de mais de uma espécie.

8. Quando uma população alcança os limites impostos pelo ecossistema, seu número deve se estabilizar. Se isto não ocorre, as doenças, a degradação, a competição, a baixa reprodução etc., irão promover o seu declínio (às vezes bruscamente).

9. As mudanças e as flutuações no ambiente (exploração, distúrbios e competição) representam pressões seletivas sobre a população vegetal cultivada.

10. A diversidade das espécies está relacionada com o ambiente físico. Um ambiente com uma estrutura vertical mais complexa abriga, em geral, mais espécies que um outro com uma estrutura mais simples. Assim, um sistema agroflorestal conterá mais espécies que um sistema baseado em cultivo de cereais. Da mesma forma, um ambiente favorável e previsível abriga mais espécies que um ambiente inóspito e menos previsível.

Os agroecossistemas tropicais mostram maior diversidade que os de clima temperado.

11. Em situações de cultivo, que são semelhantes às condições de isolamento das ilhas, as taxas de imigração tendem a equilibrar-se com as taxas de extinção. Quanto mais próximo este cultivo isolado

estiver de uma fonte de populações, maior será a taxa de imigração por unidade de tempo. Quanto maior for o cultivo isolado, maior será sua capacidade de suporte para cada espécie. Em qualquer situação isolada, a imigração das espécies diminui à medida que mais espécies se estabeleçam e menos imigrantes sejam espécies novas.

CLASSIFICAÇÃO DOS AGROECOSSISTEMAS

Cada região tem uma configuração única de agroecossistemas que é o resultado das variações locais de clima, solo, relações econômicas, estrutura social e história (Quadro1). Desta maneira, um estudo sobre os agroecossistemas de uma região está destinado a revelar tanto a agricultura comercial quanto a de subsistência, que utilizem níveis altos ou baixos de tecnologia, dependendo da disponibilidade de terra, capital e mão de obra. Algumas tecnologias nos sistemas mais modernos buscam a preservação do solo (baseando-se nos insumos bioquímicos), enquanto outras enfatizam a economia de mão de obra (utilizando insumos mecânicos). Os agricultores tradicionais, pobres em recursos financeiros, geralmente adotam sistemas mais intensivos no que diz respeito à mão de obra, buscando a reciclagem e o melhor uso dos recursos escassos.

Apesar de cada propriedade ser diferente, muitas apresentam semelhanças e deste modo podem ser agrupadas segundo o tipo de agricultura ou de agroecossistema. Uma zona com tipos de agroecossistemas semelhantes pode ser denominada região agrícola. Whittlesay (1936) reconheceu cinco critérios para classificar os agroecossistemas de uma região: (1) a associação de plantas e animais; (2) os métodos usados no cultivo e na criação de animais; (3) a intensidade de uso da mão de obra, capital, organização e a produção resultante; (4) o destino dos produtos para o consumo, quer seja para a subsistência ou para a venda e (5) o conjunto das estruturas e benfeitorias usadas para moradia e para facilitar as operações da propriedade.

Quadro 1

Fatores determinantes do agroecossistema que influenciam o tipo de agricultura de cada região

Físicos	Socioeconômicos
Radiação	Densidade de população
Temperatura	Organização social
Chuva, fornecimento de água (estresse hídrico)	Economia (preços, mercados, capital e disponibilidade de crédito)
Condições do solo	Assistência técnica
Declividade	Implementos agrícolas
Disponibilidade de terra	Grau de comercialização
	Disponibilidade de mão de obra

Biológicos	Culturais
Pragas e inimigos naturais	Conhecimento tradicional
Comunidades de vegetação espontânea	Crenças
Doenças de plantas e animais	Ideologia
Biota do solo	Questões de gênero
Eficiência fotossintética	Fatos históricos
Modelos de cultivo	
Rotação de cultura	

Baseado nestes critérios, é possível reconhecer nos ambientes tropicais sete tipos específicos de sistemas agrícolas (Grigg, 1974; Norman, 1979):

1. Sistemas de cultivo migratório
2. Sistemas semipermanentes de cultivo de sequeiro
3. Sistemas permanentes de cultivo de sequeiro
4. Sistemas aráveis irrigados
5. Sistemas de cultivos perenes
6. Sistemas de pastagens
7. Sistemas de pousio (alternando culturas anuais com pastagem cultivada)

Estes sistemas estão sempre mudando, forçados por mudanças da população, pela disponibilidade de recursos, pela degradação ambiental, pelo crescimento ou declínio econômico, por mudanças políticas etc. Estas mudanças podem ser explicadas pelas respostas dos agricultores às variações no ambiente físico, nos preços dos insumos e produtos, à inovação tecnológica e ao crescimento populacional. Por exemplo, o Quadro 2 ilustra alguns dos fatores que influenciam a mudança do sistema de cultivo migratório, na África, para sistemas permanentes que são mais intensivos (Protheroe, 1972).

Quadro 2

Fatores que influenciam na intensificação agrícola em regiões africanas onde pratica-se agricultura migratória (Protheroe, 1972).

Fatores	Processos
População	Baixa Densidade -> Aumento numérico -> Alta Densidade
Sistema	Agricultura Migratória -> Rotação de Culturas/ Pousio Cultivo Semiperenes / Perenes
	Aumento de período de cultivo -> Redução do pousio -> Adubação Orgânica e Mineral
Cultivos	Cultivos de Subsistência -> redução da importância
	Cultivos Comerciais (alimentares e de exportação) -> aumento da importância
Posse da Terra	Direitos Agrários Comunitários -> Direitos comunitários perdendo importância -> Direitos Individuais sobre a terra
	(direitos individuais de usufruto) -> Direitos individuais ganhando importância
	Concessão da terra por necessidade -> Transferência da terra por petição, aluguel, arrendamento e venda
	Propriedades dispersas e fragmentadas -> Propriedades consolidadas
	Ausência de Demarcações -> Demarcação Permanente
Estabelecimento da População	Pequenas vilas não permanentes, dispersas e migratórias -> nucleação e permanência crescentes -> Núcleos permanentes e dispersos
Intercâmbio com os mercados	Não existente/local -> aumento na vinculação com os mercados local, regional, nacional e internacional.

Os princípios ecológicos da paisagem estão sendo cada vez mais aplicados no planejamento agrícola. Isto ocorre pois seu enfoque regional é pertinente no que diz respeito ao planejamento em escala de paisagens. Além disso, esses princípios favorecem as relações ecológicas, a diversificação do espaço, a dispersão de espécies e a coordenação do manejo agrícola com a conservação dos recursos naturais (Bunce *et al.*, 1993).

Os seguintes conceitos de ecologia da paisagem têm muita importância para o planejamento e o manejo dos agroecossistemas:

Hierarquia nas paisagens. As paisagens funcionam em diferentes níveis, envolvendo sistemas complexos com diversos componentes. Por um lado, pode-se estudar toda uma área de captação de água ou uma bacia hidrográfica. Por outro, dentro desta paisagem, pode-se analisar elementos tais como uma plantação, uma floresta e a cobertura vegetal de seu entorno e suas interações. Uma paisagem agrícola, além de campos, pastos e hortas, conta com rios, florestas artificiais, pradarias, parques, cidades etc. Nestas paisagens existe uma grande interação entre seres humanos, solos, plantas e animais; além da água, ar, nutrientes e energia, que estão sempre em movimento. A paisagem, por sua vez, modifica-se na medida em que estes elementos reagem entre si, sendo mais afetada por processos que atingem extensas áreas do que por aqueles que afetam apenas pequenas plantações. Portanto, de acordo com a localização das áreas de cultivo e pastagens numa paisagem, pode-se afetar a qualidade da água, do ar, do solo e a biodiversidade de toda uma região agrícola (Figura 2).

Gradientes. As paisagens envolvem mudanças graduais e ecótonos. Reconhecemos que muitos elementos ecológicos não apresentam limites definidos entre si, mas nivelam-se gradualmente no tempo e no espaço. O efeito de borda tem sido ressaltado em muitos estudos como um aspecto que pode aumentar a diversidade e sofisticar a estrutura. A estabilidade e a dinâmica de tais sistemas baseiam-se mais em parâmetros físicos que biológicos. Este conceito é atualmente usado no planejamento e na conservação da natureza, mas não tem sido aplicado aos agroecossistemas.

Biodiversidade. Com a crescente pressão sobre os *habitats* seminaturais, tem havido muita preocupação com a biodiversidade. Este é um conceito básico no planejamento e manejo de paisagens. Muitas vezes, delineiam-se objetivos e políticas para parques naturais e reservas da natureza com o propósito de manter a alta biodiversidade existente. A biodiversidade é o resultado de processos históricos e, portanto está relacionada a processos temporais e espaciais. As atividades humanas podem perturbá-la ou conservá-la dependendo da interação do homem com a natureza; em particular por meio das práticas agrícolas. Muitos ecossistemas naturais e seminaturais que em determinada época cobriram grandes extensões, têm sido fragmentados e suas espécies encontram-se ameaçadas.

Os enfoques da ecologia de paisagem são especialmente úteis no manejo de terras tropicais, pois podem ser usados para mapear ao longo do espaço o uso da terra, orientando a produção dos alimentos, fibras e combustível necessários e a conservação dos recursos naturais. Nem a preservação total de florestas primárias, nem a sua total conversão em áreas de produção, podem ser advogados como as melhores soluções para o manejo agrícola. Uma "colcha de retalhos" no uso da terra misturando campos agrícolas e um mosaico de fragmentos florestais é a estratégia mais adequada para conciliar a produção com a conservação.

Metapopulação. Representa o conceito das inter-relações entre as subpopulações de comunidades, mais ou menos isoladas dentro da paisagem. Ajuda a entender o impacto do isolamento progressivo de áreas de vegetação e suas populações animais associadas, na paisagem agrícola moderna. A extinção temporal e a recolonização são processos característicos da metapopulação.

Figura 2

Efeitos da estrutura da paisagem na dinâmica do agroecossistema.

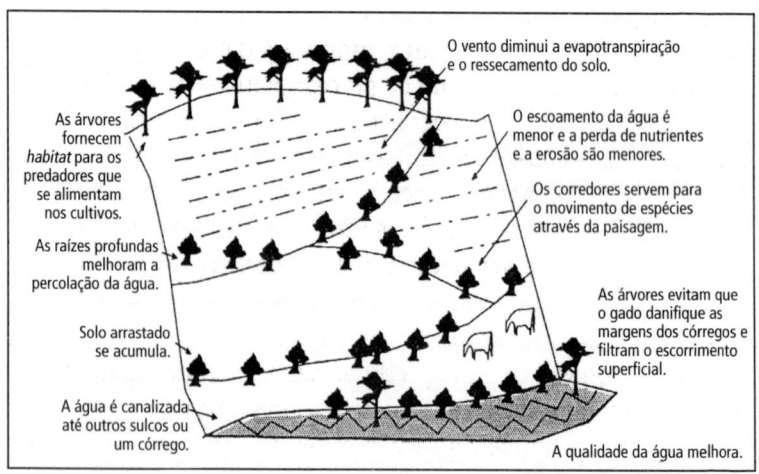

O vento diminui a evapotranspiração e o ressecamento do solo.

As árvores fornecem *habitat* para os predadores que se alimentam nos cultivos.

As raízes profundas melhoram a percolação da água.

Solo arrastado se acumula.

A água é canalizada até outros sulcos ou um córrego.

O escoamento da água é menor e a perda de nutrientes e a erosão são menores.

Os corredores servem para o movimento de espécies através da paisagem.

As árvores evitam que o gado danifique as margens dos córregos e filtram o escorrimento superficial.

A qualidade da água melhora.

OS RECURSOS DE UM AGROECOSSISTEMA

Norman (1979), agrupou a combinação dos recursos comumente encontrados em um agroecossistema em quatro categorias:

Recursos naturais. Os recursos naturais são elementos que provêm da terra, da água, do clima e da vegetação natural, sendo utilizados pelo agricultor para a produção agrícola. Os elementos mais importantes são a área da propriedade, que inclui sua topografia, o grau de fragmentação da propriedade, sua localização em relação aos mercados, a profundidade do solo, suas condições químicas e atributos físicos; a disponibilidade de água subterrânea e superficial; a pluviosidade média, a evaporação, a irradiação solar e a temperatura (sua variabilidade estacional e anual); e a vegetação natural. Esta pode ser uma fonte importante de alimento, de forragem para animais, de materiais de construção ou de medicamentos para os seres humanos, e também influenciam a produtividade do solo nos sistemas de cultivos migratórios.

Recursos humanos. Os recursos humanos são compostos pelas pessoas que vivem e trabalham numa propriedade e usam seus recursos para a produção agrícola, baseando-se em seus conhecimentos tradicionais ou econômicos. Os fatores que afetam estes recursos incluem: (a) o número de pessoas que a propriedade tem que sustentar em relação à força de trabalho e sua produtividade, que controlam o excedente disponível para a venda, troca ou obrigações culturais; (b) a capacidade para trabalhar, influenciada pela nutrição e pela saúde; (c) a disposição para o trabalho, influenciada pelo nível econômico e pelas atividades culturais de lazer; e (d) a flexibilidade da força de trabalho para adaptar-se às variações sazonais da demanda, ou seja, a disponibilidade de mão de obra contratável e o grau de cooperação entre os agricultores.

Recursos de capital. São os bens e serviços criados, comprados ou prestados pelas pessoas associadas à propriedade para facilitar o uso dos recursos naturais para a produção agrícola. Os recursos de capital podem ser agrupados em quatro categorias principais: (a) recursos permanentes, como modificações duradouras dos recursos da terra ou água, direcionados para a produção agrícola; (b) recursos semipermanentes, ou aqueles que se depreciam e têm que ser substituídos periodicamente, como celeiros, estábulos, cercas, animais de tração, implementos; (c) recursos operacionais ou insumos utilizados nas operações diárias da propriedade, como fertilizantes, herbicidas, adubos e sementes; e (d) recursos potenciais ou aqueles que o agricultor não possui, mas dos quais pode dispor, tendo que reembolsá-los com o tempo, como crédito e ajuda de parente e amigos.

Recursos de produção. Os recursos de produção compreendem a produção agrícola da propriedade, como as plantações e os animais. Transformam-se em recursos de capital se vendidos; e os resíduos (restos de cultura e esterco) tornam-se insumos nutricionais quando reinvestidos no sistema.

PROCESSOS ECOLÓGICOS NO AGROECOSSISTEMA

Cada agricultor deve manejar os recursos físicos e biológicos da propriedade para a produção. De acordo com o grau de modificação tecnológica, estas atividades afetam os processos ecológicos, energéticos, hidrológicos, biogeoquímicos, sucessionais e de regulação biótica. Cada um pode ser avaliado em termos de insumos, produtos, armazenamento e transformações.

Processos energéticos

A energia entra em um agroecossistema como luz solar e passa por numerosas transformações físicas. A energia biológica é sintetizada nas plantas pela fotossíntese (produção primária) e é transferida de um organismo para outro através da cadeia trófica (consumo). Apesar da luz solar ser a principal fonte de energia na maioria dos ecossistemas naturais, também são importantes o trabalho humano e animal, além do uso de mecanização (tais como a aração mecânica). A energia humana forma a estruturado agroecossistema, moldando o fluxo de energia através de decisões sobre a produção primária e a proporção dessa produção que é canalizada em produtos para o consumo humano (Marten, 1986).

Os diversos aportes de energia a sistema agrícola – radiação solar, mão de obra, trabalho das máquinas, fertilizantes e herbicidas – podem ser convertidos em valores energéticos. Da mesma forma, vegetais e animais produzidos pelo sistema também podem ser expressos em termos de energia. Uma vez que o custo e a disponibilidade da energia proveniente dos combustíveis fósseis são questionáveis, os insumos e os produtos foram quantificados para diferentes modelos agrícolas, como objetivo de comparar suas intensidades, rendimentos e produtividade do trabalho, bem como os níveis de bem-estar que proporcionam.

Tem-se reconhecido três etapas no processo de intensificação do uso da energia na agricultura (Leach, 1976), das quais hoje em dia pode-se encontrar exemplos em diferentes partes do mundo: (a) pré-industrial, somente com pouco uso de mão de obra; (b) semi-industrial, com alto índice de uso de energia animal e humana; (c) industrial, com alto índice de consumo de combustíveis fósseis e maquinário. Durante os últimos 50 anos, nos EUA, tem-se generalizado uma redução do trabalho humano, associada a uma rápida intensificação do uso da energia na produção agrícola. Esse processo de intensificação também tem sido acompanhado por um aumento da densidade energética. Bayliss-Smith (1982), em sua análise comparativa de sete tipos de sistemas agrícolas, encontrou que a eficiência da utilização de energia (relação energética) diminui à medida que a dependência de combustíveis fósseis aumenta. Deste modo, em uma agricultura industrializada o ganho líquido energético é pequeno, já que é grande o gasto de energia na sua produção (Figura 3).

A produtividade das culturas aradas também depende do tipo e da quantidade de energia empregada. A variação da matriz energética e as etapas de intensificação no uso da energia estão claramente apresentadas no Quadro 3. Uma comparação entre o balanço energético para a produção de milho no México, Guatemala e EUA, revela importantes detalhes. A produtividade deste último país é cerca de três a cinco vezes maior que a dos outros dois países. Além disso, à medida que a mão de obra é progressivamente substituída, primeiro pela força animal e depois pela mecanização baseada em combustíveis, a dependência energética aumenta quase 30 vezes e a relação energia-produto/energia-insumo diminui de forma significativa.

Figura 3

Relação entre produção e investimento energético em sete sistemas agrícolas

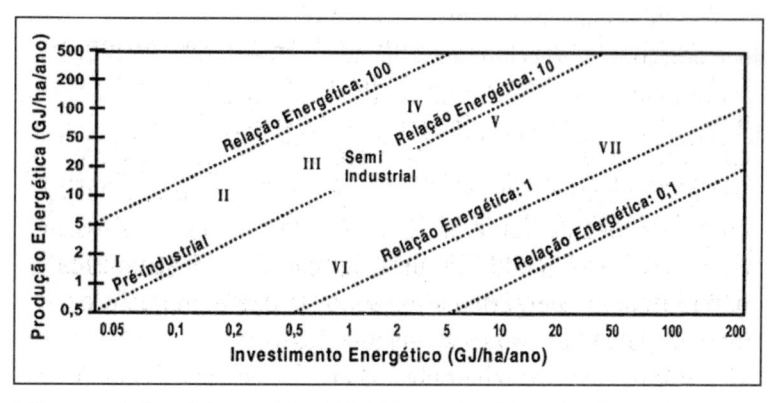

I. Sistema agrícola tradicional na Nova Guiné (sistemas de cultivos migratórios, quintais domésticos); II. Sistema de exploração pré-industrial britânico (sistema de cereais/ovinos); III. Sistema agrícola de Java (canteiros de inhame, coqueirais e pesca); IV. Pré-Revolução Verde no sul da Índia (cana-de-açúcar, arroz, painço, pasto para garrotes); V. Pós-Revolução Verde no sul da Índia (cana-de-açúcar, arroz, painço, pasto para garrotes); VI. Fazenda Coletiva russa (batatas, cereais, pasto); VII. Agricultura moderna britânica (cereais, pastos permanentes) (Bayliss-Smith, 1982).

Quadro 3

Eficiência energética em diferentes níveis de intensificação de cultivo de milho
(Segundo Leach, 1976)

Sistema	Produto/Insumo
Pré-Industrial (intensiva em mão de obra. México)	30,60
Pré-Industrial (intensiva em mão de obra. Guatemala)	13,60
Semi-Industrial (tração animal. México)	4,87
Plenamente Industrial (EUA)	2,58

PROCESSOS BIOGEOQUÍMICOS

Os processos biogeoquímicos adicionam nutrientes aos agroecossistemas por meio da liberação pelo solo, da fixação atmosférica de nitrogênio por leguminosas, da fixação não simbiótica de nitrogênio (importante no cultivo do arroz), da água da chuva, do escorrimento superficial proveniente de áreas vizinhas e dos fertilizantes ou por meio da compra de alimentos, rações ou esterco.

As saídas mais importantes incluem os nutrientes absorvidos pelas plantações e fornecidos aos animais, consumidos na propriedade ou exportados da mesma. Outras saídas ou perdas, estão associadas à lixiviação para além da rizosfera, a denitrificação e volatilização do nitrogênio, às perdas de nitrogênio e enxofre na queimada vegetação, aos nutrientes perdidos com a erosão do solo (eólica ou hídrica) ou através dos dejetos humanos e animais que deixam a propriedade. Além disso, há um estoque biogeoquímico que inclui fertilizantes estocados, esterco ou composto armazenados, os nutrientes da rizosfera ou imobilizados pelos cultivos, vegetação nativa e animais.

Durante a produção e consumo, os nutrientes minerais movem-se ciclicamente através do agroecossistema. Os ciclos de alguns dos nutrientes mais importantes (nitrogênio, fósforo e potássio) são bem conhecidos em muitos ecossistemas naturais e agrícolas (Todd *et al.*, 1984). Durante a produção, os nutrientes se transferem do solo para as plantas e animais e vice-versa. Cada vez que a cadeia de carbono se rompe, em função de uma diversidade de processos biológicos, os nutrientes voltam ao solo, onde podem manter a produção das plantas (Marten, 1986; Briggs e Courtney, 1985).

Os agricultores retiram e incorporam nutrientes ao agroecossistema quando aplicam fertilizantes químicos ou orgânicos (esterco ou composto) ou quando removem a colheita ou qualquer outro material vegetal da propriedade. Nos agroecossistemas modernos, os nutrientes são repostos com fertilizantes comprados. Os agricultores de baixa renda que não podem adquirir os fertilizantes industrializados, mantêm a fertilidade do solo coletando materiais ricos em nutrientes fora das áreas cultivadas, como por exemplo, esterco coletado nos pastos ou nos estábulos onde os animais passam a noite. Anualmente este material orgânico se complementa com serrapilheira e outros materiais das florestas próximas. Em algumas regiões da América Central, os agricultores espalham sobre as hortaliças cerca de 40 toneladas de húmus por hectare anualmente (Wilken, 1977). Os materiais vegetais são adicionados ao lixo doméstico e ao esterco de gado para ser compostado e se transformar em húmus.

Outra estratégia é explorar a habilidade do sistema de cultivo em reutilizar seus próprios nutrientes armazenados. Nos policultivos, há menores impactos ambientais em razão da cobertura mais fechada, o que promove a conservação e a reciclagem dos nutrientes (Harwood, 1979). Por exemplo, em um sistema agroflorestal, os nutrientes perdidos pelas culturas anuais são rapidamente absorvidos pelas plantas perenes. Além disso, a alta capacidade de absorção de nutrientes de algumas culturas é contrabalançada pela adição de matéria orgânica. O nível de nitrogênio do solo pode ser elevado ao se incorporarem leguminosas no consórcio. De certo modo, a assimilação de fósforo também pode aumentar com a adição de culturas que estabeleçam associações micorrízicas. A maior diversidade desses sistemas de cultivo se associa geralmente a maiores volumes explorados pelas raízes, o que aumenta a captura de nutrientes. A otimização do processo biogeoquímico requer o desenvolvimento de boas condições de estrutura e de fertilidade do solo, que dependem de:

- Adição regular de resíduos orgânicos;
- Nível de atividade microbiana suficiente para garantir a decomposição dos materiais orgânicos;
- Condições que asseguram a atividade contínua das minhocas e outros agentes estabilizadores do solo;
- Cobertura vegetal para a proteção do solo.

PROCESSOS HIDROLÓGICOS

A água é um componente fundamental de todos os sistemas agrícolas. Além de seu papel fisiológico, a água influencia os ganhos e perdas de nutrientes do sistema por meio de lixiviação e erosão. A água entra no agroecossistema sob a forma de precipitação, escorrimento de áreas vizinhas e por irrigação. Ela se perde através da evaporação, transpiração, escorrimento e drenagem, quando ultrapassa a profundidade efetiva dos sistemas radiculares das plantas. A água consumida pelas pessoas e pelos animais na propriedade pode ser importante (por exemplo, nos sistemas pastoris); mas seu volume é geralmente de pequena magnitude.

A água é armazenada no solo, onde é diretamente utilizada pelos cultivos e pela vegetação; ou sob forma de água subterrânea que pode ser extraída para consumo humano, dos animais, dos cultivos ou de construções como tanques e açudes da propriedade.

De maneira geral, o balanço da água num agroecossistema em particular, pode ser expresso como: $S = R + Li - Et - P - Lo + 50$, onde S é a umidade do solo no momento considerado, R é a precipitação efetiva (precipitação menos interceptação), Li é o fluxo lateral da água para o solo, Et é a evapotranspiração, P é a percolação profunda, Lo é o escorrimento lateral, e So é a umidade original do solo (Norman, 1979; Briggs e Courtney, 1985).

Todos esses fatores são afetados pelas condições do solo e da vegetação e pelas práticas agrícolas. A drenagem e o cultivo, por exemplo, aceleram as perdas por percolação profunda; a colheita aumenta a quantidade de chuva que chega ao solo e reduz a evapotranspiração; as mudanças na estrutura do solo devidas ao manejo dos restos culturais, rotações de culturas ou o uso de esterco afetam a taxa de percolação e o fluxo lateral. Um dos principais controles da umidade do solo é a sua cobertura, uma vez que esta influencia tanto nos ganhos como nas perdas de água. Por exemplo, a retirada da vegetação espontânea diminui as perdas por evapotranspiração e aumenta a umidade do solo.

Na agricultura de sequeiro, é importante saber que quando R é maior que Et, a zona radicular se encontra completamente úmida, definindo assim a época de crescimento efetivo da cultura. Durante este período, o escorrimento e a drenagem também podem ocorrer, influindo na intensidade de lixiviação dos nutrientes solúveis, na taxa de erosão do solo etc. Dentro da faixa R = Et/2 a R = Et/10, o crescimento e a maturação da cultura dependem principalmente da disponibilidade da reserva de água do solo ou da irrigação (Norman, 1979).

Na maioria das zonas tropicais com agricultura de sequeiro, o potencial agrícola de determinada área depende da duração da estação chuvosa e da distribuição de chuvas neste período. Os climas mais adequados para os cultivos são aqueles em que as precipitações excedem a evapotranspiração real durante pelo menos 130 dias, que é a duração média dos ciclos de crescimento da maioria das culturas anuais. O número de meses chuvosos consecutivos é outro critério ambiental importante. O potencial para o cultivo sequencial (sob condições não irrigadas) é limitado se houver menos que 5 meses chuvosos consecutivos (Beets, 1982).

O regime de chuvas é o principal determinante na escolha das culturas que serão plantadas. Na África, onde a precipitação anual é maior que 600 mm, os sistemas de cultivo se baseiam geralmente no milho. Na Ásia tropical, onde a precipitação é maior que 1500 mm/ano com pelo menos 200 mm/mês de chuva durante três meses consecutivos, o arroz é o produto base. Sendo o arroz a única cultura que tolera inundações, somente ele é plantado nas épocas de máxima precipitação. Com o objetivo de aproveitar a umidade residual e a maior intensidade de luz durante a época seca (Figura 4), pode-se plantar uma combinação diferenciada de espécies no começo ou no final das chuvas. Nos sistemas de culturas consorciadas, como milho e amendoim, por exemplo, geralmente se utiliza melhor o final da época chuvosa (sistema II na Figura 4).

Outra possibilidade é combinar um sistema duplo de cultivo com o arroz transplantado, que se estabelece o mais cedo possível (sistema U na Figura 4). O caupi é semeado depois do ciclo do arroz utilizando-se técnicas de cultivo mínimo, em seguida são semeadas as cucurbitáceas (Beets, 1982).

Figura 4

Cinco sistemas de produção apropriados ao padrão de precipitação do sudeste da Ásia (Beets, 1982).

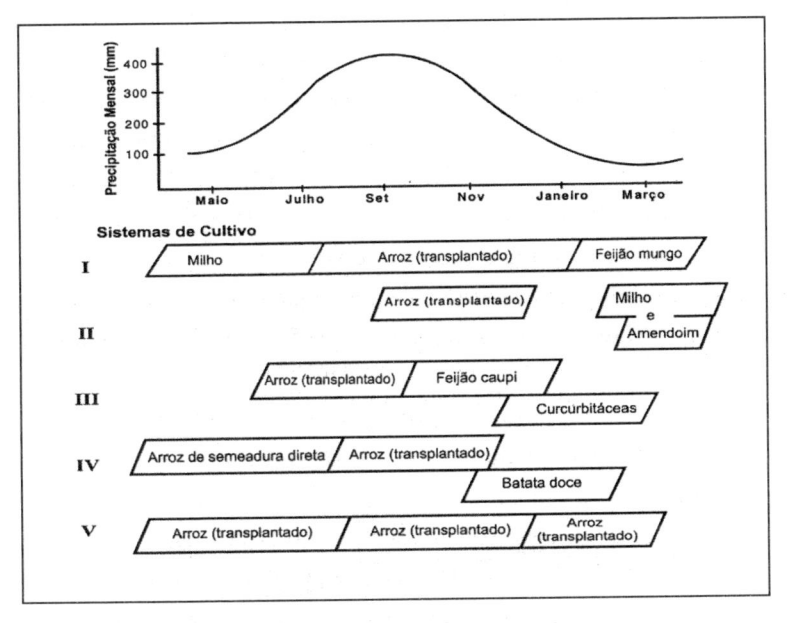

PROCESSOS SUCESSIONAIS

A sucessão, processo pelo qual os organismos ocupam um local e modificam gradualmente as condições ambientais de maneira a que outras espécies possam substituir as que originalmente ali habitavam, modifica-se radicalmente com a agricultura moderna. Os campos agrícolas, geralmente representam áreas em etapas secundárias de sucessão. Neles uma comunidade existente declina devido ao desmatamento, à aração e à introdução de uma comunidade simples, mantida pelo homem. A Figura 5a ilustra o que ocorre quando a sucessão é simplificada, com o estabelecimento de monoculturas. Na agricultura moderna, a tendência natural para a complexidade é detida, através do uso de agroquímicos (Savory, 1988). Ao se implantarem policultivos, a estratégia agricola acompanha a tendência natural para a complexidade. O incremento da biodiversidade sobre e sob o solo, imita a sucessão natural e diminui a necessidade de insumos externos para manter as comunidades cultivadas (Figura 5b).

Figura 5a

Interrupção da sucessão natural para favorecer o monocultivo
(segundo Savory, 1988)

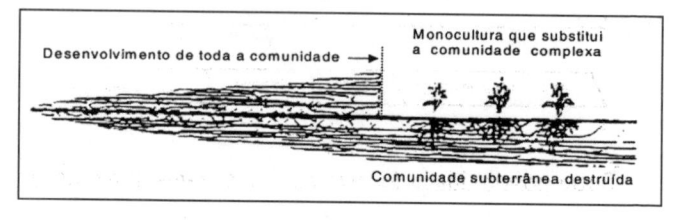

Figura 5b

Aumento da complexidade com policultivos (segundo Savory, 1988).

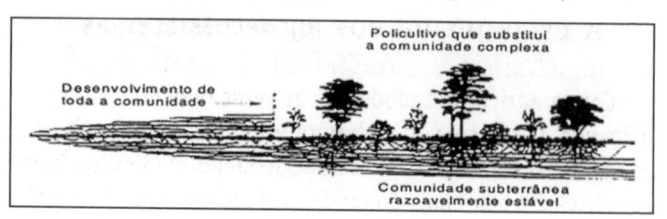

PROCESSOS DE REGULAÇÃO BIÓTICA

O controle da sucessão (invasão de plantas e competição) e a proteção contra pragas e doenças são os principais problemas na manutenção da produção nos agroecossistemas agricultores que têm adotado três posturas frente a eles: 1) a não ação; 2) a ação preventiva (uso de variedades resistentes, manipulação das épocas de plantio, espaçamento, modificação do acesso da praga às plantas); ou 3) ações supressivas (pesticidas químicos, controle biológico, controle cultural). As estratégias ecológicas empregam estes três procedimentos no controle de pragas; atraindo-as para longe, tornando-as plantas menos atrativas, hostilizando o ambiente, favorecendo os inimigos naturais e impedindo a contaminação de uma planta à outra.

Os pesquisadores que percebem o agroecossistema como o resultado da coevolução entre os processos sociais e naturais entendem que os processos ecológicos mencionados correm paralelalmente e são interdependentes da dinâmica socioeconômica. Da mesma forma o desenvolvimento ou adoção de sistemas agrícolas ou tecnologias são resultados da interação entre os agricultores e seus conhecimentos e o ambiente biofísico e socioeconômico.

A estabilidade dos agroecossistemas

Com a agricultura moderna, os seres humanos vêm simplificando a estrutura do ambiente em vastas áreas, substituindo a diversidade natural por um pequeno número de plantas cultivadas e animais domésticos. Este processo de simplificação alcança uma forma extrema com a monocultura. O objetivo desta simplificação é aumentar a proporção de energia solar fixada pelas comunidades e plantas de interesse para os seres humanos.

Os componentes predominantes são plantas e animais selecionados, multiplicados, criados e colhidos pelos agricultores com um objetivo particular. Em comparação com os ecossistemas naturais, a composição e estrutura dos agroecossistemas é simples. A biomassa vegetal apresenta geralmente o predomínio de uma única espécie, dentro de limites bem definidos. Ainda que uma espécie possa ser plantada sob outra, como no caso de pastagens subsemeadas com cereais e de plantas anuais ou pastagens cultivadas sob pomares, forma-se apenas um estrato. O número de espécies cultivadas é extremamente pequeno se comparado à riqueza da biodiversidade mundial. Somente onze espécies de plantas respondem por cerca de 80% da alimentação mundial. Entre estas, os cereais têm predominado no desenvolvimento da agricultura. Eles constituem mais de 50% da produção mundial de proteínas e energia, atingindo mais de 75% se forem incluídos os grãos dados como alimento aos animais. Em termos comparativos, os cultivos anuais (excetuando-se os cereais), as pastagens artificiais de gramíneas e leguminosas e as culturas arbóreas representam uma porção relativamente pequena do total da biomassa agrícola.

O resultado final é um ecossistema artificial, que requer a constante intervenção humana. O preparo de sementeiras comerciais e o plantio mecanizado substituem os métodos naturais de propagação de sementes; os pesticidas químicos substituem os controles naturais de populações de vegetação espontânea, pragas e agentes patogênicos; a manipulação genética substitui os processos naturais da evolução e seleção de plantas. Até mesmo a decomposição é alterada uma vez que após o desenvolvimento, a planta é colhida e a fertilidade do solo mantida, não pela reciclagem de nutrientes, mas pela aplicação de fertilizantes solúveis. Apesar dos agroecossistemas modernos terem provado que são capazes de manter a crescente população mundial, existem evidências consistentes de que o equilíbrio ecológico nestes sistemas artificiais é mais frágil.

POR QUE OS SISTEMAS AGRÍCOLAS MODERNOS SÃO INSTÁVEIS?

A explicação para esta instabilidade deve ser buscada nas modificações impostas pelo próprio homem. Estas modificações foram afastando os ecossistemas agrícolas dos ecossitemas naturais, até o ponto em que ambos tornaram-se profundamente diferentes em estrutura e funcionamento (Quadro 4).

Os ecossistemas naturais reinvestem a maior parte de sua produtividade para manter a estrutura física e biológica necessária à sustentação da fertilidade do solo e à estabilidade biótica. A exportação de alimentos e colheitas limitam tal reinvestimento nos agroecossistemas, tornando-os extremamente dependentes dos insumos externos para realizar a ciclagem de nutrientes e regular a comunidade biótica (Cox & Atkins, 1979).

Quadro 4

Diferenças estruturais e funcionais entre os ecossistemas naturais e os agroecossistemas (Modificado a partir de Odum, 1969)

Características	Agrossistema	Ecossistema natural
Produtividade líquida	Alta	Média
Cadeias tróficas	Simples, lineares	Complexas
Diversidade de espécies	Baixa	Alta
Diversidade genética	Baixa	Alta
Ciclos minerais	Abertos	Fechados
Estabilidade (resiliência)	Baixa	Alta
Entropia	Alta	Baixa
Controle humano	Definido	Não necessário
Permanência temporal	Curta	Longa
Heterogeneidade do *habitat*	Simples	Complexa
Fenologia	Sincronizada	Sazonal
Maturidade	Imaturo, fase pioneira na sucessão	Madura, clímax

Têm-se afirmado que a biodiversidade e a complexidade estrutural proporcionam um ecossistema natural e maduro com um grau de estabilidade em um ambiente sujeito a flutuações (Murdoch, 1975). Por exemplo, drásticas alterações no ambiente físico externo, como mudanças na umidade, temperatura ou luz, provavelmente não prejudicam o sistema, devido ao fato de que numa comunidade diversificada existem numerosas alternativas para a transferência de energia e nutrientes. Consequentemente, o sistema pode se ajustar e continuar funcionando depois da alteração, com pouca ou nenhuma desorganização detectável. Da mesma forma, os controles bióticos internos (como as relações predador/presa) evitam oscilações bruscas nas populações de pragas, promovendo a estabilidade do ecossistema natural. A estratégia agrícola moderna pode ser considerada como o oposto do que ocorre em sistemas naturais. Os ecossistemas modernos, apesar de seu alto rendimento, apresentam todas as desvantagens dos ecossistemas imaturos. Particularmente, carecem da capacidade de reciclar nutrientes, conservar o solo e controlar as populações de praga. O funcionamento do sistema depende, deste modo, de intervenção humana contínua. As espécies cultivadas frequentemente são incapazes de se reproduzir ou de competir com a vegetação espontânea sem a ajuda constante do homem. Entretanto, existe uma grande variação no grau de diversidade, estabilidade, controle humano, eficiência energética e produtividade entre os distintos tipos de agroecossistemas (Figura 6).

Figura 6

Padrões ecológicos de diferentes agroecossistemas

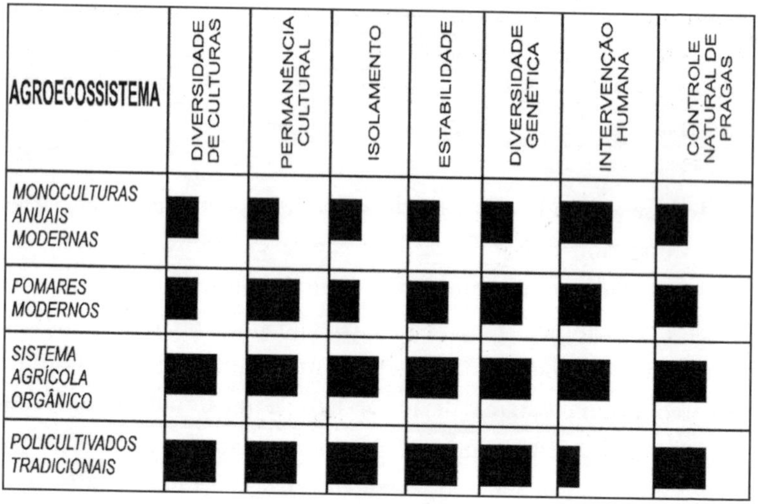

AGROECOSSISTEMA	DIVERSIDADE DE CULTURAS	PERMANÊNCIA CULTURAL	ISOLAMENTO	ESTABILIDADE	DIVERSIDADE GENÉTICA	INTERVENÇÃO HUMANA	CONTROLE NATURAL DE PRAGAS
MONOCULTURAS ANUAIS MODERNAS	■	■				■	■
POMARES MODERNOS	■	■		■	■	■	
SISTEMA AGRÍCOLA ORGÂNICO	■	■	■	■	■	■	■
POLICULTIVADOS TRADICIONAIS	■	■	■	■	■		■

CONTROLE ARTIFICIAL NOS AGROECOSSISTEMAS MODERNOS

Para manter os níveis normais de produtividade, tanto a longo como a curto prazo, os agrossistemas modernos requerem consideravelmente maior controle ambiental que os sistemas orgânicos ou os sistemas tradicionais (Figura 7). Os sistemas modernos precisam importar grandes quantidades de energia; assim podem realizar o trabalho que em sistemas pouco perturbados normalmente é feito por processos ecológicos. Desta forma, apesar de serem menos produtivos que as monoculturas modernas, os policultivos tradicionais geralmente são mais estáveis e mais eficientes no uso da energia (Cox e Atkins, 1979). Em todos os agroecossistemas, os ciclos na terra, ar, água e dejetos tornaram-se abertos; em maior proporção nas monoculturas comerciais industrializadas e menor nos sistemas de produção agrícola diversificados de pequena escala, dependentes da força humana/animal e dos recursos locais.

Figura 7

Grau de controle ambiental necessário para a manutenção de níveis normais de produtividade em três tipos de sistemas de produção agrícola.

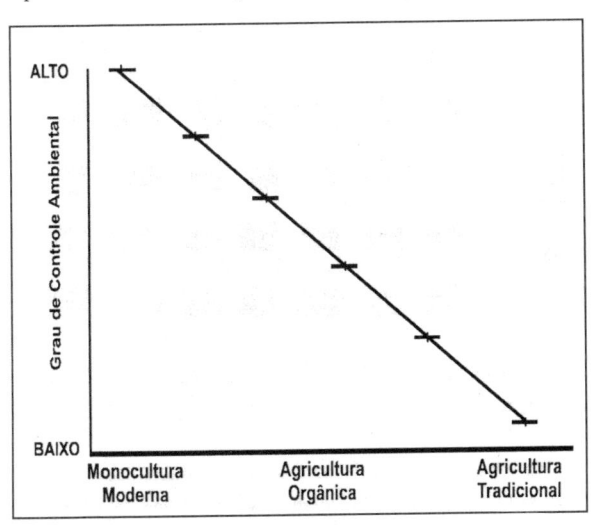

Figura 8

Propriedades sistêmicas dos agroecossistemas e índices de desempenho (modificado a partir de Conway, 1985).

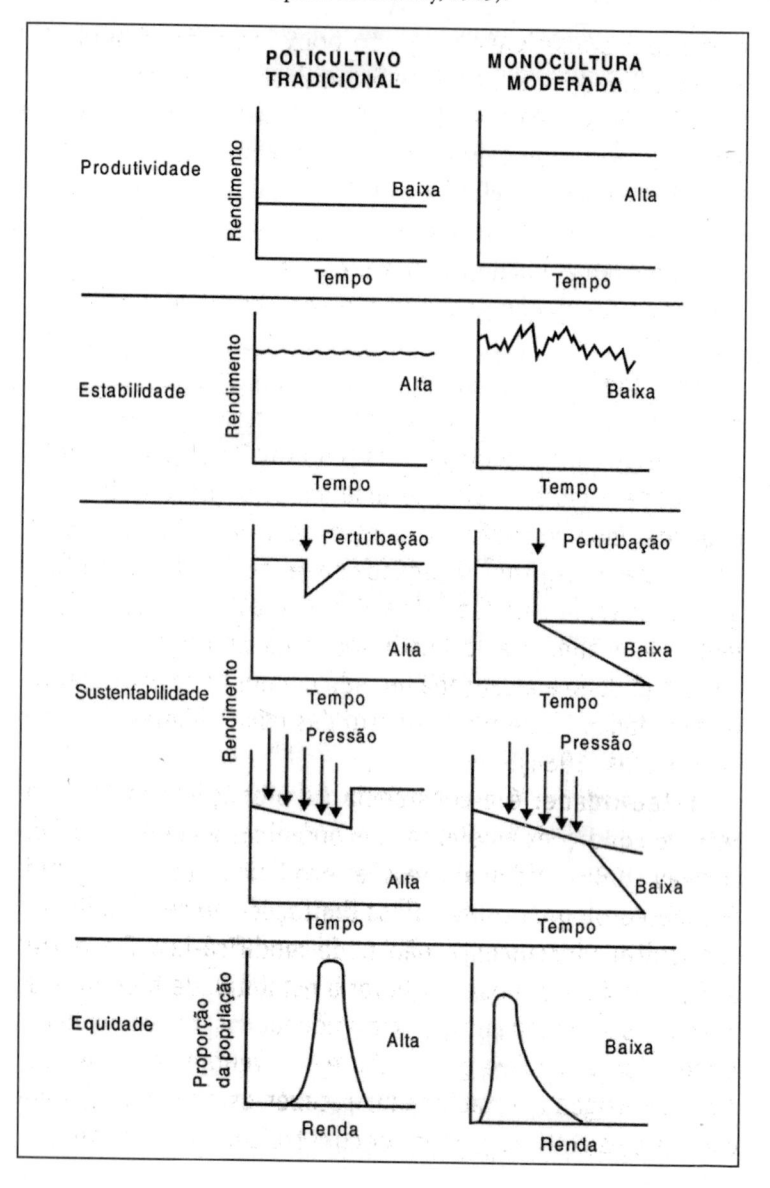

Estes sistemas agrícolas não diferem apenas em seus níveis de produtividade por região ou por unidade de mão de obra ou insumo, mas também em aspectos mais fundamentais. Parece que, enquanto a moderna tecnologia aumentou em muito a produtividade a curto prazo, também diminuiu a sustentabilidade, a equidade, a estabilidade e a capacidade de produção do sistema agrícola (Figura 8) (Conway, 1985). Define-se estes indicadores da seguinte maneira:

Sustentabilidade – refere-se à capacidade de um agroecossistema em manter sua produção ao longo do tempo, apesar das restrições ecológicas e socioeconômicas a longo prazo.

Equidade – é a medida de quão uniformemente estão sendo distribuídos os produtos do agroecossistema entre os produtores e os consumidores locais (Conway, 1985). Entretanto, a equidade é muito mais que uma simples questão de renda adequada, boa nutrição ou acesso ao lazer (Bayliss-Smith, 1982). Para alguns, a equidade é atingida quando o agroecossistema satisfaz razoavelmente as demandas de alimento, sem aumentar o custo social da produção. Para outros, a equidade é alcançada quando melhora a distribuição de oportunidades ou da renda dentro das comunidades produtoras (Douglas, 1984).

Estabilidade – é a constância de produção sob um conjunto de condições ambientais, econômicas e administrativas (Conway, 1985). Algumas pressões ecológicas, como as condições meteorológicas, são rígidas limitações no sentido de que o agricultor virtualmente não pode modificá-las. Em outros casos, o agricultor pode melhorar a estabilidade biológica do sistema, escolhendo culturas mais adequadas ou desenvolvendo métodos de cultivo que melhorem os rendimentos. A terra pode ser irrigada, rotacionada, receber esterco ou resíduos vegetais e os cultivos podem ser consorciados visando aumentar a resistência do sistema. O agricultor pode auxiliar a mão de obra familiar com animais, máquinas ou contratando empregados. Todavia, a resposta exata depende tanto dos fatores sociais como também do ambiente. Por esta razão, o conceito de estabilidade deve ser ampliado para incluir considerações socioeconômicas e administrativas. A este respeito, Harwood (1979a) define outras três fontes de estabilidade:

Estabilidade de manejo – deriva-se do conjunto de tecnologias escolhidas e melhor adaptadas às necessidades e recursos do agricultor. Inicialmente, a tecnologia industrial aumenta o rendimento. Enquanto isso, menos terras são deixadas em pousio, sendo desrespeitadas as limitações bióticas, de solo e de água. Não obstante, sempre existe um elemento de instabilidade associado às novas tecnologias. Os agricultores estão profundamente conscientes disto e suas resistências às mudanças, por vezes, têm base ecológica.

Estabilidade econômica – está associada à habilidade do produtor em prever os preços de mercado dos insumos e da produção e manter a renda da propriedade. Dependendo da sofisticação deste conhecimento, o produtor faz trocas entre a produção e a estabilidade. Para estudar a dinâmica da estabilidade econômica nos sistemas agrícolas, deve-se obter todas as informações da produção, dos rendimentos dos produtos mais importantes, do fluxo financeiro, da renda proveniente de fora da propriedade, da renda líquida e da fração total da produção que o agricultor vende ou comercializa.

Estabilidade cultural – depende da manutenção da organização e do contexto sociocultural que moldou o agroecossistema através das gerações. O desenvolvimento rural não pode ser alcançado quando isolado do contexto social e deve estar ancorado nas tradições locais.

Produtividade – é uma medida quantitativa da taxa ou montante da produção por unidade de área ou insumo. Em termos ecológicos, a produção refere-se ao montante de colheita ou produto final e a produtividade ao processo pelo qual se obtém o produto final. Na avaliação da produção de uma pequena propriedade, às vezes se esquece que a maioria dos agricultores considera mais importante reduzir o risco que aumentar ao máximo a produção. Os pequenos agricultores geralmente estão mais interessados em otimizar a produtividade dos escassos recursos agrícolas que em aumentar a produtividade da terra ou da mão de obra. Além disso, os agricultores escolhem uma determinada tecnologia de produção com base em decisões tomadas visando todo o sistema agrícola e não somente para uma cultura em particular (Harwood, 1979). O rendimento por área pode ser um indicador da taxa e da constância da produção, mas estas podem ser expressas de outras maneiras como, por exemplo, por unidade de trabalho realizado, por unidade de investimento ou pela taxa de eficiência energética. Quando se analisam os padrões de produção utilizando-se o balanço energético, torna-se claro que os sistemas tradicionais são extraordinariamente mais eficientes que os agroecossistemas modernos (Pimentel e Pimentel, 1979). Os sistemas agrícolas modernos apresentam relações de insumo/produto de 3/1, enquanto que os sistemas agrícolas tradicionais mostram relações de 1/10 a 1/15.

A vulnerabilidade intrínseca aos simplificados agroecossistemas modernos está bem ilustrada pela epidemia da murcha da folha do milho que devastou esta cultura no sul dos EUA, em 1970, e pela destruição de milhões de toneladas de trigo nos estados do meio-oeste, em 1953 e 1954, pela raça 15B de *Puccinia gramini sf. sp.tritici* (Baker e Cook, 1974). A epidemia de requeima da batata e a subsequente fome na Irlanda, em meados do século XIX, é um forte lembrete de que é muito arriscado depender apenas do cultivo de grandes áreas de monoculturas para a produção de alimentos. Um quadro preocupante surge a partir de um relatório preparado pelo Conselho Nacional de Pesquisa da Academia Nacional de Ciências dos Estados Unidos, evidenciando o grau a que muitas espécies alimentícias básicas podem tornar-se geneticamente uniformes e vulneráveis às epidemias (Adams *et al.*,1971). Esta inclinação à uniformidade é visivel na tendência dos agricultores após a Revolução Verde em semear somente uma variedade de alto rendimento, em vez de diversas variedades tradicionais.

A intensificação da agricultura é um teste crucial da resiliência da natureza. Não sabemos por quanto tempo os homens poderão continuar aumentando o uso dos recursos naturais sem esgotá-los e sem causar uma degradação irreparável do ambiente. Antes de descobrir esse ponto crítico por experiência própria, deveríamos nos esforçar no planejamento de agroecossistemas que se comparem em estabilidade e produtividade aos sistemas naturais (Cox e Atkins, 1979). Esta é a força propulsora da agroecologia.

AVALIAÇÃO DO ESTADO ECOLÓGICO E DA SUSTENTABILIDADE DOS AGROECOSSISTEMAS

A maioria das definições de sustentabilidade incluem, pelo menos, três critérios:

- A manutenção da capacidade produtiva do agroecossistema.
- A preservação da diversidade da flora e da fauna.
- A capacidade do agroecossistema em manter-se.

Uma característica importante da sustentabilidade é a capacidade do agroecossistema de manter um rendimento que não decline ao longo do tempo, mesmo submetido a variadas condições. A maioria dos conceitos de sustentabilidade preconizam o rendimento contínuo e a prevenção da degradação ambiental. Estas duas demandas, muitas vezes, são apresentadas como mutuamente incompatíveis. A produção agrícola depende da utilização dos recursos, enquanto que a proteção ambiental requer algum grau aceitável de conservação. O problema é que existe um período de transição antes de se alcançar a sustentabilidade; portanto, o retorno do investimento em técnicas agroecológicas pode não ocorrer imediatamente (Figura 9). Avaliar a saúde dos agroecossistemas para assegurar um monitoramento equilibrado da produtividade e da integridade ecológica do sistema é um desafio. Historicamente, a avaliação dos sistemas agrícolas esteve centrada na quantificação da produção de alimentos e fibras e até certo ponto, no estado, condição e tendências do solo, da água e dos recursos relacionados. A avaliação do estado dos componentes ou processos biológicos essenciais dos agroecossistemas tem sido muito deficiente.

Com o objetivo de desenvolver uma abordagem mais holística para avaliar os sistemas de produção agrícola do ponto de vista da agroecologia, Meyer *et al.* (1992) identificaram três parâmetros de avaliação que constituem expressões identificáveis das mudanças ambientais. Estes parâmetros são:

Sustentabilidade – capacidade para manter um nível de produtividade através do tempo sem comprometer os componentes estruturais e funcionais dos agroecossistemas.

Contaminação dos recursos naturais – alteração da qualidade do ar, água e solo causada pelos insumos ou pelas colheitas dos agroecossistemas.

Qualidade da paisagem agrícola – diversas formas em que os modelos agrícolas, para uso da terra, modificam a paisagem e influenciam os processos ecológicos.

Os indicadores que são normalmente considerados para o monitoramento agroecológico são mostrados no Quadro 5, associados aos parâmetros de avaliação.

Figura 9

Comparação da evolução da renda líquida de dois modelos agrícolas: o agroecológico e o convencional (segundo Roberts, 1992).

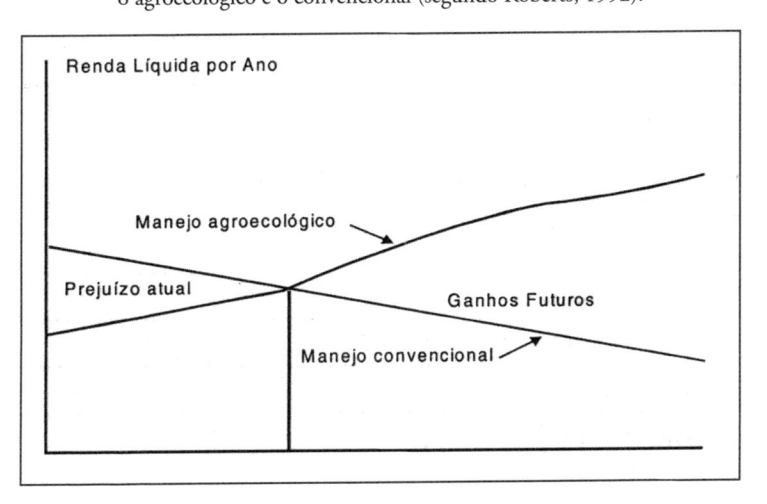

Quadro 5

Associação entre os parâmetros de avaliação do agroecossistema e os indicadores (Meyer *et al.*, 1992).

Indicador	Sustentabilidade	Contaminação dos recursos naturais(a)	Qualidade da paisagem agrícola
Produtividade	X		
Produtividade do solo	X	X	
Capacidade de retenção de nutrientes	X		
Erosão	X		
Contaminantes	X	X	
Componentes microbianos	X	X	Uso da terra
Uso da terra	X		
Desenho de paisagem	X	X	X
Populações da fauna silvestre			X
Densidade de insetos benéficos	X		
Densidade de pragas	X		
Estado das espécies	X		
Bioindicadores	X		
Quantidade de água para irrigação	X	X	
Uso de agrotóxicos	X	X	
Fontes abastecedoras não pontuais	X		
Sintomas foliares	X	X	
Produção animal	X		
Fatores socioeconômicos	X		
Diversidade genética	X		

Entre os indicadores, seis foram selecionados para a avaliação inicial:

Produtividade – estima a eficiência dos insumos para alcançar o rendimento desejado, assim como os produtos e insumos ambientais benéficos ou prejudiciais.

Produtividade do solo – a renovação do solo é necessária, pois trata-se de um recurso que se degrada ao ter sua riqueza explorada; o nível máximo de uso sustentável (NMUS) é equivalente à sua taxa de renovação. A curva na Figura 10 descreve a relação que geralmente existe entre o NMUS do solo agrícola e seu estoque (profundidade do solo). Enquanto a profundidade do solo se mantiver suficientemente maior que a profundidade das raízes dos cultivos e de outras plantas, a perda do solo tem pouco ou nenhum efeito negativo sobre a produtividade, no entanto, ela diminui se a profundidade do solo for inferior a esse limite. A princípio insignificantes, os custos da perda de solo por erosão podem se tornar excessivos à medida que a espessura solo diminui abaixo desse limite (chamado ponto crítico, C)[23].

Em termos práticos, a produtividade do solo se caracteriza pela sua biota, capacidade de reter nutrientes, grau de contaminação e taxa de erosão.

Quantidade e qualidade de água para irrigação – dois aspectos são assinalados: (1) os impactos da qualidade e quantidade de água sobre as condições ecológicas dos agroecossistema irrigados e (2) os impactos do manejo do agroecossistema sobre a qualidade e quantidade de água.

Abundância e diversidade dos insetos benéficos – a presença e frequência de predadores, parasitas e agentes polinizadores.

Uso de agrotóxicos – efeitos sobre a produtividade, sobre as populações não alvo e sobre os ecossistemas vizinhos.

Diversidade genética – nível de diversidade genética intra e inter específica e taxas de erosão genética das culturas.

---

[23] Qualquer processo erosivo, independente da profundidade do solo, traz prejuízo à sua capacidade produtiva uma vez que as camadas erodidas, as superficiais, são as que apresentam teores mais elevados de matéria orgânica. Certamente solos mais rasos expostos a processos erosivos poderão perder sua capacidade produtiva mais rapidamente que outros mais desenvolvidos, embora a erodibilidade dos solos esteja associada a diversos outros fatores que não à profundidade. (N.R.)

Figura 10

Relação geral entre o nível máximo de uso sustentável (NMUS) do solo e sua profundidade.

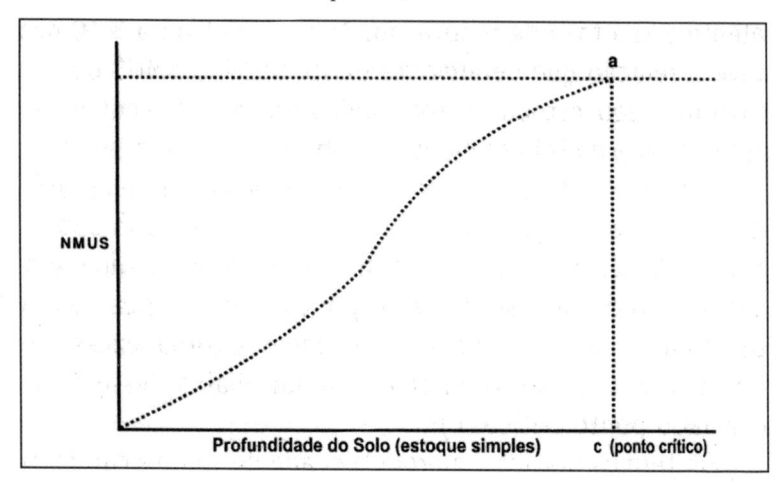

Utilizando outro conjunto de indicadores biofísicos e socioeconômicos, os pesquisadores (NRC, 1993), avaliando diversos agroecossistemas tropicais, produziram um modelo para comparar parâmetros e as contribuições potenciais para a sustentabilidade de vários sistemas de uso da terra (Quadro 6). Apesar de terem utilizado vários fatores físico-químicos, biológicos, sociais, culturais e econômicos para analisar o rendimento e o potencial do sistema, reconheceram ser difícil categorizar e quantificar muitos aspectos da sustentabilidade agrícola, preferindo atribuir valores qualitativos a cada um.

Uma das poucas tentativas realizadas até agora para quantificar a sustentabilidade, é o estudo de Faeth *et al.* (1991), no qual compara-se economicamente os sistemas de produção alternativo e convencional, na Pensilvânia e no Nebraska, contabilizando-se os recursos naturais e em especial, a degradação do solo. Os autores aplicaram um método para a contabilização dos recursos naturais, partindo de dados econômicos, para chegar de maneira simples às medições quantitativas da sustentabilidade. A produtividade do solo, a rentabilidade da propriedade, os impactos ambientais regionais e os custos fiscais podem ser incluídos neste modelo de contabilização dos recursos naturais.

Os quadros 7a e b comparam a renda agrícola líquida e o valor econômico líquido por acre, da sucessão milho-soja, na Pensilvânia, com e sem a contabilização dos recursos naturais. O Quadro 7, coluna 1, mostra uma análise financeira convencionada renda agrícola líquida. A margem operacional bruta, a venda da produção menos os custos variáveis aparecem na primeira coluna (US$ 45). Uma vez que as análises convencionais não consideram a redução dos recursos naturais, a margem operacional bruta e a renda operacional líquida são idênticas. Acrescenta-se os subsídios governamentais (US$ 35) para se obter a renda líquida (US$ 80). Quando se inclui na contabilidade os recursos naturais, a margem operacional bruta reduz-se devido a degradação e depreciação do solo (US$ 25), de onde obtém-se uma renda operacional líquida de US$ 20 (Quadro 7a). A redução na renda em função da degradação do solo, é uma estimativa do valor atual e das perdas futuras na renda, devido ao impacto da produção agrícola sobre a qualidade do solo. Da mesma forma, acrescenta-se o pagamento governamental, para determinar-se a renda agrícola líquida (US$ 55).

O valor econômico líquido desconta US$ 47 como custo das externalidades (como a sedimentação em cursos d'água, os impactos na recreação, nas zonas pesqueiras e os impactos sobre os usuários da água à jusante). O valor econômico líquido inclui também a redução pela degradação do solo no local, mas exclui o subsídio para a manutenção da renda (ver Quadro 6b). Os agricultores não podem pagar as externalidades diretamente, no entanto, são custos econômicos reais que se pode atribuir à produção agrícola e devem ser considerados no cálculo do valor econômico líquido.

Quadro 6a

Atributos biofísicos

Sistema de Uso da Terra	Capacidade de reciclagem de nutrientes[b]			Capacidade de conservação do solo e água			Estabilidade em relação a pragas e doenças[g]			Nível de biodiversificação[h]			Armazenamento de carbono		
	B	M	A	B	M	A	B	M	A	B	M	A	B	M	A
Cultivo Intensivo															
Áreas ricas em recursos [C]		X[e]	X[f]		X		X	O		X				X	
Áreas ricas em recursos [D]	X	O		X	O		X	O		X	O		X		
De baixa intensidade agricultura itinerante	X			X	O		X				X		X	O	
Sistemas agropastoris		X			X	O		X			X			X	
Pecuária extensiva	X			X	O			X		X	O		X	O	
Agrofloresta		X			X			X		X	O			X	
Sistemas arbóreos diversificados			X	X	O			X			X			X	O
Cultivos perenes arbóreos		X		X	O		X				X			X	
Plantio florestal		X		X	O			O						X	O
Floresta secundária		X		X	O			X			X			X	O
Manejo de floresta natural		X			X			X			X			X	O
Floresta modificada		X						X			X				X
Reservas florestais		X							X			X			X

Quadro 6b

Sistema de Uso da Terra	Atributos Sociais									Atributos Econômicos								
	Benefícios nutricionais e sanitários[j]			Viabilidade cultural e comunitária[k]			Aceitabilidade política			Necessidade de insumos internos			Emprego por unidade de área			Renda		
	B	M	A	B	M	A	B	M	A	B	M	A	B	M	A	B	M	A
Cultivo Intensivo																		
Áreas ricas em recursos [C]		X	O		X						X							X
Áreas ricas em recursos [D]		X	O	X	O		X	X		X			X	O		X	O	
De baixa intensidade agricultura itinerante			X	X			X			X				X		X		
Sistemas agropastoris		X	O	X	O		X	O		X			X	O		X		
Pecuária extensiva	X	O			O				X	X	X		X				X	
Agrofloresta		X		X	O		X	O		X			X	O		X	O	
Sistemas arbóreos diversificados	X	O		X	X	O	X	O					X	O		X	O	
Cultivos perenes arbóreos	X			X			X				X[m]		X					X
Plantio florestal	X			X			X			X	X[n]							X
Floresta secundária	X			X			X			X			X			X	X	
Manejo de floresta natural	X			X	O					X			X			X		
Floresta modificada	X	O		X			X			X	O		X			X		
Reservas florestais				X			X			X			X			X		

As letras B (baixo), M (moderado) e A (alto) referem-se ao nível pelo qual cada uso da terra reflete o parâmetro em questão.

216

a) Neste quadro, "X" denota os resultados utilizando-se as melhores tecnologias disponíveis para cada sistema de uso da terra. "O" denota resultados utilizando-se as melhores tecnologias, mas sob condições limitadas de pesquisa, indevidamente documentados ou referentes a experiências ainda não consolidadas (período de tempo curto: 5 a 10 anos).

b) Capacidade de reciclar nutrientes no solo, recuperando seus níveis sem perdas significativas para o ambiente.

c) Áreas de alta fertilidade, pouca declividade e sem restrições para o uso agrícola, com chuvas adequadas ou irrigação durante todo o ano.

d) Alta eficiência de reciclagem, mas baixos níveis de retirada de nutrientes através da colheita.

e) Tecnologias atuais determinam alta produção, mas com frequentes perdas de nutrientes.

f) O arroz inundado imobiliza grandes quantidades de nutrientes, favorecendo sua reciclagem e dificultando sua lixiviação.

g) Indica a habilidade natural em manter pragas e doenças abaixo do nível de dano econômico.

h) Refere-se à diversidade de plantas que, por sua vez, determina a diversidade da flora e fauna sob o solo.

i) Fazendo um bom manejo da pastagem e introduzindo diversidade através do plantio de árvores (sistemas silvipastoris).

j) Às propriedades e às comunidades locais.

k) Habilidade de permanecer como sistema de uso da terra e fornecer renda, emprego e bens para comunidades sob pressão populacional constante. Os sistemas devem utilizar os recursos da melhor maneira possível e promover a equidade.

l) Politicamente desejável a níveis superiores à comunidade local (município, região, estado, nação). As autoridades governamentais preconizam que a circulação de capitais deve ser preferencialmente nacional ou internacional, entretanto as condições das comunidades locais devem ser consideradas.

m) Níveis de insumos externos apropriados para manter uma produção ótima com as melhores tecnologias disponíveis. Estes níveis, particularmente o dos pesticidas, não podem ser sustentados por muito tempo.

n) Inclui investimento de capital para o estabelecimento.

Os subsídios, por sua vez, constituem transferências dos contribuintes aos agricultores, não uma renda gerada pela produção agrícola e portanto, excluem-se dos cálculos do valor econômico líquido. Neste exemplo, quando realizam-se estes ajustes, um lucro de US$ 80 na contabilidade financeira convencional, transforma-se num prejuízo de US$ 27 quando é considerada uma contabilidade mais completa.

Quadro 7a

Análise econômica convencional *versus* análise econômica com contabilização dos recursos naturais

RENDA LÍQUIDA (US$/acre/ano)

	Não contabilizando os recursos naturais	Contabilizando os recursos naturais
Margem operacional bruta	45	45
Degradação do solo (-)	-	25
Renda operacional líquida	45	20
Subsídios governamentais (+)	35	35
Renda agrícola líquida	80	55

Quadro 7b

Análise econômica convencional *versus* análise econômica com contabilização dos recursos naturais

RENDA LÍQUIDA (US$/acre/ano)

	Não contabilizando os recursos naturais	Contabilizando os recursos naturais
Margem operacional bruta	45	45
Degradação do solo	-	25
Renda operacional líquida	45	20
Externalidades	-	47
Valor econômico líquido	80	-27

ESTRATÉGIAS TÉCNICAS PARA O MANEJO AGROECOLÓGICO

SISTEMAS DE POLICULTIVOS

Matt Liebman

Em muitos lugares do mundo, particularmente nos países em desenvolvimento, os agricultores geralmente fazem seus plantios em combinações (policultivos ou consórcios), preferencialmente ao plantio de culturas isoladas (monoculturas, ou culturas solteiras). Até há aproximadamente 20 anos, as características desejáveis dos policultivos eram ignoradas pelos pesquisadores. Recentemente, entretanto, a pesquisa com policultivos cresceu e muitos dos benefícios potenciais destes sistemas estão ficando evidentes.

Existe uma enorme variedade de consórcios, o que reflete a ampla variedade de culturas e práticas de manejo que os agricultores de todo o mundo utilizam para atender às suas necessidades de alimentos, fibras, medicamentos, combustível, materiais de construção, forragem e renda. Os policultivos podem envolver combinações de espécies anuais com outras anuais, anuais com perenes, ou perenes com perenes. Os cereais podem ser cultivados com leguminosas ou raízes e tuberosas podem ser consorciadas com árvores frutíferas. Os policultivos podem apresentar diversos arranjos espaciais, desde uma simples combinação de duas espécies em fileiras alternadas, até consórcios complexos de mais de uma dúzia de espécies misturadas. As culturas componentes dos consórcios podem ser plantadas na mesma época, ou em épocas diferentes (culturas sequenciais); as colheitas também podem ser simultâneas escalonadas. Descrições de diferentes sistemas de policultivos podem ser encontradas em Papendick *et al.* (1976), Kass (1978), Icrisat

(1984), Beets (1982), Gomez & Gomez (1985), Steiner (1984), Francis (1986), entre outros.

A PREDOMINÂNCIA DOS POLICULTIVOS NO MUNDO

Os sistemas de policultivos são partes importantes da paisagem agrícola em muitas áreas do mundo. Constituem pelo menos 80% da área cultivada da África Ocidental (Steiner, 1984) e predominam em outras regiões da África (Okigbo & Greenland, 1976). Grande parte da produção das principais culturas nas zonas tropicais da América Latina é efetuada em policultivo. Mais de 40% da mandioca, 60% do milho e 80% do feijão desta região são cultivados em consórcios entre si ou com outras culturas (Francis et al., 1976; Leihner, 1983).

Os policultivos são muito comuns nas áreas da Ásia onde o arroz de sequeiro, sorgo, milheto, milho e trigo não irrigados, são as culturas principais (Aiyer, 1949, Harwood & Price, 1976; Harwood, 1979a; Jodha, 1981). O arroz das várzeas (irrigados por inundação) geralmente é cultivado como monocultura, mas em algumas áreas do sudeste asiático, os produtores constroem canteiros elevados para produzir outras espécies entre as linhas de arroz (Suryatna, 1979; Beets, 1982).

Embora os policultivos prevaleçam nas zonas tropicais onde as propriedades são pequenas e os produtores têm pouco capital ou crédito para aquisição de fertilizantes sintéticos, agrotóxicos e máquinas pesadas, seu uso não se restringe a essas áreas. Os policultivos também podem ser encontrados em zonas temperadas, em propriedades relativamente grandes, altamente mecanizadas e que usam intensivamente o capital. Entre os exemplos estão gramíneas e leguminosas forrageiras associadas com milho, soja, cevada, aveia ou trigo (Steward et al., 1980; Vrabel et al., 1980; Hofstetter, 1984; Scott et al., 1987; Hartl, 1989; Samson et al., 1990; Power et al., 1991; Wall et al., 1981; Hesterman et al., 1992; Kunelius et al., 1992); soja intersemeada com trigo ainda em desenvolvimento (Reinbott et al., 1987); ervilha consorciada com gramíneas para produção de semente ou forragem (Johnston et al.,

1978; Murray & Swenson, 1985; Izaurralde *et al.*, 1990; Chapko *et al.*, 1991; Hall & Kephart, 1991); cultivo em faixas de soja com milho ou girassol (Radke & Hagstrom, 1976; Francis *et al.*, 1986); gramíneas e leguminosas plantadas como vegetação de cobertura em pomares ou em plantações de nozes (Altieri & Smith, 1985; Bugg & Dutcher, 1998; Bugg *et al.*, 1990); e consórcios de gramíneas; leguminosas para produção de forragem (Heath *et al.*, 1985).

VANTAGENS NA PRODUTIVIDADE

Uma das principais razões pela qual os agricultores em diversas regiões do mundo preferimos policultivos é que muito frequentemente é possível obter maiores produtividades numa área semeada em policultivo do que em área equivalente semeada com uma monocultura.

Esse aumento da eficiência no uso da terra é particularmente importante em áreas cujas propriedades são pequenas devido às condições socioeconômicas e onde a produção agrícola é limitada pela quantidade de área de floresta que pode ser derrubada, preparada e capinada (manualmente), num espaço de tempo limitado.

O aumento da eficiência do uso da terra em um policultivo é ilustrado pelo experimento de Natarajan & Willey (1981) com sorgo e guandu, consórcio muito comum na Índia. Estes pesquisadores demonstraram que foram necessários 0,94 ha de sorgo e 0,68 ha de guandu em monocultivo para produzir as mesmas quantidades de sorgo e guandu que foram colhidos em 1,0 ha de consórcio. O uso equivalente da terra (UET) para, (no original LER – *Land Equivalent Ratio* [N.T.]) esse policultivo foi, então, 0,94 + 0,68 = 1,62 (veja Mead & Willey, 1980, para maiores informações sobre o conceito de UET). Neste caso, a produção de cada espécie do consórcio foi reduzida pela competição com a cultura associada, mas a produção total do policultivo por unidade de área foi 62% maior do que no monocultivo.

Um consórcio tem maior produção do que as monoculturas de suas espécies componentes sempre que UET > 1. Os valores de UET relatados a partir de experimentos com diversos sistemas de policultivos indicam que são possíveis aumentos substanciais da eficiência do uso da terra. A saber: 1,26 para milheto/amendoim (Reddy & Willey, 1981); 1,38 para milho/feijão (Willey & Osiru, 1972); 1,53 para milheto/sorgo (Andrews, 1972); 1,67 para milho/guandu (Dalal, 1974); 1,85 para cevada/fava (Martin & Snaydon, 1982); 2,08 para milho/inhame/batata-doce (Unamma *et al.*, 1985); e mais de 2,51 para mandioca/milho/amendoim (Zuofa *et al.*, 1992). No último caso, o valor de UET foi calculado somente para os componentes mandioca e milho. A produção do amendoim intercalado foi adicional. Portanto, mais de 2,51 ha de monoculturas foram necessários para produzir a mesma quantidade de alimentos que a policultura produziu em 1,0 ha.

Embora os agricultores geralmente façam uso de policultivos sem aplicação de fertilizantes solúveis ou agrotóxicos, as vantagens produtivas não estão restritas às condições de baixo uso de insumos. Foram relatados altos valores de UET com uso de elevadas quantidades de fertilizantes e pesticidas (Osiru & Willey, 1972; Willey & Osiru, 1972; Bantilan *et al.*, 1974; Cordero & McCollum, 1979). Isto é importante porque sugere que os agricultores podem continuar a aproveitar os aumentos de eficiência do uso da terra dos consórcios enquanto a produtividade dos seus sistemas agrícolas aumenta.

Alguns pesquisadores afirmam que os altos valores do uso equivalente da terra para combinações de culturas com diferentes estádios de maturação superestimam a eficiência de uso dos consórcios, uma vez que várias espécies de ciclo curto podem ser cultivadas em sequência no mesmo período de tempo como policultivo. Estas críticas não parecem ser completamente justificáveis, uma vez que os produtores geralmente precisam produzir culturas de ciclo longo e de ciclo curto, podendo desenvolver-se bem apenas em determinadas épocas do ano, mesmo com irrigação (Balasubramanian & Sekayange, 1990). Além disso, os consórcios avaliados em termos de eficiência espacial e temporal apresentam vantagens sobre as monoculturas – tal como em feijão/

mandioca (Leihner, 1982); milho/mandioca (Wase & Sanchez, 1984); milho/guandu (Dalal, 1974; Ofori & Stern, 1987); milho/soja (Dalal, 1974; Ofori e Stern, 1987); milho/batata-doce/feijão (Balasubramanian & Sekayange, 1990).

No futuro, a avaliação do desempenho dos consórcios poderá incluir vários outros critérios, como produção calórica e proteica por hectare por dia (Wade & Sanchez, 1984). Estes índices aproximam-se mais dos critérios usados pelos agricultores na escolha de sistemas de produção mais aptos a fornecer uma dieta diversificada e nutritiva, bem como produtos comercializáveis. Também é importante notar que, em muitos casos, os produtores estão primeiramente interessados na produção de uma cultura principal. Outras espécies são plantadas como garantia contra o insucesso da cultura, para economizar recursos, para o controle da erosão, para a melhoria da fertilidade do solo, para o controle da vegetação espontânea ou para outros propósitos. Nestas situações, as vantagens do consórcio podem aparecer claramente quando a produção da cultura principal é equivalente ou maior no consórcio do que na monocultura. Por exemplo, Obiefuna (1989) relatou que no consórcio de melão com bananas pode-se aumentar a produção de banana em 26%. Abraham e Singh (1984) observaram que o consórcio de caupi forrageiro com sorgo aumentou a produção de sorgo em 95%.

O retorno econômico líquido dos policultivos pode ser maior do que monocultivos em áreas equivalentes. Norman (1977), estudando sistemas agrícolas do norte da Nigéria, informou que quando o custo da mão de obra foi incluído em suas análises, a lucratividade foi de 42 a 149% maior nos consórcios. Leihner (1983) afirmou que, na Colômbia, foi necessária mais mão de obra num consórcio de feijão/mandioca do que para a mandioca solteira, mas a renda líquida do consórcio foi mais alta. Nos experimentos conduzidos na Inglaterra, Salter *et al.* (1985) relataram que o consórcio de couve de Bruxelas com repolho forneceu maior margem bruta e menor custo com insumos por unidade produzida do que em monoculturas.

Deve-se observar que a lucratividade dos sistemas de produção pode mudar substancialmente de um ano para outro. Sanders e Johnson (1982) relataram que num determinado ano, a monocultura de feijão foi mais lucrativa do que o consórcio milho/feijão, mas no ano seguinte, quando o preço das duas culturas modificou-se, a lucratividade dos dois sistemas inverteu-se. Portanto, para estudo do desempenho econômico dos consórcios, necessita-se de um período maior do que algumas poucas estações de cultivo.

ESTABILIDADE NA PRODUTIVIDADE

Em sistemas de produção onde a subsistência é o objetivo principal, a redução do risco de perda total da cultura parece ser pelo menos tão importante quanto o aumento do potencial de nutrição e o retorno econômico (Lynam *et al.*, 1986). A variabilidade da produção de consórcios de gramíneas/leguminosas pode ser menor do que em monoculturas, como no caso dos consórcios de trigo/leguminosa e aveia/leguminosas na Grécia (Papadakis, 1941) e de sorgo/guandu, na Índia (Rao & Willey, 1980). Dessa forma, a probabilidade de não ter o que comer ou vender é aparentemente menor, devido aos consórcios. De fato, Trenbath (1983) mostrou que a probabilidade do fracasso em produzir suficientes calorias para a subsistência familiar é menor se a área for ocupada por um consórcio de sorgo/guandu do que pelo monocultivo destas mesmas espécies. Francis e Sanders (1978), trabalhando com milho e feijão, e Rao e Willey (1980), com sorgo e guandu, demonstraram que a probabilidade de ultrapassar um determinado "nível crítico de renda" foi maior nos consórcios do que em monoculturas.

Trenbath (1976) e Burdon (1987) sugeriram que pode ocorrer uma compensação de produção entre os componentes de um policultivo de maneira que o fracasso da produção de um deles, devido à seca, praga ou outros fatores, possa ser compensado pelo aumento da produção do(s) outro(s) componente(s). Kass (1978) citou um estudo de Gliemeroth (1950) ilustrando esse princípio. Quando a produção de aveia foi reduzida devido ao ataque de lagartas, a produção de ervilhas consorciadas foi maior do que a redução na produção de aveia, que foi reduzida à metade enquanto a produção de ervilha foi quatro vezes maior. Esses dados são raros, mas demonstram que há um fenômeno de compensação (Harwood, 1979b; Burdon, 1987). Mais pesquisa é necessária antes de se assumir que o aumento da estabilidade na produtividade é uma característica geral dos consórcios. Nos casos em que a estabilidade realmente aumenta, necessita-se de mais pesquisas para entender os mecanismos causais.

USO DOS RECURSOS

À medida que os pesquisadores voltam suas atenções para os padrões de crescimento das culturas e uso de recursos em policulturas e monoculturas, torna-se claro que as vantagens de produção das policulturas estão geralmente correlacionadas a um maior uso proporcional de luz, água e nutrientes disponíveis (maior captação de recursos) ou pelo uso mais eficiente de uma determinada unidade de recurso (maior eficiência na conversão de recursos) (Willey, 1990). Essas melhorias no uso de recursos refletem três fenômenos: complementaridade no uso de recursos, sinergismo interespecífico e mudanças na distribuição dos recursos.

Se as culturas diferem na maneira em que usamos recursos ambientais quando cultivadas em monoculturas, então, quando consorciadas, podem complementar-se entre si e fazer melhor uso dos recursos do que separadamente (Vandermeer, 1989; Willey, 1990). Em termos ecológicos, a complementaridade minimiza a superposição de nichos entre as espécies associadas, minimizando, assim, a competição. A complementaridade pode ser temporal, quando as maiores demandas das culturas pelos recursos se dão em tempos diferentes; espacial, quando as copas ou as raízes captam os recursos em zonas diferentes; ou fisiológica, quando existem diferenças bioquímicas entre as culturas em suas respostas aos recursos ambientais.

Quando a densidade total é maior em policultivos do que em monoculturas, as plantas consorciadas podem interceptar mais luz no começo do período de crescimento. Esse fenômeno foi observado em consórcios de milho com feijão-mungo, amendoim ou batata-doce (Bantilan *et al.*, 1974) e sorgo com feijão-caupi, feijão-mungo, amendoim ou soja (Abraham e Singh, 1984). Os policultivos compostos por espécies com diferentes padrões de crescimento de parte a área e tempos de maturação (como consórcios de sorgo/guandu, estudados por Natarajan & Willey, 1980) podem apresentar maior quantidade de área foliar durante a estação de crescimento e interceptar mais energia luminosa do que as monoculturas.

A maior cobertura proporcionada pelos policultivos pode diminuir a penetração da luz solar até a superfície do solo, de maneira que uma grande proporção da água disponível no solo é utilizada pelas culturas no processo de transpiração, em vez de perder-se pela evaporação do solo; Reddy e Willey (1981) observaram este fato em consórcios de milheto/amendoim. A maior cobertura da parte aérea, em consórcios, também aumenta a penetração da água da chuva no solo e diminui a erosão pelo menor impacto das gotas de chuva na superfície do solo, como nos consórcios milho/mandioca (Lal, 1980) e milho/trevo vermelho (Wall *et al.*, 1991).

Os policultivos compostos por espécies com sistemas radiculares espacialmente complementares podem explorar um maior volume do solo e ter maior acesso aos nutrientes pouco móveis, como o fósforo (O'Brien *et al.*, 1967; Whittington & O'Brien, 1968). Os consórcios que são compostos por espécies com crescimento radicular e absorção de nutrientes temporalmente complementares, podem ser capazes de capturar mais nutrientes do que as monoculturas, se estes nutrientes estiverem sendo continuamente mineralizados. Natarajan e Willey (1980) observaram esse fenômeno em consórcios de sorgo/guandu, assim como Reddy e Willey (1981) com milheto/amendoim.

A complementaridade fisiológica pode ocorrer em policulturas compostas de espécies C3 e C4. As espécies C4, geralmente adaptam-se melhor aos ambientes bem ensolarados, ocupando a parte superior dos consórcios, enquanto as espécies do tipo C3 adaptam-se melhor às condições de sombreamento ou parte mais inferior dos consórcios (Willey, 1990). Os consórcios mais comuns de C/C3 incluem milho/feijão, sorgo/guandu, milheto/amendoim. A complementaridade fisiológica também pode se dar em relação à nutrição nitrogenada. A fixação do nitrogênio atmosférico pelas leguminosas para satisfazer suas próprias necessidades pode deixar uma reserva de nitrogênio disponível no solo, para ser utilizado pelas espécies não leguminosas do consórcio, de maneira que uma grande proporção da água disponível no solo é utilizada pelas culturas no processo de transpiração, em vez de perder-se pela evaporação do solo; Reddye Willey (1981) observaram este fato em consórcios de milheto/amendoim. A maior cobertura da parte aérea, em consórcios, também aumenta a penetração da água da chuva no solo e diminui a erosão pelo menor impacto das gotas de chuva na superfície do solo, como nos consórcios milho/mandioca (Lal, 1980) e milho/trevo vermelho (Wall *et al.*, 1991), (de Wit *et al.*, 1966; Martin e Snaydon, 1982; Ofori & Sern, 1987). Embora as vantagens de produção das policulturas sejam mais comuns sob condições de baixa disponibilidade de nitrogênio no solo (Hiebsch & McCollum, 1987), não são necessariamente eliminadas com o aumento de sua disponibilidade. Elevadas produtividades foram obtidas em consórcios, com a aplicação de fertilizante nitrogenado, em doses consideradas adequadas à plena satisfação de sua demanda (Osiru & Willey, 1972; Willey & Osiru, 1972).

Os sinergismos ocorrem no momento em que as espécies cultivadas nos consórcios têm acesso a recursos não disponíveis quando em monocultura, ou quando se aproveitam de melhorias do microambiente, o que resulta em maior eficiência na conversão de recursos (Vandermeer, 1989). Se uma das espécies componentes de uma policultura é uma leguminosa que abriga bactérias fixadoras de nitrogênio em suas raízes, o nitrogênio atmosférico poderá ser transferido para plantas associadas não leguminosas e aumentar sua produção consideravelmente (Ofori & Stern, 1987). Agboola e Fayemi (1972) observaram este fenômeno com o consórcio de milho/feijão-mungo, assim como Kapoor e Ramakrishnan (1975) com trigo/*trigonella polycerata* e Eaglesham *et al.* (1981), com milho/feijão caupi. Uma maior eficiência no uso da água (aferida como ganho de CO_2 com a fotossíntese/H_2O perdida pela transpiração) foi observada em culturas sob a proteção de espécies mais altas, que funcionavam como quebra-vento (Radke & Hanstrom, 1976).

A integração positiva interespecífica é uma característica importante de certos sistemas de cultivo em aleias, nos quais culturas anuais são plantadas em faixas entre fileiras de espécies perenes arbóreas ou arbustivas; a vegetação perene é normalmente podada e usada como cobertura morta, forragem, material de construção ou lenha. O uso de *Gliricidia sepium*, uma espécie arbórea leguminosa, como fonte de cobertura morta e suporte vivo para inhame trepador, dobrou a produção de inhame na Nigéria (Budelman, 1990a, 1990b). Palada *et al.* (1992) relataram aumentos de produção e melhoria do estado nutricional de quatro hortaliças (*Amaranthus cruentus*, *Gelosia argentea*, quiabo e tomate) cultivadas em aleias com *Leucaena leucocephala*, outra leguminosa arbórea; aleias de leucena eram utilizadas como fonte de cobertura morta. As culturas anuais cultivadas em associação com árvores podem se beneficiar quando as folhas dessas espécies perenes, de raízes profundas, caem e se decompõem, liberando nutrientes, como ocorre com o milheto plantado sob *Acacia albida* (Charreau e Vidal, 1965).

Podem ocorrer modificações na partição dos nutrientes e da matéria seca em policultivos, já que sua maior porcentagem está alocada na parte colhida das culturas quando estão plantadas em consórcios do que quando se planta em monocultivo (Willey, 1990). Quando isso ocorre, cada unidade de material obtido através da fotossíntese ou da absorção radicular produz maior benefício para o agricultor nos consórcios do que nos monocultivos. Por exemplo, Natarajan e Willey

(1981) observaram que as sementes constituíram 19% do peso total da parte aérea do guandu quando em monocultura, mas alcançaram 32% do peso total da parte aérea de um consórcio guandu/sorgo. A maior alocação de carbono e nutrientes nas sementes significa que a produção de guandu foi muito boa, ainda que tenha sido reduzida pela associação com o sorgo. Os resultados de Natarajan e Willey (1986) são muito importantes, pois esses pesquisadores demonstraram que os incrementos percentuais de distribuição no sorgo, milheto e amendoim ocorreram quando as policulturas foram submetidas às condições de seca. O policultivo foi mais vantajoso para a produção de sementes, quando a disponibilidade de água afetou mais fortemente a produção das culturas em geral.

INFLUÊNCIAS DOS POLICULTIVOS

EFEITOS DOS POLICULTIVOS SOBRE AS PRAGAS

As pragas são frequentemente menos abundantes em policultivos do que em monocultivos. Andow (1991a) reviu 209 trabalhos de campo sobre 287 espécies de artrópodes herbívoros e encontrou que 52% das pragas eram menos abundantes em policultivos, 15% eram mais abundantes em policultivos, 13% não mostraram qualquer diferença e 20% mostraram uma resposta variável. Na mesma revisão, ele observou que 53% das espécies de predadores e parasitas que agem como inimigos naturais das pragas foram mais abundantes em policultivos do que em monocultivos; 9% dos inimigos naturais foram menos abundantes, 13% não mostraram diferença e 26% mostraram respostas variáveis em policultivos. Portanto, o uso de sistemas de produção em policultivos pode aumentar a importância dos predadores e parasitas como controle natural da população de pragas. Root (1973) denominou este fenômeno, de menores populações de pragas em policultivos, de hipótese dos inimigos.

Por que os inimigos naturais das pragas deveriam ser mais abundantes nos consórcios do que nas monoculturas? Andow (1991a) descreve algumas razões possíveis, que incluem aumento da variedade e quantidade de fontes disponíveis de alimentos, melhoria no micro-*habitat*, mudanças nos sinais químicos que afetam a localização das espécies de pragas e aumentos da estabilidade da dinâmica populacional das relações predador-presa, parasita-hospedeiro. Esses fatores podem aumentar a sobrevivência, o sucesso reprodutivo e a eficiência dos inimigos naturais.

Uma segunda explicação para a menor presença de pragas em policultivos, em comparação com monoculturas, foi elaborado por Root (1973) em sua hipótese da concentração de recursos: as pragas, particularmente as espécies mais específicas quanto aos hospedeiros, têm grande dificuldade em localizar e permanecer nas plantas hospedeiras, quando as plantações são pequenas e dispersas, do que em grandes monoculturas. Essas mudanças comportamentais podem ocorrer devido às maiores interferências químicas e visuais nos sinais usados para localização da planta hospedeira, ou de modificações do micro-*habitat* e da qualidade da planta hospedeira (Andow, 1991a).

Apesar do grande número de estudos que documentam a menor abundância de pragas em policultivos, poucos examinaram se a redução das pragas está correlacionada ao aumento da produtividade. Andow (1991b) reviu os estudos, o que permitiu 41 comparações entre populações de pragas e a produtividade de consórcios e monocultivos, concluindo que a diminuição da população de pragas em consórcios é frequentemente correlacionada com o desempenho da cultura, mas nem sempre isso ocorre. Futuras pesquisas são necessárias para uma melhor compreensão dos mecanismos ecológicos que afetam as populações de pragas, assim como dos impactos que causam na produtividade dos sistemas de policultivos.

Efeitos dos policultivos nos fitopatógenos

Ainda há poucas pesquisas sobre a ecologia e o manejo de patógenos em policultivos (Summer *et al.*, 1981). Em alguns casos, a incidência da doença mostrou ser maior em policultivos do que em monoculturas, em outros casos, ocorre o inverso. Por exemplo, em experimentos conduzidos na Costa Rica, Moreno (1975) relata que, comparado com um monocultivo de mandioca, a intensidade do ataque de míldio foi maior quando a mandioca foi consorciada com milho, mas foi menor no consórcio com feijão e batata-doce. Moreno (1979) informa, também, que a intensidade da presença de mancha angular no feijão era maior quando consorciado com milho e menor quando cultivado com mandioca e batata-doce, sempre comparado à monocultura de feijão.

Os pesquisadores estão apenas começando a entender os mecanismos sutis que afetam as doenças nos diferentes sistemas de cultivo. Os seguintes aspectos relativos aos policultivos podem ser importantes para melhorar a sanidade vegetal:

1. As espécies suscetíveis podem ser plantadas em menores densidades nos policultivos do que nas monoculturas, já que os espaços entre elas podem ser ocupados por outras plantas mais resistentes e que têm valor para o produtor. A menor densidade de plantas suscetíveis diminui a disseminação da doença pela redução da quantidade de tecido infectado e que, subsequentemente, serve como fonte de inóculos. Para algumas doenças, aumentando-se a distância entre as plantas suscetíveis, através da redução da sua densidade, também se pode reduzir a disseminação do inóculo. Tal fato foi observado em monoculturas e consórcios de cevada e trigo, expostos ao médio da cevada (Burdon & Whitbread, 1979).

2. As plantas resistentes dispostas entre as suscetíveis podem interceptar a disseminação do inóculo da doença pelo vento ou pela água e prevenir a infecção das plantas suscetíveis (efeito "papel pega-mosca"). Moreno (1979) sugeriu que este seria o mecanismo responsável pela menor incidência de *Ascochyta phaseolorum* no feijão caupi quando esta cultura foi semeada em associação com milho.

3. O microclima dos policultivos pode ser menos favorável ao desenvolvimento das doenças. Foi observada a redução da intensidade

de várias doenças em ervilha, quando essa planta sobe nas gramíneas consorciadas, em vez de emaranhar-se no solo (Johnston *et al.* 1978). O consórcio de ervilha com gramíneas melhora a circulação do ar e diminui a umidade. Em outros consórcios, a cobertura vegetal mais densa pode aumentar a umidade e reduzir a penetração da luz, favorecendo certas bactérias e doenças fúngicas (Palti, 1981). Esse efeito pode demandar o uso de arranjos espaciais nos consórcios que promovem uma configuração mais aberta da parte aérea.

4. As excreções radiculares e os microrganismos que vivem na rizosfera de algumas espécies podem afetar organismos do solo responsáveis por doenças que atacam as raízes das culturas consorciadas. Este mecanismo parece ser o responsável pela menor incidência da murcha do guandu, causada por *Fusarium udum sp.*, quando o guandu é consorciado com sorgo (Icrisat 1984).

Raras as pesquisas que enfocaram os efeitos dos consórcios sobre os nematóides, apesar de estar consolidada a preferência dos nematóides por determinadas espécies (Palti, 1981) e que certas plantas, como cravo-de-defunto (*Tagetes spp.*), excretam substâncias que são tóxicas aos nematóides (Cook & Baker, 1983). Estes efeitos sugerem que é possível atrair, capturar ou matar nematóides, introduzindo-se certas espécies entre aquelas que precisam de proteção. Visser e Vythilingam (1959) relataram que o cultivo de cravo-de-defunto entre arbustos de chá reduziu a população de nematóides no solo e nas raízes das plantas de chá. Quando a leguminosa *Crotalaria spectabilis* é semeada em pomares de pêssegos, os nematóides atacam preferencialmente a leguminosa, aumentando a produção de frutas (Cook & Baker, 1983). Outros exemplos dos efeitos dos policultivos sobre bactérias patogênicas, fungos, vírus e nematóides estão descritos no Capítulo "Controle biológico por manejo de *habitats*".

Numa situação análoga à que acontece com as pragas em policultivos, pouco se sabe a respeito dos impactos dos patógenos neste tipo de sistema de produção. Burdon (1987) observou que se num desenho experimental apropriado, é impossível avaliar se o fator responsável por maiores produtividades nos consórcios é a melhoria da eficiência no uso de recursos ou a redução da incidência de sintomas de doenças. São necessárias mais pesquisas sobre a ecologia e o manejo de patógenos em policultivos.

EFEITOS DOS POLICULTIVOS SOBRE AS PLANTAS ESPONTÂNEAS

O controle das plantas espontâneas é uma das atividades que mais demanda mão de obra na agricultura tropical e é responsável pelo uso intensivo de agroquímicos na agricultura de zonas temperadas.

Uma revisão de literatura sobre policultivo e plantas espontâneas, conduzidas por Liebman e Dyck (1993) comparou o crescimento de plantas espontâneas em consórcios e em monocultivos. Foram examinados dois tipos de sistemas de policultivos: no primeiro, o produtor está interessado na produção de uma cultura principal e semeia uma espécie adicional para controle de plantas espontâneas, controle de erosão, melhoria da fertilidade do solo além de pequena produção adicional; no segundo sistema, o produtor está interessado na produção de todas as espécies componentes, sendo que nenhuma delas é cultivada especificamente para o controle das plantas espontâneas. Na primeira situação, o crescimento de plantas espontâneas nos consórcios foi menor em 47 casos e maior em quatro casos, comparando-se com a monocultura. Na segunda situação, o crescimento das plantas espontâneas nos consórcios foi menor que em qualquer monocultura em 12 casos; foi semelhante em 10 casos e teve crescimento maior em dois casos.

Diversas pesquisas realizadas na Nigéria dão conta da utilidade dos policultivos para o controle de plantas espontâneas. Akobundu (1980) relatou que, em termos de produção e supressão de plantas espontâneas, culturas rústicas como melão "egusi" ou batata-doce poderiam substituir três capinas quando semeadas em culturas solteiras de inhame, milho e mandioca. As culturas rústicas trepadeiras serviram não somente como um meio de economia da mão de obra no controle de plantas espontâneas, mas também promoveu o controle da erosão com a maior cobertura do solo. Zuofa *et al.* (1992) informam que o consórcio com culturas supressoras de amendoim, feijão caupi ou melão com mandioca/milho como culturas principais promoveu melhor controle de plantas espontâneas, produções mais altas e uso equivalente da terra mais elevado. O consórcio de milho e mandioca, associado a culturas de cobertura do solo, como batata-doce, caupi, amendoim ou melão, com apenas uma capina, apresentou maior renda líquida do que a monocultura de milho com três capinas manuais ou com aplicação de herbicida (Zuofa & Tariah, 1992). Obiefuna (1989) relatou que o plantio de melão entre bananeiras reduziu o crescimento de plantas espontâneas de tal maneira que a capina pôde ser adiada por até sete meses após o plantio.

Em experimentos conduzidos na Índia, Shetty e Rao (1981) relataram que o uso de leguminosas que cobrem bem o solo, como o caupi e o feijão-mungo, consorciadas com sorgo ou guandu, resultou no menor crescimento das plantas espontâneas de início da estação e diminuiu de dois para um, o número de capinas manuais necessárias para obtenção de altas produções. As plantas de cobertura não tiveram qualquer efeito sobre a produção das culturas principais, mas forneceram uma produção adicional. Abraham e Singh (1984) mediram a produção e o efeito de supressão de plantas espontâneas ao adicionar caupi, amendoim, soja ou feijão-mungo ao plantio de sorgo. O plantio de qualquer das quatro leguminosas anuais aumentou a produção e o teor de nitrogênio do sorgo, reduzindo o crescimento das plantas espontâneas a níveis menores que no sorgo solteiro. A forragem ou a produção de sementes das leguminosas foi um benefício adicional. Resultados semelhantes foram produzidos por Tripathi e Singh (1983), quando consorciaram soja com milho. Sengupta *et al.* (1985) demonstraram que o consórcio de grão-de-bico com arroz (21 dias após o plantio do arroz) suprimiu eficientemente o crescimento de plantas espontâneas, eliminou a necessidade de capina manual e aumentou a produção total e a renda, comparando-se com a monocultura de arroz. Ali (1988) relatou que a produção total de sementes de um consórcio de guandu/

feijão-mungo, sem qualquer capina manual, foi muito próxima do nível de produção da monocultura de guandu capinada. O crescimento das plantas espontâneas no policultivo foi 22 a 38% menor do que numa monocultura de guandu sem capina; a produção adicional de sementes do feijão-mungo compensou a perda de produção de guandu devido à competição com as plantas espontâneas.

Em climas temperados, o uso de leguminosas como adubo verde consorciada com culturas de cereais e leguminosas pode promover maior controle de plantas espontâneas, fornecer cobertura de solo para controle da erosão durante o outono e o inverno e também melhorar a fertilidade do solo. Harwood (1984) relatou que na Pensilvânia, o consórcio de trevo vermelho ou de ervilhaca peluda com milho ou soja (plantados 35 dias antes e cultivados uma vez) não afetou a produção de grãos, reduziu bastante o crescimento das plantas espontâneas, criou uma espessa cobertura do solo e forneceu nitrogênio, reduzindo a necessidade de adubação das culturas subsequentes.

Em experimentos conduzidos na Grã Bretanha, o consórcio de azevém italiano ou trevo vermelho com cevada ou fava, diminuiu o crescimento da gramínea perene *Agropyron repens*, uma planta espontânea que se multiplica a partir de sementes ou estalões (Dyke & Barnard, 1976). Em Nova Jersey, o plantio direto de milho sem o uso de herbicidas numa cultura já estabelecida de trevo subterrâneo, produziu tanto ou mais biomassa e grãos quanto uma monocultura de milho com aplicação de herbicidas, tanto em plantio direto quanto em convencional (Enache & Ilnicki, 1990). O trevo subterrâneo comportou-se como uma espécie anual de inverno, crescendo principalmente nos meses de primavera e outono e permanecendo como cobertura morta entre as fileiras de milho durante o verão. No Texas, o consórcio de trevo subterrâneo e outras espécies de trevo, com as gramas Bermuda ou Bahia, praticamente eliminou as plantas espontâneas; o consórcio produziu um controle das plantas espontâneas tão bom ou até mesmo melhor que os herbicidas (Evers, 1983).

Os consórcios têm capacidade de explorar de forma mais eficiente recursos naturais, luz, nutrientes e água do que os monocultivos. Devido a este fato, alguns pesquisadores sugeriram que os policultivos poderiam suprimir o crescimento das plantas espontâneas de forma mais efetiva do que os monocultivos. Os pesquisadores chamaram esta capacidade dos policultivos, de "hipótese do uso antecipado dos recursos". Entretanto, o exame dos dados disponíveis sobre os padrões de uso de recursos e produtividade das plantas espontâneas e das culturas em policultivos mostra que a "hipótese do uso antecipado dos recursos", pode ser verdadeira em alguns casos, mas não em todos (Liebman e Dick, 1993). A compreensão dos mecanismos de uso dos recursos que ocorrem nas interações policultivos/plantas espontâneas demandará consideravelmente mais pesquisas, envolvendo a mensuração da disponibilidade de recursos e de captação dos recursos pelas culturas e pelas plantas espontâneas, em todo o ciclo de desenvolvimento.

Já foi demonstrado que a densidade do plantio, a escolha das espécies e da variedade, o arranjo espacial e o regime de adubação são fatores que afetam as interações policultivos/plantas espontâneas (Moody e Shetty, 1981; Liebman, 1988; Liebman e Dick, 1993). Em geral, o aumento da densidade da cultura resulta em maior supressão do crescimento das plantas espontâneas (Shetty e Rao, 1981; Mohler e Liebman, 1987). Os policultivos que incluem espécies e variedades precoces e de crescimento rápido, bem como uma formação densa e vigorosa da parte aérea, são particularmente eficientes em reduzir o crescimento das plantas espontâneas (Bantilan et al., 1974; Abraham & Singh, 1984; Liebman, 1989; Samson et al. 1990).

Os efeitos de diferentes desenhos e regimes de adubação parecem ser mais variáveis. Por exemplo, Prasad (1985) relatou menor crescimento de plantas espontâneas em consórcio de guandu/sorgo quando o guandu foi plantado em fileiras duplas ao invés de fileiras simples. Em compensação, Ali (1988) informou que feijão, feijão-mungo, soja, caupi ou sorgo consorciado com guandu plantado em fileiras simples, suprimiu mais eficientemente o crescimento das plantas espontâneas do que com o plantio em fileiras duplas. Bantilan *et al.* (1974) observaram que a adubação nitrogenada aumentou a supressão das plantas espontâneas pelo consórcio de milho/feijão-mungo, mas diminuiu ou não teve qualquer efeito na supressão de plantas espontâneas nos consórcios milho/amendoim e milho/batata-doce. A variabilidade desses resultados indica que antes de se estabelecerem generalizações ou previsões sobre os efeitos dos desenhos, regimes de adubação e outros fatores nas interações policultivos/plantas espontâneas, os mecanismos ecofisiológicos que controlam essas interações devem ser melhor compreendidos.

ORIENTAÇÕES FUTURAS

O aumento da diversidade vegetal como uso de policultivos não é uma panaceia para os problemas de produção e proteção das culturas, mas pode oferecer aos agricultores, opções possivelmente úteis para diminuir a dependência da aquisição de insumos externos, minimizar a exposição aos agroquímicos, reduzir os riscos econômicos e a vulnerabilidade nutricional e proteger os recursos naturais básicos, necessários para a sustentabilidade agrícola. A tarefa para o futuro é compreender melhor as dinâmicas e complexidade dos policultivos, de maneira que esses sistemas possam ser refinados, difundidos e adaptados para que se obtenham benefícios previsíveis. Vandermeer (1989) indicou muitas áreas em que a aplicação da teoria ecológica pode auxiliar amplamente no desenho e manejo dos sistemas de policultivos.

A predominância dos policultivos nos países em desenvolvimento sugere que muitos agricultores têm consciência dos benefícios desses sistemas. Parece extremamente contraproducente tentar convencer agricultores a abandonar o uso de policultivos. Em vez disso, os cientistas que trabalham nos paises em desenvolvimento deveriam desenvolver variedades e práticas de manejo (p. ex., determinação do melhor arranjo espacial, densidades etc.) que sejam compatíveis e melhorem o desempenho dos sistemas de policultivo (Francis *et al.*, 1976; Krantz,

1981). Um exemplo de tecnologia apropriada para policultivos é o desenho e produção de plantadoras e cultivadores de tração animal de baixo custo, específicos para consórcios (Anderson, 1981). Os aspectos de controle de pragas e fertilidade dos solos merecem maior atenção nos países em desenvolvimento, nos quais o acesso aos agrotóxicos e fertilizantes solúveis é limitado pelas condições socioeconômicas e por considerações sobre a saúde humana e ambiental.

O papel dos policultivos na agricultura dos países desenvolvidos provavelmente se expandirá, já que aumenta a percepção dos custos ambientais e econômicos da grande dependência dos agroquímicos (Horwith, 1985). Embora a agricultura desses países seja extensivamente mecanizada, os sistemas de policultura podem ser compatíveis com a mecanização (p. ex. consórcio de leguminosas de adubação verde com grãos, sucessão de soja com trigo, culturas de cobertura do solo para pomares). Já nos países em desenvolvimento, são necessárias variedades e práticas de manejo que melhorem os benefícios dos sistemas de policulturas atuais. Uma maior atenção aos desenhos de máquinas para outros tipos de consórcios, permitiria que os possíveis serviços biológicos desses sistemas, beneficiassem os agricultores de maneira prática. Como observaram Cordero e McCollum (1979), uma sociedade capaz de mandar pessoas à lua e trazê-las com segurança, deveria também ser capaz de desenhar máquinas para plantar, manter e colher policultivos.

CULTIVOS DE COBERTURA E COBERTURA MORTA

Cultivo de cobertura refere-se ao plantio solteiro ou consorciado de plantas herbáceas, anuais ou perenes destinado a cobrir e proteger o solo numa determina época, ou mesmo durante todo o ano. As plantas podem ser incorporadas ao solo através da aração, como no caso de um plantio de cobertura sazonal, ou podem ser mantidas por uma ou mais estações de plantio. Quando as plantas são incorporadas ao solo, a matéria orgânica adicionada chama-se adubo verde.

IMPORTÂNCIA DAS PLANTAS DE COBERTURA DO SOLO EM POMARES

As plantas de cobertura do solo ou cobertura viva são leguminosas, gramíneas ou uma combinação apropriada de espécies cultivadas especificamente para proteger o solo contra erosão, melhorar sua estrutura e fertilidade, suprimir pragas, vegetação espontânea e patógenos. A Figura 1 mostra alguns dos principais benefícios da cobertura viva. Elas não são cultivadas visando à produção de grãos, mas ao preenchimento de lacunas espaciais ou temporais, durante as quais o plantio principal deixa o solo descoberto. A maioria dos cultivos de cobertura é de época fria, no hemisfério norte e durante a época seca nos trópicos. No hemisfério norte, o centeio (*Secale cereale*), o trevo (*Trifolium spp.*) ou ervilhaca (*Vicia spp.*) são plantados no outono, especificamente para fornecer cobertura no inverno. Além disso, a alfafa (*Medicago sativa*) também é cultivada durante os meses de inverno. Nos climas tropicais, leguminosas como *Pueraria sp*, *Stylosanthes sp* e *Centrosema sp.* e gramíneas como *Brachiaria sp.*, *Melinis sp.* e *Panicum sp.*, são cultivadas na curta estação chuvosa e deixadas no campo durante toda a estação seca (Lal *et al.*, 1991).

Figura 1

Benefícios potenciais dos cultivos de cobertura do solo (Lal *et al.*, 1991).

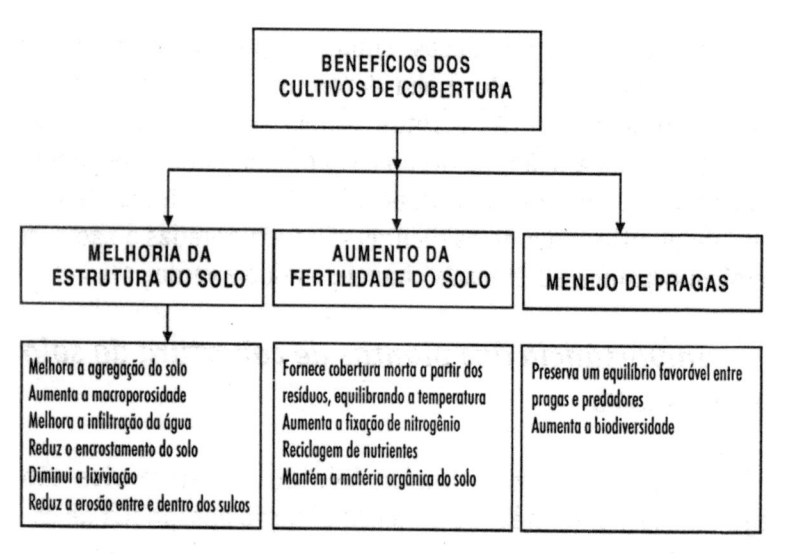

Os possíveis benefícios das plantas de cobertura do solo, em pomares e vinhedos incluem (Finch & Sharp, 1976; Haynes, 1980):

1. Melhoria da estrutura do solo e da penetração da água, porque a adição de matéria orgânica e a ação das raízes aumentam a aeração do solo e a percentagem de agregados estáveis. Redução da necessidade de preparo do solo e da utilização de maquinário, diminuindo-se assim a compactação e a formação de pé-de-arado. A cobertura vegetal suporta melhor as máquinas

no período chuvoso. A cultura de cobertura intercepta as gotas de chuva, reduzindo sua força e prevenindo a formação de crostas.

2. Prevenção da erosão do solo ao espalhar e tornar mais vagaroso o escorrimento superficial da água e agregando o solo junto ao sistema radicular.

3. Melhoria da fertilidade do solo ao adicionar matéria orgânica durante a decomposição e tornar os nutrientes mais disponíveis através da fixação de nitrogênio.

4. Agregação das micropartículas retendo o solo junto à rizosfera.

5. Auxílio no controle de pragas, abrigando insetos predadores e parasitas benéficos.

6. Modificação do microclima reduzindo o albedo e a temperatura e aumentando a umidade no verão.

7. Redução da competição entre a cultura principal e as espontâneas.

8. Redução da temperatura do solo.

Na Europa, Boller (1992) considera o estabelecimento de uma cultura de cobertura do solo, temporária ou permanente, uma prática de manejo básica para transformar monoculturas de vinhedo em agroecossistemas com estabilidade e diversidade ecológica crescentes.

Esta vegetação funciona como uma importante "chave geral" ecológica, que ativa e influencia tanto os processos fundamentais quanto os componentes do agroecossistema do vinhedo: o complexo formado pela fauna benéfica, pela biologia do solo e pelo ciclo do nitrogênio (Figura 2).

Figura 2

Funções importantes de um vinhedo diversificado com cultivo de cobertura (segundo Boller, 1992).

EFEITOS SOBRE A FERTILIDADE DOS SOLOS

O valor da cultura de cobertura em manter a fertilidade do solo em pomares depende parcialmente da produção de quantidades razoáveis de matéria orgânica, na ordem das toneladas por hectare. A ervilhaca pode produzir 50t de adubo verde por hectare, enquanto outras leguminosas produzem de 30 a 32t por hectare. A ervilhaca e o trevo podem produzir ganhos líquidos de nitrogênio da ordem de 168 kg/ha./ano. Quatro sistemas diferentes de manejo de coberturas foram amplamente testados em seringais na Malásia – uma mistura de leguminosas rasteiras (*Calopogonium muconoides*, *Centrosema pubescens* e *Pueraria phaseoloides*), gramíneas (principalmente *Axonopus compressus* com *Paspalum conjugatum*), cultura solteira de *Mikania cordata* e um sistema de regeneração natural, representando o processo normal de colonização de áreas desmatadas.

Dos quatro sistemas, as leguminosas tiveram inicialmente a maior taxa de crescimento e geralmente continham mais nutrientes que as outras coberturas testadas. O maior retorno de nutrientes ao solo proporcionado pelas leguminosas, refletiu-se nos teores mais altos destes nutrientes nas folhas das seringueiras. A melhoria das propriedades físicas do solo promoveu maiores taxas de crescimento das seringueiras. A fixação de nitrogênio no consórcio de leguminosas com seringueiras produziu em média, 150 kg de N/ha./ano, num período de mais de cinco anos. A taxa máxima foi de 200 kg de N fixado/ha./ano.

Existem duas hipóteses que podem explicar esses efeitos. Primeiro, que as leguminosas reciclam os nutrientes na superfície do solo ou na sua proximidade, até que possam ser usados eficientemente pela *Hevea sp.* e segundo, que as leguminosas causam, através de processos não totalmente compreendidos, maior proliferação das raízes da *Hevea sp.*, o que facilita a absorção de nutrientes (Broughton, 1977).

As plantas que são úteis sob certas condições podem não ter bom desempenho sob outras. Algumas plantas de cobertura usadas em pomares e vinhedos podem competir com as árvores ou parreiras por água e nutrientes e certas plantas espontâneas podem se proliferar, reduzindo substancialmente a população da planta de cobertura. Nas áreas onde é impraticável o cultivo de leguminosas, pode ser aconselhável o plantio de mostarda, malva ou canola. Estas plantas contêm grandes percentagens de nitrogênio e decompõe-se rapidamente se cortadas antes da maturação. A mostarda cresce muito rapidamente e pode abafar outras ervas indesejáveis. Os resíduos das plantas de cobertura também podem interferir na colheita das frutas e nozes.

EFEITOS SOBRE A POPULAÇÃO DE INSETOS

Pesquisadores soviéticos descobriram que a efetividade da vespa parasita *Aphytis proclia sp.*, no controle de *Quadraspidiotus perniciosus*, foi aumentada com o plantio de *Phacelia tanacetifolia* como planta de cobertura em pomares. Três plantios sucessivos de *Phacelia sp.* aumentaram a infestação de parasitas nos insetos de 5%, nos pomares sem planta de cobertura do solo, para 75%, onde as plantas melíferas eram cultivadas e estavam em plena floração (Altieri & Whitcomb, 1979).

No norte da Califórnia, o manejo de uma vegetação de cobertura do solo em pomares de maçãs e parreiras teve um impacto substancial na abundância de artrópodes que vivem no solo ou nas folhagens. Os sistemas com culturas de cobertura geralmente caracterizam-se pelas densidades mais baixas de insetos fitófagos, menores danos causados nas frutas pelos insetos, maiores populações e mais espécies de inimigos naturais e maior captura de presas artificiais. As plantas de cobertura que permaneceram em floração durante todo o período, produziram mais biomassa e sustentaram um grande número de presas alternativas, parecendo abrigar o mais amplo complexo de predadores e parasitas.

Na Califórnia, o besouro *Hippodamia convergens* é o predador mais importante do afídeo da nogueira *Chromaphis juglandicola* durante o início da estação. Estes besouros migram das montanhas, onde passam o inverno, para os pomares de nogueiras (*Juglans sp.*) em fevereiro e começo de março, quando não há folhas nas árvores e, portanto, não há afídeos. Entretanto, alguns afídeos estão presentes na cobertura do solo sob as árvores e servem como uma fonte temporária de alimento para os predadores que, de outra forma, sairiam do local ou morreriam de inanição. A cobertura do solo sob as árvores deveria ser roçada ou gradeada no fim de abril ou começo de maio para forçar os besouros a se direcionarem para as nogueiras. Se for roçada cedo demais, entretanto, os besouros migrarão antes da chegada dos afídeos às nogueiras e se for roçada muito tarde, o grande número de besouros irá dizimar a população de afídeos antes da oviposição, resultando posteriormente, numa menor população de besouros. Portanto, a época de roçar a cobertura do solo é um fator crítico na manutenção de uma grande população de besouros para o controle efetivo dos afídeos (Sluss, 1967).

Nos vinhedos do Vale Central da Califórnia, as diferenças de população da cigarrinha *Erythroneura variabilis* entre as parcelas com e sem cultura de cobertura foram bastante evidentes em todas as três eclosões, mas as razões de tais diferenças não ficaram claras. Informações obtidas no local, com os agricultores, sugerem que as áreas que apresentam ervas espontâneas no começo e no meio da estação parecem apresentar uma população menor de cigarrinhas. O aumento da população de predadores generalistas, especialmente aranhas, pode ter ajudado a reduzir a população de cigarrinhas nas parcelas com vegetação espontânea (Settle *et al.*, 1986). A mesma área, manejada com cobertura de grama Johnson (*Sorghum halepense*) ou grama Sudão, uma pequena modificação nas práticas culturais dos vinhedos, provocou uma modificação no *habitat* que aumentou a atividade dos predadores contra os ácaros fitófagos, tais como *Eotetranychus willamettei*. Quando se introduziu *Sorghum halepense* nos vinhedos, houve aumento da população de ácaros, que se tornaram presas alternativas, sustentando a população do ácaro predador *Metaseiulus occidentalis*, que por sua vez, reduziu a população do ácaro fitófago *Tetranychus pacificus* à densidades abaixo do nível de dano econômico (Flaherty, 1969).

Também no Vale de São Joaquim, a emergência de larvas da laranjeira (*Amyelois transitella*) em pomares de amêndoas foi significativamente mais alta nas áreas tratadas com herbicida do que nas áreas que permaneceram com vegetação de cobertura. Estes resultados mostram que quando a cobertura vegetal está presente, menos larvas sobrevivem ao inverno. As diferenças podem ser ainda maiores se a cultura de cobertura for submetida a uma roçada no começo da primavera. Os pomares de nogueiras tratados com herbicida que apresentam efeitos residuais, dispensam a roçada.

Aparentemente, o manejo de culturas de cobertura do solo pode afetar diretamente a presença de pragas, as quais conseguem diferenciar entre os pomares cultivados com e sem cobertura de solo. Isso pode ajudar na manutenção de populações de inimigos naturais que habitam o solo e as folhagens, fornecendo *habitat* e alimento alternativo. O planejamento de consórcios adequados, com o uso de cultura de cobertura nos pomares, pode melhorar o controle biológico de determinadas pragas em pomares e vinhedos (Altieri & Schmidt, 1985).

TIPOS DE CULTIVO DE COBERTURA E SEU MANEJO

As desvantagens dos sistemas de cultivo de cobertura podem ser reduzidas ou eliminadas com um manejo cuidadoso e a adoção de práticas agronômicas. As limitações são poucas, comparadas com as alternativas. Os sistemas mais comuns de manejo de cultura de cobertura são (Finch & Sharp, 1976):

Sistemas de Plantio Direto – nos sistemas de plantio direto, as plantas de cobertura são roçadas, ao invés de incorporadas ao solo com arado ou grade de disco. Este sistema reduz a compactação do solo e a erosão e melhora a infiltração da água. O sistema tanto pode ser introduzido num novo pomar, quanto num já existente. O pomar já existente deve ser preparado adequadamente logo após a colheita.

É particularmente importante se fazer um bom trabalho de nivelamento, uma vez que o solo não será mais revolvido. Para o plantio inicial de uma cobertura viva, a Tabela 1 fornece as quantidades recomendadas de semente por hectare e os métodos de semeadura para diversas espécies, adequadas a pomares e vinhedos da Califórnia.

Cortes frequentes – neste sistema, o cultivo de cobertura é cortado de 4 a 7 vezes, começando no início da primavera. É usado juntamente com operações de drenagem e sistemas de irrigação por aspersão, por sulcos e/ou por gotejamento. Os cortes frequentes eliminam o uso de plantas de autossemeadura, de raízes profundas, de perenes e de anuais. As plantas de crescimento lento, anuais ou perenes de autossemeadura, adaptam-se melhor a este tipo de manejo.

Cortes não frequentes – neste sistema, o cultivo de cobertura não é cortado com muita frequência. O corte é feito geralmente no começo da primavera, para proteção contra as geadas, e no fim da primavera para o controle de resíduos. Não é bem adaptado a sistemas de irrigação ou drenagem, mas permite o uso de plantas de enraizamento profundo, perenes ou anuais de autossemeadura. Se estas últimas forem usadas, o corte da primavera deve ser sincronizado de maneira a permitir a produção de sementes para o estande do próximo ano. Com um manejo cuidadoso, pode-se diminuir os perigos da geada ou o acúmulo de resíduos.

Sistemas com cultivo – nestes sistemas, o cultivo de cobertura é incorporado ao solo com arado ou grade de disco após a maturação das sementes. A melhor época para a incorporação ao solo, para várias espécies, pode ser vista na Tabela 1.

Cultivos de cobertura com produção de sementes no outono – nestes sistemas, o cultivo de cobertura é incorporado ao solo no início da primavera, seguido de um pousio de verão até o outono ou de plantas espontâneas anuais. Usa-se o cultivo mais cedo para incorporar o adubo verde e reduzir o risco de dano com geadas. Este sistema pode ser usado com todos os tipos de irrigação, na maioria dos pomares e vinhedos. Uma desvantagem do sistema é o revolvimento frequente do solo, que faz com que somente as plantas anuais de ciclo curto possam ser usadas e o solo fique exposto por muito tempo durante o ano.

Cultivos anuais com autossemeadura de inverno – nestes sistemas, as plantas anuais de inverno de autossemeadura são incorporadas ao solo no fim da primavera, seguidas ou de um pousio do verão até o outono ou de espécies de verão espontâneas anuais, que são cortadas e incorporadas no outono. O cultivo de cobertura pode ser cortado até o fim da primavera para controlar a altura da vegetação. O corte deve ocorrer na época certa a fim de permitir a produção de sementes viáveis antes que as plantas sejam incorporadas. Muitas plantas anuais de autossemeadura, com sistema radicular profundo, são ideais para este sistema.

Sem cobertura no inverno – neste sistema, a cobertura de inverno é eliminada pelo cultivo ou controle químico. É seguido por plantas anuais espontâneas de verão, espécies anuais com produção de sementes no verão ou espécies anuais de autossemeadura no verão. A cobertura de verão é usada desde o meio da primavera até o inicio das geadas. Este sistema adapta-se bem à irrigação por aspersão ou por sulcos. É frequentemente usado na cultura de uva de mesa e tem uso potencial nos cítricos. Em algumas áreas produtoras de citros, particularmente na Flórida, os cultivos de cobertura são úteis no verão por ser este a estação de maior índice de precipitação. Em outras áreas, tais como na Califórnia, as chuvas mais pesadas caem no inverno, o que faz deste praticamente a única estação para o cultivo de plantas de cobertura.

Nas grandes áreas irrigadas da Califórnia, o suprimento de água é insuficiente para o cultivo de cobertura de verão e para atender às necessidades hídricas das árvores. Uma cultura de cobertura de 25 t/ha pode necessitar de 30 cm ou mais de lâmina de água por hectare.

Tratamento dos cultivos de cobertura – para que um cultivo de cobertura seja proveitoso, ele deve se decompor no pomar ou vinhedo. A massa verde deve ser incorporada ao solo úmido a fim de promover a decomposição. Portanto, é aconselhável um revolvimento mais profundo com as plantas de cobertura do que a aração superficial feita no verão. Deve-se ter cuidado, entretanto, para que o arado e os discos não se aprofundem demasiadamente, para não cortar as raízes das árvores. Todos os discos empregados nos pomares deveriam ser equipados com rolos para evitar a penetração excessiva. Em alguns casos, pode ser interessante o tombamento de um extenso cultivo de cobertura, com um rolo-faca ou uma grade de discos, antes de incorporá-lo ao solo. Este procedimento torna a aração ou a gradagem final mais fáceis e diminui a perda de água por transpiração – um resultado desejável se o ressecamento do solo é mais rápido do que a incorporação da cultura.

Plantas para cultivo de cobertura – uma boa planta para ser utilizada como cultivo de cobertura mantém ou melhora as condições do solo, do local e do manejo do pomar ou vinhedo em questão. A grande variedade de sistemas de manejo de pomares e vinhedos cria demanda para uma ampla variedade de espécies de cobertura. As gramíneas têm sistema radicular fasciculado, o que as torna particularmente úteis na reconstrução da estrutura do solo, oferecendo controle da erosão e melhorando a penetração da água. As leguminosas não são tão eficientes quanto as gramíneas para tais funções, mas contribuem com o nitrogênio para o solo e seus resíduos decompõem-se mais rapidamente. As espécies úteis como plantas de cobertura podem ser classificadas como gramíneas e leguminosas anuais de inverno, gramíneas e leguminosas anuais de inverno de autossemeadura, anuais de verão, gramíneas e leguminosas perenes e outras plantas de cobertura.

Tabela 1

Lista parcial de espécies e algumas características de manejo para plantas
de cobertura recomendadas para pomares e vinhedos na Califórnia
(segundo Finch & Sharp, 1976).

Espécies[1]	Densidade de plantio (sementes – Kg/ha)	Sistema de manejo	Incorporação/ corte	Características especiais
Cevada (Hordeum vulgare)	83	Aração	Primavera	Crescimento rápido no inverno
Centeio (Secale cereale)	55	Aração	Primavera	Crescimento rápido no inverno
Azevém anual (Lolium multiflorum)	8	Aração	Primavera	Maturação tardia, anual de inverno
Ervilhaca púrpura (Vicia atropurpurea)	48	Aração	Primavera	Fixadora de N
Bromus mollis[3]	5,5	Plantio Direto	Primavera[2]	Boa capacidade de autossemeadura
Bromus carinatus	11	Plantio Direto	Primavera[2]	Maturação em abril
Azevém Wimmera 62 (Lolium rigidum)	8,5	Plantio Direto	Primavera	Bem adaptado às baixadas
Poa annua	4,5	Plantio Direto	Cortes frequentes	Maturação no começo de abril
Vicia dasycarpa	14	Plantio Direto	Cortes não frequentes	Boa autossemeadura
Trevo rosa (Trifolium hirtum)	8,5	Plantio Direto	Primavera	Maturação precoce, mau competidor
Trevo vermelho (T. incarnatum)	8,5	Plantio Direto	Cortes frequentes	Adaptado a solos ácidos
Medicago hispida	8,5	Plantio Direto	Cortes frequentes	Boa autossemeadura
Medicago sp.	5,5	Plantio Direto	Cortes frequentes	Adaptada a solos alcalinos

[1] Todas as culturas plantadas no outono, na Califórnia.
[2] Apropriadas para corte frequente, mas deve-se permitir um rebrote de 3 a 4 semanas antes da maturação das sementes
[3] Bromus mollis, no sul do Brasil é conhecido como cevadinha ou cevadilha (N.T.).

COBERTURA VIVA

O uso de leguminosas como cultivo de cobertura em sistemas de cultivo intensivo e em rotações oferece um grande potencial para uma produção sustentável e autossuficiente em termos de nutrientes do solo. As leguminosas usadas como plantas de cobertura, associadas às culturas anuais, são geralmente chamadas de cobertura viva. A maioria das pesquisas sobre esses sistemas foi conduzida com milho, soja e hortaliças, sob a forma sobre semeadura de leguminosas, rotações e consórcios (Miller & Bell,1982).

Tabela 2

Características de crescimento de leguminosas usadas como cultivo de cobertura (segundo Palada *et al.*, 1983).

Nome vulgar	Nome científico	Hábito de crescimento*	Adaptação	Matéria seca (t/ha)	N total (kg/ha)
Alfafa	*Medicago sativa*	P	Temperado	10,0	170
Trevo vermelho	*Trifolium incarnatum*	A	Semi-temperado	7,9	179
Ervilhaca peluda	*Vicia villosa*	A	Semi-temperado	10,2	376
Trevo vermelho	*T. pratense*	B, P	Semi-temperado	5,2	146
Trevo branco	*T. repens*	B	Semi-temperado	5,2	182
Trevo doce	*Melilotus officinalis*	B	Temperado	2,3	76
Ervilha de inverno	*Pisum sativum* subsp. *Arvense*	A	Temperado	6,0	213

* A= anual, B = bianual, P = perene

As espécies de leguminosas mais usadas como cobertura viva incluem os trevos vermelho e branco e a ervilhaca. As características de crescimento das leguminosas mais usadas como cobertura viva estão apresentadas na Tabela 2. Com exceção da alfafa, a maioria das leguminosas são anuais ou bianuais. As adaptações abrangem o clima semi temperado, com ervilhaca e trevo vermelho, o clima temperado, com alfafa, ervilha de inverno e trevo doce. A produção de matéria seca fica na faixa de 2,3 t/ha para o trevo doce a 10 t/ha para a alfafa e a ervilhaca. Baseado no teor de nitrogênio dos tecidos e na produção de matéria seca, estas leguminosas fixam de 76 a 367 kg de N/ha. Esta é uma quantidade suficiente para atender às necessidades de nitrogênio da maioria das espécies anuais cultivadas e hortaliças (Palada *et al.*, 1983).

A maioria das leguminosas não tolera terrenos secos ou ácidos, mas toleram o sombreamento e o tráfego de máquinas, que são características ideais para o consórcio. A resistência às fortes geadas é importante se as leguminosas são cultivadas para o fornecimento de nitrogênio ao solo. A sobrevivência ao inverno e o rebrote na primavera parecem ser boas características das espécies selecionadas.

SISTEMAS DE CULTIVO COM LEGUMINOSAS DE COBERTURA

As leguminosas de cobertura podem ser incorporadas a sistemas de cultivo intensivo através da sobressemeadura (intersemeadura), de rotações de culturas com leguminosas, de consórcios em faixas ou de sistemas de cobertura viva em hortaliças (Palada *et al.*, 1983).

SOBRESSEMEADURA DE LEGUMINOSAS

O plantio de cobertura com leguminosas, associado à produção de grãos na primavera, tem sido uma prática agrícola comum há várias décadas. É uma maneira barata e eficiente de estabelecer-se uma rotação de culturas. Há basicamente duas maneiras de se introduzir as leguminosas. No meio-oeste americano, uma é a semeadura das leguminosas ao mesmo tempo em que se planta a cultura principal, no caso do milho, da soja ou de hortaliças. Outra maneira, é efetuar a semeadura da leguminosa pouco antes da colheita da cultura comercial.

Em 1980, pesquisadores do Centro de Pesquisas Rodale (Rodale Research Center) testaram os efeitos das espécies de leguminosas, época de plantio e da densidade de plantio, nas culturas do milho e da soja

(Palada *et al.*, 1983). A sobressemeadura de leguminosas aos 35 dap (dias após o plantio) do consórcio milho/soja, com apenas uma capina, apresentou melhor germinação e emergência do que quando a sobressemeadura foi feita aos 47 dap, após duas capinas. No primeiro caso, também se observou uma cobertura do solo significativamente melhor. Estes resultados sugerem que nos casos em que o verão apresenta-se seco, a antecipação da sobressemeadura da leguminosa fornece uma excelente cobertura de solo para o outono e o inverno. A produtividade, tanto do milho quanto da soja, não foi reduzida pela presença das leguminosas (Tabela 3). Em ambas as culturas, a competição com as espontâneas foi significativamente reduzida.

Tabela 3

Efeitos da sobressemeadura de leguminosas de cobertura na cultura do milho e na população de vegetação espontânea, 1981 (segundo Palada *et al.*, 1983).

Época de semeadura	Espécies de leguminosas	Produtividade de grãos (kg/ha)	Redução de espontâneas (%)[a]
35 DAP[b]	Trevo vermelho (*T. pratense*)	7,30	76
	Ervilhaca peluda (*Vicia villosa*)	7,13	72
	Testemunha (sem leguminosa)	7,49	-
47 DAP[c]	Trevo vermelho (*T. pratense*)	6,96	40
	Ervilhaca (*Vicia villosa*)	7,30	27
	Testemunha (sem leguminosa)	7,13	-

[a] A introdução das leguminosas resultou numa cobertura de solo de cerca de 95% em média, para ambas as espécies.
[b] DAP = dias após o plantio do milho, uma capina antes da introdução.
[c] DAP = dias após o plantio do mulho, duas capinas antes da introdução.

O nível de luminosidade tem grande influência sobre a sobrevivência e persistência das leguminosas sob condições de sombreamento das culturas principais. À medida que a cultura da soja cresce e fecha o terreno, a intensidade da luz sob a planta diminui, suprimindo o crescimento da leguminosa rasteira. Quando a soja atinge seu tamanho final, a leguminosa rasteira é eliminada devido à baixa luminosidade sob a soja. Os pesquisadores do Centro de Pesquisa Rodale estão tentando identificar espécies que fixem nitrogênio e controlem a erosão durante o outono, inverno e começo da primavera. Esta leguminosa de cobertura poderia tanto ser incorporada no começo da primavera, antes do plantio da cultura de verão, quanto poderia continuar no campo, como uma cultura de cobertura e rotação, para o próximo ano. As leguminosas mais promissoras são os trevos branco e vermelho, a ervilha de inverno austríaca e a ervilhaca peluda.

ROTAÇÃO DE CULTURA COM LEGUMINOSAS

O uso de leguminosas em rotação de culturas ou como adubo verde é muito útil no controle da erosão e na manutenção da matéria orgânica do solo. Uma típica rotação de culturas praticada pelos agricultores orgânicos dos estados do meio-oeste e do nordeste dos EUA pode durar de 3 a 6 anos, envolvendo alfafa ou trevo, milho, soja e outros grãos, de maneira que o número de anos de alfafa ou trevo aumenta conforme a declividade do terreno.

As leguminosas bem inoculadas fornecem quantidades substanciais de nitrogênio para o próximo plantio de grãos. Por exemplo, uma lavoura de alfafa que, no primeiro ano produza de 7 a 11 toneladas de biomassa por hectare, fornecerá a maior parte do nitrogênio requerido por uma cultura subsequente de milho cuja produção será equivalente ou até mesmo superior àquela que seria obtida utilizando-se de 150 a 200 kg de adubos nitrogenados por hectare. Um ensaio sobre fertilidade de nitrogênio em milho, conduzido em 1979/1980 no Centro de Pesquisas Rodale, mostrou que não houve resposta à adubação nitrogenada nas parcelas manejadas organicamente e com rotações de cultura com leguminosas por mais de cinco anos. O consórcio de leguminosas/gramíneas e trevo, nos quais as leguminosas são preponderantes, são tão eficientes na fixação de nitrogênio quanto a monocultura de alfafa, produzindo a mesma quantidade de feno. Entretanto, é preciso lembrar que, muito frequentemente, a alfafa produz mais feno (Palada *et al.*, 1983).

CONSÓRCIOS COM FAIXAS DE LEGUMINOSAS

Nos consórcios em faixas, as plantas são cultivadas simultaneamente em diferentes faixas, largas o suficiente para permitir tratos culturais independentes, mas estreitas o suficiente para que duas ou mais culturas interajam agronomicamente. Os componentes deste sistema podem ser a combinação de espécies comerciais plantadas em linha, ou uma mistura de faixas de cultivo com gramíneas ou leguminosas. O uso de leguminosas é mais vantajoso com relação à incorporação de nitrogênio ao solo. O uso de cobertura rasteira de leguminosas ou gramíneas pode ser limitado à cultura em faixas, em locais declivosos ou em propriedades localizadas em regiões montanhosas. Esse sistema impede o escorrimento superficial, reduzindo substancialmente a erosão.

Em 1978, pesquisadores do Centro de Pesquisas Rodale estudaram sistemas de consórcios em faixas compostos por trevo vermelho e trevo branco com milho e soja. O milho foi plantado em faixas duplas de 1 m de largura, com densidade de 40.000 plantas/ha. A soja também foi plantada em faixas de 1 m, com 250.000 plantas/ha. As testemunhas consistiam de fileiras simples, preparadas com aração e gradagem, sem qualquer cobertura entre as fileiras. Os resultados mostraram que o consórcio em faixas reduziu a produção de milho de 17 a 34%, não afetando, porém, a produção de soja. O milho consorciado com o trevo branco obteve uma produção um pouco maior que com o trevo vermelho. Os pesquisadores concluíram que a escolha da espécie de cobertura pode depender de outras utilidades econômicas da leguminosa, além da cobertura do solo. O trevo vermelho geralmente fornece mais biomassa do que o trevo branco, de maneira que é mais indicado aos produtores que queiram produzir feno, silagem ou cobertura verde (Palada *et al.*, 1983).

Em outro estudo sobre o efeito da largura das faixas cultivadas com milho, os pesquisadores encontraram que a maior produção (7,2 t/ha) foi obtida nas parcelas de monocultura, com fileiras simples. As faixas de 0,75 a 1,50 tiveram produções maiores que as outras. As reduções de produção nesta parcelas foram de apenas 8 e 16%, comparadas com os 20 e até mais de 50% dos outros tratamentos. Os pesquisadores concluíram que a monocultura de milho apresentou maior produção de matéria seca do que as outras combinações devido à sua superior produtividade. Embora os consórcios tenham produzido menos matéria seca, sua maior vantagem é a colheita de duas culturas alimentícias, além da redução da erosão e do aumento da matéria orgânica e do nitrogênio do solo.

Com a modificação da largura das faixas, a produtividade total do sistema pode ser ajustada para se atender às necessidades de grãos e forragem da propriedade. A largura das faixas também pode adaptar-se à necessidade do uso de máquinas sem trazer efeitos adversos ao solo e à produção.

Sistemas de hortaliças/cobertura viva

Sistemas de cobertura viva podem constituir formas econômicas para que os olericultores controlem a erosão do solo, aumentem sua quantidade de matéria orgânica e mantenham produções compatíveis com os sistemas de plantio convencional. Em 1978, pesquisadores do Centro Rodale cultivaram hortaliças onde já havia uma cobertura de gramíneas e trevo. Os tratamentos consistiram de cobertura de trevo vermelho e grama azul (*Poa pratensis sp.*) e faixas com plantio convencional, isto é, aradas e gradeadas. Foram preparadas faixas de 1,5 m de largura, com espaçamento de 2 m, usando-se enxada rotativa. Metade da área de cada tratamento recebeu 15 cm de alfafa picada e a outra metade foi coberta por um plástico preto de polietileno. A cobertura foi mantida intacta por uma semana. Foi então plantado milho doce e tomate nas faixas cobertas. Nas parcelas com cultivo convencional, metade das fileiras entre as faixas foi semeada com trevo branco e a outra metade foi mantida limpa durante todo o período de crescimento. O objetivo era determinar se a capina teria algum efeito sobre a produtividade da cultura principal.

Os dados de produção mostraram que os tomateiros plantados nas áreas com cobertura do solo, com uma combinação de métodos de cultivo e "mulching", produziram mais frutos do que aqueles cultivados no sistema convencional. A produção de tomates foi 17% maior no tratamento com alfafa do que no tratamento com plástico, tanto nas faixas com cobertura de gramíneas quanto de trevo, mas não no plantio convencional. As plantas tratadas com cobertura de polietileno preto murcharam e abortaram flores, o que pode ter contribuído para as produções mais baixas sob a cobertura plástica.

O efeito da cobertura no milho foi o inverso do que ocorreu com o tomate. As diferenças mais drásticas ocorreram entre os tratamentos com cobertura morta e não entre os tratamentos com cobertura viva. Foram colhidas mais espigas com "mulching" de alfafa do que com a cobertura de polietileno. O milho no tratamento com cobertura plástica lançou pólen cerca de dois a quatro dias antes das flores femininas estarem aptas a recebê-lo, de maneira que houve pouca polinização e a produção diminuiu.

A capina tanto para o milho quanto para o tomate aparentemente não afetou a produtividade. Entretanto, a capina entre as fileiras do tratamento convencional diminuiu a produção quando comparada ao tratamento de trevo branco. Este estudo sugere que tanto o milho verde, quanto o tomate podem adaptar-se a sistemas de cobertura viva, desde que a mesma seja contida por uma cobertura morta nas faixas de cultivo e que a umidade do solo não seja limitante. A competição com a cobertura viva não constitui um problema, desde que ela seja adequadamente manejada.

EFEITOS DAS COBERTURAS VIVAS SOBRE A POPULAÇÃO DE INSETOS

Embora as vantagens entomológicas dos sistemas de coberturas vivas sejam ainda pouco compreendidas, os trabalhos experimentais sugerem que muitos destes sistemas têm vantagens intrínsecas de controle biológico. A maioria das pesquisas concentrou-se em culturas de brássicas. Por exemplo, Dempster & Coaker (1974) informaram que a utilização de uma cobertura de trevo ajudou na redução de três pragas (*Brevicoryne brassicae, Pieris rapae* e *Erioischia brassicae*). No caso de *P. rapae*, a redução foi atribuída ao aumento do número de besouros predadores *Harpalus rufipes* nas parcelas com cobertura. Melhorias semelhantes foram observadas com o plantio de trevo entre fileiras de repolho, que resultou em um aumento de 34% na predação dos ovos da larva da raiz do repolho *Dalia brassicae* (Cromartie, 1981).

No estado de Nova York, um experimento foi conduzido usando repolho consorciado com várias coberturas vivas e em monocultura com manejo convencional (Andow *et al.*, 1986). As coberturas vivas utilizadas foram: gramíneas do gênero *Agrostis* festuca vermelha, grama azul (*Poa pratensis*) e dois trevos brancos. As populações de *Phyllotreta cruciferae* e *Brevicoryne brassicae* foram mais baixas no repolho cultivado com qualquer cobertura viva do que na monocultura sob manejo convencional. A primeira geração da larva de *Pieris rapae sp.* foi mais comum em repolho com cobertura viva de trevo. Já na segunda geração, ovos e larvas foram menos frequentes neste tratamento. Estas diferenças na densidade da população foram provavelmente determinadas pela variação nas taxas de colonização dos herbívoro se não na variação da mortalidade dos herbívoros. Os autores sugerem que os tratamentos químicos aplicados no início da estação para o controle de *Phyllotreta sp.* podem ser eliminados com o uso de cobertura viva. Entretanto, esse ganho potencial pode ser perdido pela redução da produção devido à competição entre o repolho e a cobertura viva.

Altieri, Wilson e Schmidt (1985), trabalharam em dois locais diferentes da Califórnia testando os efeitos da cobertura viva, tanto na forma de coberturas artificiais quanto de coberturas naturais (ou ervas espontâneas), na dinâmica da população de artrópodes do solo e da folhas em sistemas de cultivo de milho, tomate e couve-flor. Em Davis (Vale Central), herbívoros (especialmente *Aphidae* e *Ligaeidae*) foram mais abundantes nas parcelas com cobertura de espontâneas do que nas parcelas com cobertura morta de trevo, enquanto que, nestas últimas, as cigarrinhas foram mais comuns. Foi observado maior número de inimigos naturais nas parcelas com trevo. Capturou-se um número significativamente maior de predadores do solo (*Carabidae sp.*, *Staphylinidae sp.*, *Arachnidae sp.*) em armadilhas localizadas nas parcelas com espontâneas e com trevo, do que nos tratamentos sem cobertura do solo. Em Albany (área costeira), a densidade de herbívoros especializados (afídeos do repolho e *Phyllotreta*) foi significativamente reduzida nas parcelas com cobertura viva. Não está claro se esta redução foi devida à diversidade ou densidade das plantas aos efeitos de inimigos naturais, ou à baixa qualidade das plantas das parcelas com espontâneas ou com cobertura, já que o crescimento e a produtividade foram drasticamente reduzidos nessas parcelas, em ambos os locais. Na Inglaterra, a semeadura de cereais com espécies de gramíneas (p. ex., Azevém ou *Lolium multiflorum*) aumenta a atividade de grande quantidade de inimigos naturais, inclusive predadores polífagos. Esta prática parece ser uma das mais eficientes para aumentar o parasitismo dos afídeos pelo *Aphidius spp.* (Bum, 1987). Um efeito semelhante foi observado na Alemanha, onde dois parasitoides atuaram mais intensamente sobre *Metopolophium dirhodum*, em trigo consorciado com trevo, do que em monocultura (El Titi, 1986). Após a realização destes experimentos, são necessários trabalhos agronômicos para minimizar o efeito da competição da cobertura de leguminosas com as culturas principais, de forma que as vantagens entomológicas já observadas possam ser utilizadas de maneira prática.

ROTAÇÃO DE CULTURAS E CULTIVO MÍNIMO

A rotação de culturas é um sistema no qual espécies diferentes são cultivadas em sucessões repetidas, numa sequência definida, na mesma área (Page, 1972). Por mais de 100 anos, os experimentos da Estação Experimental Agrícola de Rothamsted, Inglaterra, e das parcelas de Morrow, na Estação Experimental Agrícola de Illinois, EUA, têm fornecido dados consideráveis sobre o efeito das rotações de culturas. As evidências indicam que as rotações influenciam a produção vegetal, ao afetar a fertilidade do solo, a sobrevivência dos patógenos, as propriedades físicas do solo, a erosão do solo, a microbiologia do solo, a sobrevivência dos nematoides, insetos, ácaros, vegetação espontânea, minhocas e fitotoxinas (Summer, 1982). Embora muitas rotações sejam possíveis, elas devem estar de acordo com os seguintes princípios gerais (Millington *et al.*, 1990):

- Promover a manutenção equilibrada da fertilidade do solo e uma eficiente exploração agrícola;
- Sempre incluir uma leguminosa;
- Incluir espécies agrícolas com sistemas radiculares diferentes;
- Evitar o plantio de espécies agrícolas com semelhante suscetibilidade a pragas e doenças;
- Alternar culturas suscetíveis às invasoras com culturas supressoras;
- Utilizar adubação verde e cobertura de solo de inverno; e
- Aumentar o teor de matéria orgânica do solo.

Os objetivos da rotação de culturas são: incorporar diversidade no sistema agrícola, fornecer nutrientes às culturas e controlar as pragas. Os mecanismos que atuam nas interações planta/animal, desenvolvidos a partir das rotações de culturas, numa propriedade agrícola, determinam o que se pode chamar de estrutura biológica de um agroecossistema.

Os sistemas de produção que podem ser mantidos quase que exclusivamente pelos recursos internos e renováveis, baseiam-se numa profunda compreensão do ambiente natural e nas complexas interações entre os componentes da sequência das espécies em rotação. Uma estrutura biológica eficiente depende destas interações e interdependências entre as culturas e outros fatores bióticos. Muitas das interações mais sensíveis ocorrem na mesma área entre culturas que estão consorciadas ou culturas cujos ciclos sobrepõem-se ou ainda àquelas cultivadas em sistemas sequenciais (Figura 1).

Figura 1

Padrão conceitual das mudanças nas dinâmicas lineares e cíclicas num ambiente agrícola como consequência da sucessão dos cultivos e das decisões sobre o manejo (segundo Edwards *et al.*, 1986).

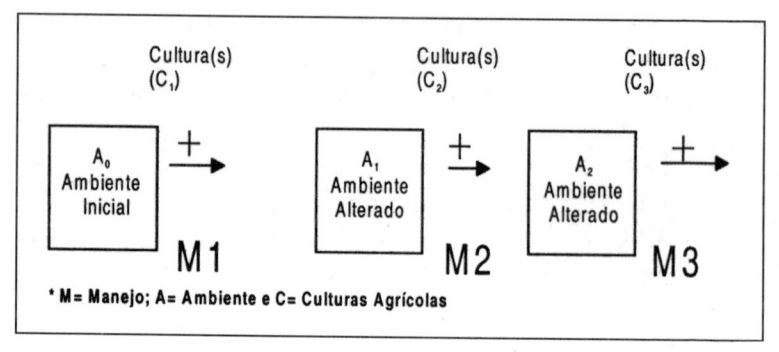

Essas interações complexas podem ser chamadas de "sequência biológica progressiva" e representam a soma total das modificações cíclicas e lineares que ocorrem no sistema vegetal, como resultado das atividades agrícolas, assim como das modificações que ocorrem no solo, também como consequência dos plantios e do manejo adotado (Francis e Clegg, 1990).

BENEFÍCIOS E EFEITOS DA ROTAÇÃO DE CULTURAS

Até a década de 50, a produção de algodão e trigo na Califórnia dependia de recursos internos e reciclagem de nitrogênio e matéria orgânica. O nitrogênio era obtido com a rotação destas culturas com leguminosas. Dois tipos de leguminosas podem ser usados para melhorar a fertilidade do solo, principalmente com adição de nitrogênio: leguminosas anuais e forrageiras perenes, utilizadas como adubação verde. De fato, muitos produtores seguiram um sistema fixo de rotação: uma leguminosa (alfafa), uma cultura de alta rentabilidade (algodão) e uma cultura de baixa rentabilidade (trigo). A alfafa pode produzir até 10 t de matéria seca por hectare e cerca de 200 kg de N/ha., o suficiente para atender à maior parte das necessidades de nitrogênio das culturas. Em muitas partes do Cinturão do Milho (Corn Belt), nos EUA, a alfafa pode representar uma economia de até 50% do custo da adubação nitrogenada, na primeira cultura após o cultivo da leguminosa. É preciso lembrar ainda que durante esse ano de rotação, a alfafa também produz forragem de alta qualidade para os animais.

Hoje, no Cinturão do Milho, é comum alternar-se duas culturas comerciais principais: o milho e a soja. A Tabela 1 mostra que a produção de milho aumentou de 16 a 17%, quando cultivado depois da soja (*Glycine max*) se comparada com o cultivo contínuo de milho (Francis e Clegg, 1990). Inicialmente os pesquisadores concluíram que os efeitos da rotação foram devidos, principalmente, ao aumento da disponibilidade de nitrogênio depois da cultura de soja; pesquisas mais detalhadas mostraram ser este o principal fator, mas o melhoramento da atividade biológica do solo também é importante. A fixação de nitrogênio pela soja pode variar de 57 a 94 kg N/ha./ano. Rotações longas, com mais de dois anos, poderiam incluir um ano com cultivo de cereais e um com consórcio de gramíneas e leguminosas forrageiras.

O fator econômico é geralmente o principal determinante na escolha das culturas. As rotações também podem suprimir insetos, vegetação espontânea e doenças, quebrando efetivamente o ciclo de vida das pragas. As espécies que têm esta capacidade de quebrar ciclos indesejáveis promovem um controle eficiente de pragas e doenças, eficiência essa que aumenta com a duração ou frequência da cultura. Na maioria dos casos, um ano de cultivo da espécie já é suficiente para promover o controle, mas isso depende das condições ambientais e da espécie de patógeno ou inseto em particular (Bullen, 1967) (Tabela 2).

Tabela 1

Produtividade de milho após a cultura da soja, comparada com o cultivo contínuo de milho sem adubação nitrogenada.

Produção de milho (kg/ha)		
Ano (s)	Milho após milho	Milho após soja
1962	1.483	4.089
1967-1984 (8 anos)	5.259	8.412
1980	4.450	6.890
1982-1983 (2 anos)	3.100	3.600

As rotações orgânicas são planejadas de forma a evitar os fatores que predispõem as pragas e doenças a atingirem níveis de danos econômicos. A sequência da mesma espécie é evitada e as culturas que apresentam suscetibilidade às mesmas pragas e doenças são cultivadas com suficiente intervalo para não incorrer em riscos. Quanto menor o parentesco botânico entre as culturas numa rotação, melhor será o controle cultural de pragas. Rotação de plantas anuais de verão com anuais de inverno, culturas perenes com culturas anuais, leguminosas com cereais, culturas de ciclo longo com outras de ciclo curto são alguns exemplos (Millington *et al.*, 1990). Por exemplo: trevo vermelho e feijões de inverno são ambos suscetíveis a *Sclerotinia trifolium*, de maneira que não devem ser cultivados com muita proximidade na rotação.

Tabela 2

Efeitos da rotação de culturas com o milho sobre a população de insetos ou sobre o potencial de dano (segundo Metcalf e Luckmann, 1975).

Rotação de culturas com milho			
Inseto	Nenhuma	Soja	Pastagens e Feno
Gorgulho da semente (*Agonoderus lecontei*)	0	0	+[a]
Lagarta da semente (*Hylemia platura*)	0	0	+
Besouro delgado (*Melanotus cribulosus*)	-	-	+
Besouro branco da raiz (*Phyllophaga rugosa*)	-	+	+
Pulgão do milho (*Anuraphis maiadiradicis*)	-	-	+
Besouro do uva (*Colapsis flavida*)	-	-	+
Vaquinha do norte (*Diabrotica longicornis*)	+	-	-
Vaquinha do oeste (*Diabrotica virgifera*)	+	-	-
Vaquinha do sul (*Diabrotica undecipunctata howardii*)	0	0	0
Lagarta Rosca (*Agrotis ypsilon*)	0	+	0
Gorgulho da raiz (*Calendra maidis*)	-	-	+
Lesmas	-	-	0
Tripes	0	?	+
Ácaros	0	0	0
Broca européia (*Pyrausta nubilalis*)	0	0	0
Broca do sudoeste (*Diatraea grandiosella*)	0	0	0
Lagarta da espiga (*Heliothis zea*)	0	0	0
Lagarta do mulho (*Pseudaletia unipuncta – Cirphis unipuncta*)	0	0	0
Lagarta do cartucho (*Spodoptera frugiperda*)	0	0	+
Percevejo das gramíneas (*Blissus leucopterus*)	0	0	+
Afídeos das folhas	0	0	0
Totais			
+	2	2	10
-	6	7	2
0	13	11	9
?	0	1	0

[a]+ indica que a prática aumenta a população ou o dano causado pelo inseto / - indica que a prática dimunui a população ou o dano / 0 indica que não há efeito / ? efeito desconhecido

A vegetação espontânea é especialmente sensível às mudanças das espécies cultivadas e dos herbicidas utilizados de uma estação à outra. Como já foi mencionado, a rotação de culturas de verão com culturas de inverno é uma prática útil, pois oferece uma oportunidade de controlar tanto as invasoras de verão quanto as de inverno. A rotação de uma cultura anual com uma perene também permite algum grau de controle cultural das plantas invasoras não bem adaptadas a este sistema (Francis e Clegg, 1990).

A sequência das espécies numa rotação é um fator crítico, dado que algumas culturas produzem melhor, ou pior, dependendo do cultivo anterior. Muitos experimentos documentaram os efeitos negativos de cultivos contínuos de milho e outros cereais em parcelas não adubadas sobre os teores de nitrogênio e matéria orgânica. O sorgo é uma espécie de difícil sucessão. A produção da maioria das culturas após o sorgo é menor do que após o milho, a soja ou o trigo. Sugeriu-se que o efeito do sorgo sobre as culturas subsequentes seria devido ao alto teor de carboidratos de suas raízes.

A decomposição das raízes estimula o crescimento dos microrganismos do solo e imobiliza o nitrogênio e outros nutrientes na microflora do solo. Em outros casos, os efeitos de uma cultura sobre a próxima pode estar relacionado às substâncias químicas deixadas no solo ou produzidas pela decomposição dos resíduos culturais. Os resíduos do trigo, por exemplo, inibem o crescimento de diversas espécies que possam vir a sucedê-lo. Acredita-se que algumas substâncias químicas alelopáticas sejam produzidas por certos organismos do solo durante a decomposição dos resíduos.

Em compensação, pesquisas têm demonstrado que nas parcelas onde incluíam-se leguminosas como adubo verde, havia aumento nas produtividades das culturas. Os benefícios da adubação verde foram obtidos pelo acúmulo de biomassa e nutrientes durante seu desenvolvimento, sendo depois liberados através da decomposição da matéria orgânica, beneficiando a cultura seguinte. A contribuição mais importante das leguminosas de inverno como cobertura, especialmente em solos arenosos, foi o aumento do teor de nitrogênio (Doll e Link, 1957). Nos Estados Unidos, especialmente nas áreas com longos períodos livres de geadas, inúmeras rotações de culturas foram desenvolvidas, como por exemplo: trigo/soja/leguminosa de inverno/milho, trigo/milho para silagem; azevém anual submetido ao pastoreio e depois ressemeado naturalmente; soja/cereais de inverno/(sobressemeado nas culturas de verão).

Na Inglaterra, espera-se que os sistemas agrícolas de consórcio gramíneas/trevo acumulem suficiente nitrogênio pela fixação biológica para sustentar as culturas seguintes. O nitrogênio acumulado torna-se disponível às culturas subsequentes através da decomposição da planta depois da aração da pastagem. Além disso, o retorno do esterco e do chorume provenientes do pastoreio e do gado confinado permite a circulação dos nutrientes (particularmente fósforo e potássio) pela propriedade. A característica marcante desta rotação é que além de recuperar a fertilidade do solo, a fase gramíneas/trevo é também economicamente produtiva, já que viabiliza a criação animal (Briggs e Courtney, 1985).

A produção de milho após a cultura do trevo doce[24] é substancialmente maior do que a produção do milho com adubação nitrogenada. Num experimento de seis anos em Indiana, o milho após o trevo produziu 5.952 kg/ha, enquanto o milho com 94 kg de N/ha produziu 5.506 kg/ha. O sorgo apresentou aumentos na produção de grãos por 4 estações, quando cultivado depois do trevo, sendo que o maior efeito ocorreu no primeiro ano (Francis e Clegg, 1990).

Com a disponibilidade de fertilizantes inorgânicos na agricultura moderna, a necessidade de rotação de culturas, unicamente como propósito de manter a fertilidade do solo, diminuiu. O crescente fornecimento de nitrogênio químico nos EUA na década de cinquenta levou

---

[24] Trevo doce: *Melilotus albus* (N.T.)

a um maior interesse no cultivo contínuo. À medida que os preços da energia e dos fertilizantes nitrogenados aumentam, as rotações de culturas podem tornar-se, de novo, economicamente eficientes, resultando certamente numa economia substancial de energia. Heichel (1978) mostrou que uma rotação de culturas baseada no milho, incorporando-se outros cereais e leguminosas (grãos e forrageiras), reduz a demanda energética. Comparando-se como cultivo contínuo, o fluxo de energia fóssil em rotação é reduzido em 45% (Tabela 3).

Obviamente, a sequência de espécies utilizadas numa rotação de culturas sofrerá variações de acordo com o clima, as tradições, a economia e outros fatores. Espera-se, entretanto, que as rotações de culturas ampliem a base econômica da atividade agrícola, permitam uma melhor distribuição da demanda de mão de obra durante o ano e possibilitem a produção de culturas de elevado valor de mercado, aumentando as possibilidades de aumento da renda (Briggs e Courtney, 1985). As rotações são muito específicas para cada propriedade e, frequentemente, as generalizações não são possíveis. O exemplo a seguir, uma rotação em áreas de produção intensiva de gado na Escócia, mostra a adaptação da rotação à topografia e ao clima, suprindo plenamente as demandas dos animais e das plantas (Widdowson, 1987):

Ano 1: Trigo de inverno: cultura comercial, seguindo a batata.

Ano 2: Tubérculos para alimentação animal: cultura de "limpeza" após o cereal. Também serve para receber esterco de curral.

Ano 3: Cevada de primavera: cultura comercial utilizando resíduos de colheita do tubérculo-forrageiro. O teor de nitrogênio estará baixo, tornando possível o uso da cevada para produção de malte.

Ano 4: Pastagem artificial: feno para o gado.

Ano 5: Aveia de primavera: alimentação animal.

Ano 6: Batata-semente: cultura comercial. Há bastante tempo para aração profunda e para a aplicação de grande quantidade de esterco de curral, preparado durante o ano anterior.

Tabela 3

Intensidade e eficiência do uso da energia no cultivo contínuo de milho, comparado com rotações incorporando outros cereais e leguminosas (grãos e forrageiras) (Heichel, 1978).

Rotação	1	2	3	4	5	6
	Milho contínuo	2 milho-soja	2 milho-aveia – 2 alfafa	3 milho – soja – trigo 3 alfafa	2 milho – alfafa	Milho – soja – ervilhaca
Fluxo de energia fóssil (Mcal/ha/dia)[a]	43,0	32,0	26,4	24,0	27,4	22,0
Produtividade (kg de matéria seca/ha)	8.699	6.962	8.217	6.888	7.442	5,824
Produtividade energética da cultura/fluxo de energia fóssil	6,1	6,6	7,8	8,3	8,1	8.2

[a] Megacaloria por hectare por dia.

Nesta rotação, metade das culturas é usada para a alimentação animal e a outra metade é comercializada. O objetivo é ter duas culturas de alto valor, a cevada para produção de malte e a batata-semente. As batatas estarão prontas para serem vendidas como semente assim que a velocidade do vento for suficientemente alta para não permitir o dano pelos pulgões (afídeos), de forma que a possibilidade de infecção virótica será mínima. Atualmente, o gado é comprado dos criadores das montanhas próximas, mas tradicionalmente era comprado da Irlanda (mostrando as implicações multinacionais da produção holística). A terminação do gado é feita em estábulos cobertos, usando-se a palha de cevada, aveia e trigo para a produção do esterco de curral . Os animais alimentam-se de palha de aveia com feno para garantir uma ingestão adequada de fibras. Os grãos de aveia, junto com raízes e refugo das batatas completam a dieta dos animais. Os nutrientes supridos por essa dieta garantem que o gado estará pronto para venda no próximo inverno. Neste tipo de rotação, cada cultura dura apenas um ano.

SISTEMA DE PLANTIO CONSERVACIONISTA

Considera-se como sistema de plantio conservacionista, qualquer sistema de preparo do solo que, quando comparado com os sistemas convencionais (Mueller *et al.*, 1981), reduza a erosão e conserve a umidade. Nos sistemas de plantio conservacionista, os restos culturais não incorporados são deixados na superfície do solo, que permanece coberta e um pouco irregular. Em geral, os pesquisadores consideram como plantio conservacionista a preparação do solo que deixa 30% ou mais de resíduos em cobertura após o plantio. Entre estes sistemas, destaca-se: o cultivo mínimo, a aração superficial, o cultivo em sulcos, o uso de plantas subsoladoras e o plantio direto. Quando aplicados com sucesso, estes sistemas podem reduzir o consumo de energia e controlar a erosão.

Tem sido amplamente divulgado que o plantio direto reduz o uso de insumos e os gastos energéticos, sendo o controle da erosão, talvez, o benefício mais importante. Os sistemas de plantio direto também melhoram o planejamento e aumentam a segurança da atividade agrícola, uma vez que os problemas climáticos são melhor controlados. As principais diferenças entre este sistema e o convencional são apresentadas na Tabela 4. Nos sistemas de cultivo mínimo, as plantas podem ser semeadas, capinadas e colhidas em épocas de muita umidade no solo, o que seria impossível caso o sistema fosse o convencional. Outras vantagens incluem: a conservação da umidade, a redução da compactação do solo e o aumento no potencial produtivo dos cultivos múltiplos. Além disso, a produtividade nos sistemas de plantio direto frequentemente iguala-se ou supera a dos métodos convencionais (Phillips e Phillips, 1984). Um estudo do USDA ("United States Department of Agriculture", seu equivalente no Brasil seria o Ministério da Agricultura) estimou que por volta do ano 2.000, cerca de 65% da área plantada com grãos (trigo, centeio e soja) serão conduzidas com métodos de cultivo mínimo (Phillips *et al.*, 1980).

Tabela 4

Comparação dos efeitos do sistema de preparo do solo sobre os fatores que influenciam a produtividade da culturas.

Fatores	Plantio convencional	Plantio direto	Efeito na cultura*
Fatores do solo			
Temperatura	Dias quentes, noites frias	Pouca variação	+/-
Consumo de água	Alto, logo após a preparação, diminui com o encrostamento do solo	Taxa inicial mais baixa mantém-se durante toda a estação de plantio	+/0
Minerais aplicados na superfície	Misturados ao solo para arar em profundidade	Lixiviam vagarosamente	0
Densidade do solo	Diminui com a preparação inicial	Pouco efeito	0/-
Compactação	Alterada pela aração	Pouca alteração	-
Aeração	Aumento inicial	Pouco efeito	0/-
Distribuição da matéria orgânica	Misturada ao solo	Próxima à superfície	-
Fatores biológicos			
Controle da vegetação espontânea	Inicialmente excedente	Baseado em herbicidas	-
Organismos patogênicos	Inóculo enterrado (não incorporado)	Na superfície	-
Invertebrados do solo Benéficos Destrutivos	Quebra do ciclo de vida	Pouco efeito	+ -
Funções das máquinas			
Plantio	Máquinas convencionais destinadas ao preparo de solos sem cobertura	Equipamento especial para solos com cobertura morta	0/-
Cultivo	Eficiente em solos soltos, rompimento de raízes	Mais difícil com a cobertura morta	0/-
Resistência ao tráfego de máquinas (em solos úmidos)	Ruim	Boa	+
Manejo			
Cronograma das operações	Pode atrasar-se	Exigem mais tempo para ser efetuado com segurança	+
Demanda de potência	Aumenta devido às sucessivas operações	Mínima	N/A
Demanda de mão de obra	Aumenta devido às sucessivas operações	Mínima	N/A
Confiabilidade	Boa	Pode ser errática	N/A

* Código: + efeito para o plantio direto; 0 Neutro ou sem efeito; - efeito negativo para plantio direto; N/A não aplicável.

Os sistemas de plantio direto causam muito pouco distúrbio no solo. É efetuada apenas uma operação de preparo e plantio, na qual é aberto um sulco de aproximadamente 5 cm de largura para semeadura. Este sulco geralmente é feito por uma lâmina colocada à frente da plantadeira. Como não há revolvimento do solo, mais de 95% dos resíduos são deixados na superfície.

EFEITOS NAS CARACTERÍSTICAS DO SOLO E NO DESENVOLVIMENTO DAS PLANTAS

Umidade do solo. Após o plantio, o sistema de cultivo mínimo deixa 50% ou mais de resíduos na superfície e geralmente apresenta maiores teores de umidade do solo, maior penetração da água e menor evaporação durante o desenvolvimento das plantas. Nas áreas com baixa precipitação anual e nos solos com baixa capacidade de retenção de água, o teor mais elevado de umidade aumenta o potencial de produção. Nos solos com drenagem deficiente nas latitudes mais altas da região norte dos EUA, o aumento de umidade pode atrasar o plantio e diminuir o potencial de produção (Sprague e Triplett, 1986). Em sistemas de plantio direto com solos cobertos, as plantas sofrem menos estresse hídrico do que nos sistemas convencionais. Em anos de precipitação elevada, não há diferença nas produtividades de solos preparados com plantio direto ou convencional.

Temperatura do solo – vários estudos têm mostrado que o aumento dos resíduos na superfície diminui o aquecimento do solo na primavera, atrasando a germinação, a emergência e o crescimento inicial das culturas, especialmente no norte dos EUA. Entretanto, pode ser um benefício no sul dos EUA e em climas mais tropicais. Os diferentes tipos de sistemas de cultivo deixam quantidades variáveis de resíduos na superfície, o que faz variar a temperatura dos solos. As diferenças na temperatura do solo entre o sistema convencional e o plantio direto podem variar de 1 a 4 °C.

Fertilidade do solo – devido a um aumento da incorporação de resíduos e à redução da movimentação do solo, os sistemas de cultivo mínimo produzem diferentes níveis de umidade, temperatura, teor de matéria orgânica, taxa de decomposição e população microbiana. Todos estes fatores influenciam a disponibilidade de nutrientes e, portanto, a necessidade de adubação. Os resíduos deixados na superfície do solo promovem o acúmulo de matéria orgânica nos primeiros centímetros de seu perfil e melhoram suas propriedades físicas. Com os estudos conduzidos até o momento, infelizmente, os pesquisadores não obtiveram conclusões seguras sobre as possíveis modificações nos programas de adubação nitrogenada para os sistemas de cultivo mínimo.

Algumas evidências sugerem que os resíduos deixados no primeiro ano de adoção do sistema de plantio direto demandam muito nitrogênio disponível, podendo causar deficiências ou, pelo menos, diminuir a disponibilidade deste nutriente. Entretanto, após alguns anos de plantio direto, o sistema estará estabilizado e o teor de nitrogênio não se diferencia do sistema convencional. Em geral existe um aumento do N orgânico nos primeiros 5 cm do solo no sistema de plantio direto.

A disponibilidade de fósforo parece ser igual ou até maior no sistema de plantio direto, quando comparado como sistema convencional, independentemente do modo de aplicação, i.e., a lanço ou na linha de plantio. Este fenômeno ocorre apesar do fósforo aplicado a lanço acumular-se nos primeiros centímetros do solo, devido à falta de incorporação e de movimento do nutriente no perfil do solo. Os resíduos na superfície do solo possivelmente permitem uma umidade suficiente para o crescimento das raízes e absorção do fósforo.

Há controvérsias sobre a disponibilidade de potássio no plantio direto. Alguns pesquisadores sustentam que ocorre uma diminuição na disponibilidade de potássio, especialmente em condições de elevada umidade e baixas temperaturas. Outros afirmam não haver qualquer deficiência. Apesar das aplicações contínuas de fertilizantes potássicos promoverem o acúmulo deste elemento nos primeiros 5 cm do solo nos sistemas de plantio direto (D'Itri,1985), são necessárias mais pesquisas para esclarecer estas opiniões tão conflitantes.

Acidez do solo – a acidez do solo é um fator importante no plantio direto. Uma questão fundamental é a aeração na superfície do solo, onde o fertilizante nitrogenado é aplicado. A superfície do solo com pH baixo pode levar à queda na produtividade devido à baixa disponibilidade dos nutrientes e à competição adicional das plantas espontâneas. A diminuição rápida do pH do solo é menos problemática quando usam-se leguminosas, pois elas demandam menos fertilizantes nitrogenados. Dos elementos essenciais e microelementos, o magnésio é pouco afetado e o enxofre parece estar menos disponível na matéria orgânica do solo. O zinco tende a ser mais disponível devido ao alto teor de matéria orgânica e ao pH mais baixo. Em geral, a fertilidade do solo com o plantio direto é fortemente influenciada pela interação dos seguintes fatores: maior umidade do solo; níveis mais altos de matéria orgânica em lenta decomposição; maior acidez e temperaturas mais baixas na primavera (Sprague e Triplett, 1986). Um dos principais desafios é a identificação de culturas agrícolas que apresentem efeito alelopático em seus resíduos, contra diversas espécies de vegetação espontânea.

EFEITOS SOBRE PRAGAS, DOENÇAS E VEGETAÇÃO ESPONTÂNEA

Controle da vegetação espontânea – os sistemas de plantio direto dependem de uma aplicação pesada de herbicidas. Geralmente, a quantidade máxima recomendada de herbicida é aplicada na cultura do milho, devido ao acúmulo de sementes de vegetação espontânea na superfície, que exercem, potencialmente, maior pressão do que no sistema convencional. Além disso, os resíduos na superfície interceptam e inativam parte do herbicida aplicado.

A eliminação do revolvimento do solo determina mudanças nas espécies de vegetação espontânea. As plantas perenes, prontamente controladas pela aração e gradagem, estabelecem-se e persistem em áreas nas quais a aração não é realizada. A vegetação espontânea botanicamente relacionada com as culturas e outras que escapam ao controle geralmente proliferam-se, tornando-se grandes problemas. Um exemplo clássico é o aumento do capim colonião na cultura do milho após repetidas aplicações de atrazine para o controle de vegetação espontânea anual nos sistemas de plantio direto (Sprague e Triplett, 1986).

Controle de doenças – as alterações do microclima devido aos resíduos na superfície do solo podem retardar, aumentar ou mesmo não ter qualquer efeito sobre as doenças das plantas. O grau de influência dos resíduos nas doenças das plantas geralmente está relacionado à quantidade de resíduo que permanece após o plantio. Os resíduos na superfície podem afetar as doenças de várias formas. Fornecem *habitats* favoráveis à sobrevivência durante o inverno, crescimento e multiplicação dos fitopatógenos, particularmente fungos e bactérias. Existem muitos patógenos que sobrevivem melhor ao inverno nos resíduos sobre a superfície por estarem protegidos do ambiente e de outros microrganismos. A aração do solo aumenta as chances de epidemias causadas por tais patógenos. Durante um estudo de 7 anos no Nebraska, as doenças foliares nunca foram tidas como problemáticas para o sorgo ou o trigo em sistemas de cultivo mínimo, (Doupnik e Boosalis, 1980). A incidência da podridão do colmo no sorgo, uma doença causada pelo *Fusarium moniliforme*, foi reduzida drasticamente com plantio direto, quando comparado com o plantio convencional. A incidência foi reduzida de 39 para 11% e a produtividade aumentou (Sprague e Triplett, 1986). A maior capacidade de retenção de umidade e as temperaturas do solo mais baixas e constantes são, sem dúvida, os dois fatores principais associados ao cultivo mínimo responsáveis pela menor incidência da podridão do colmo do milho. Sob essas condições de crescimento mais favoráveis, as plantas ficam menos vulneráveis ao fungo. Por outro lado, em Wisconsin, o aparecimento de *eyespot*, doença que ocorre nas folhas do milho (causada pelo fungo *Aureobasidium zeae*), foi mais intensa em sistemas de plantio direto.

A rotação de culturas é especialmente importante para o controle de doenças com aração superficial. O plantio de uma cultura sobre o resíduo da mesma espécie da estação anterior, sem um período de pousio, tem maior probabilidade de aumentar a incidência de certas doenças do que quando a cultura é plantada sobre os resíduos de espécies diferentes. Outra forma de reduzir as doenças associadas ao cultivo mínimo é a rotação dos sistemas de preparo de solo. A rotação do método de cultivo, associada à rotação de culturas, é um método excelente de controle de doenças vegetais. Isto pode ser feito de maneira a permitir a manutenção de 20 a 30% dos resíduos na superfície, valendo-se assim dos benefícios da aração superficial, enquanto reduz-se o potencial epidêmico das doenças.

As doenças causadas por fungos do solo relacionadas ao sistema de preparo superficial do solo podem ser reduzidas pelo tipo, quantidade e época de aplicação de fertilizantes. A aplicação de sulfato de amônio na primavera controlou o "*take all*" do trigo (mal do pé de trigo), enquanto que a aplicação do fertilizante nitrogenado no outono, aumentou a incidência da enfermidade do cereal semeado na primavera.

Dinâmica de insetos. Os entomólogos que trabalham com sistemas de plantio direto descobriram que a camada de restos vegetais do solo fornece um microambiente favorável a alguns insetos que atacam o milho, como as larvas das mariposas "*armyworms*" (*Pseudaletia unipuncta*), "*blackcutworms*" (lagarta rosca ou *Agrotis ypsilon*) e "*stalkborers*" (*Pyrausta nubilalis* e *Diatrae grandiosella*) (House e Stinner, 1983). A redução de práticas mecanicamente destrutivas no plantio direto aumentou a sobrevivência das pragas que habitam os restos culturais ou a superfície do solo. Os maiores prejuízos da infestação de pragas ocorrem nos estádios de sementes e plântulas, com o ataque das pragas que desenvolvem-se na superfície do solo. Existem duas tendências associadas aos sistemas de plantio direto: (a) o nível de atividade das pragas está relacionado com a cultura anterior; e (b) os sistemas de plantio direto permitem maior diversidade de pragas que os sistemas convencionais. A maior parte dos métodos de controle de pragas nos sistemas de plantio direto tem atacado apenas os sintomas do problema, não indo às suas causas. Baseiam-se quase que exclusivamente em inseticidas de amplo espectro e pouca pesquisa tem sido conduzida no desenvolvimento de métodos culturais e biológicos de controle e prevenção de pragas.

Recentemente, alguns pesquisadores da Geórgia divulgaram alguns benefícios relacionados a aspecto entomológicos do sistema de plantio direto (House e Stinner, 1983). Na Costa Rica, Shenk e Saunders (1983) encontraram menor incidência da lagarta do cartucho (*Spodoptera frugiperda*) e do coleóptero das folhas (*Diabrotica balteat*) nas parcelas de plantio direto de milho do que nas parcelas submetidas à aração. No norte da Geórgia (EUA), na cultura da soja, a abundância e diversidade de besouros da família dos Carabídeos é frequentemente muito superior no sistema de plantio direto do que no plantio convencional. Os restos vegetais da superfície e as plantas espontâneas do plantio direto proveem os Carabídeos predadores e as aranhas com boa fonte de nutrientes e proteção contra condições climáticas desfavoráveis (House e Stinner, 1983). Eles podem exercer um substancial controle das sementes e plântulas de espécies espontâneas. A umidade mais elevada e a menor temperatura podem fomentar o desenvolvimento de patógenos de insetos, como observou-se com nematoides "*rhabditoid*" em sorgo sob plantio direto (Sprague e Triplett, 1986).

PRODUTIVIDADE DAS CULTURAS

Apesar da grande variabilidade das produtividades entre o sistema de plantio direto e o sistema convencional, algumas generalizações podem ser feitas:

1. Os resíduos mantidos sobre o solo no sistema de plantio direto reduzem tanto a evaporação, quanto o escorrimento superficial da água.

Nas áreas onde a precipitação deficiente é o principal fator limitante para o crescimento das plantas, a cobertura morta, ao conservar a umidade, representa uma evidente vantagem. Provavelmente é a explicação para a elevada porcentagem de adoção do plantio direto nas Planícies Setentrionais dos EUA.

2. O resíduo superficial, associado ao aumento da umidade do solo, retarda o aquecimento do solo, atrasando a germinação das sementes e a emergência das plântulas. Nos locais onde a estação de cultivo já é curta, como nas altas latitudes, esta característica do plantio direto representa uma desvantagem em termos de produtividade.

3. O plantio direto geralmente leva desvantagem na produtividade em solos de drenagem deficiente. Aparentemente, a umidade do solo é o fator mais importante que restringe a adoção deste sistema no Cinturão do Milho, tornando-se menos restritivo à medida que se dirige do leste para o oeste dos EUA. Organismos patogênicos e plantas espontâneas, favorecidos pelas condições de umidade, são razões para as baixas produções em solos mal drenados. O frio e as condições de umidade do solo também retardam a mineralização do nitrogênio orgânico, facilitam a denitrificação e a decomposição dos herbicidas pelas bactérias do solo.

4. Os sistemas de cultivo mínimo sofrem perda de produtividade sempre que as invasoras não são adequadamente controladas pelos herbicidas. As plantas espontâneas perenes, em particular, podem tornar-se problemáticas, pois devido à regeneração das raízes, são menos vulneráveis aos herbicidas que as anuais.

5. O cultivo mínimo economiza tempo entre a colheita de uma cultura e o plantio da outra, sendo mais favorável aos consórcios do que os sistemas convencionais. O plantio de duas culturas por ano numa mesma área, aumenta o retorno econômico da propriedade. Essa vantagem é mais marcante no sudeste americano, onde a ampliação da estação de plantio, que já é bastante longa, favorece os dois plantios anuais. Em algumas áreas no sul do Cinturão do Milho, também pratica-se dois plantios anuais.

NECESSIDADES ENERGÉTICAS

Nos sistemas de plantio direto, necessita-se de menos energia para as operações de preparo do solo. Os benefícios da economia energética são: (a) menor consumo de combustível devido à redução de operações no campo; (b) menor tempo gasto com mão de obra; (c) possibilidade de duplicar os plantios no mesmo ano e (d) menor investimento em maquinário agrícola. Entretanto, algumas atividades, como maior uso de herbicida e taxas de semeadura e equipamentos diferenciados, demandam mais energia. Uma vez que a aração, gradagem e outras passagens pelo campo são eliminadas, ocorre uma redução no uso de combustíveis da ordem de 34 a 76%. Entretanto, a necessidade adicional de herbicida nos sistemas de plantio direto pode anular parte desses ganhos. O custo total de produção do milho no meio-oeste dos EUA geralmente aumenta um pouco com a intensidade do preparo do solo. As pesquisas sobre rotações de culturas que deixam resíduos com atividade alelopática contra certas plantas espontâneas garantem claramente a redução do uso de herbicida nos sistemas de plantio direto. Os restos culturais de cereais, especialmente os que produzem grãos pequenos, controlam muitas espécies de plantas espontâneas de folhas largas (Putnam e De Frank,1983). Os restos culturais de centeio "*Balboa*" e trigo "*Tecumseh*", dessecados no outono, inibem a germinação e o crescimento de muitas espécies de plantas espontâneas, reduzindo sua biomassa no período de cultivo subsequente.

PLANEJANDO SISTEMAS DE PLANTIO CONSERVACIONISTA OU SISTEMAS DE ECOPOUSIO

Algumas formas de plantio conservacionista podem ser aplicadas à grande variedade de solos e regiões ecológicas adotando-se uma abordagem holística que considere todos os fatores que afetam a produção (D'Itri, 1985). O plantio conservacionista requer um conjunto especial de práticas culturais que podem ser diferentes do plantio convencional, baseado na aração (Figura 2). Deve-se observar, cuidadosamente, as práticas culturais especificamente desenvolvidas para os sistemas de plantio conservacionista, pois eles não constituem apenas um conceito, mas sim um conjunto de práticas especificamente desenvolvidas e adotadas para conservar o solo e os recursos hídricos, manter retornos elevados e satisfatórios, minimizar a degradação do solo e do ambiente e manter os recursos naturais.

Figura 2

Práticas culturais necessárias para o sucesso da adoção dos sistemas de plantio conservacionista.

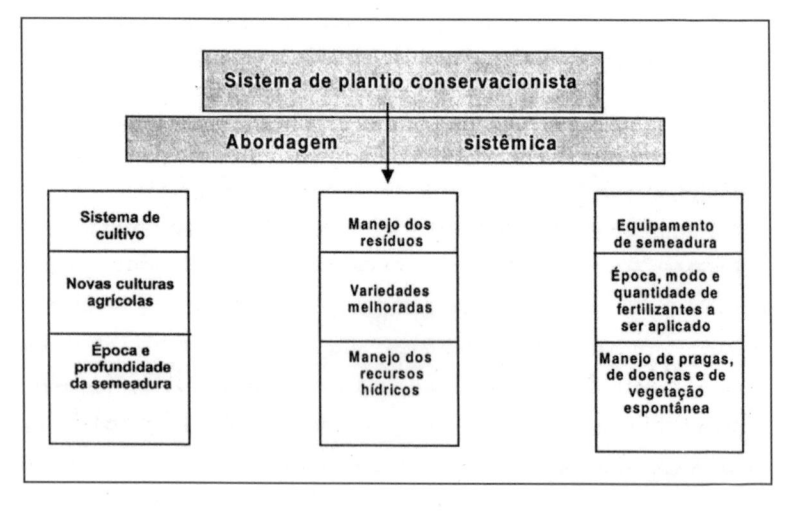

SISTEMAS AGROFLORESTAIS

John G. Farrell e Miguel A. Altieri

Sistema agroflorestal é um nome genérico que se utiliza para descrever sistemas tradicionais de uso da terra amplamente utilizados, nos quais as árvores são associadas no espaço e/ou no tempo com espécies agrícolas anuais e/ou animais. Combina-se, na mesma área, elementos agrícolas com elementos florestais, em sistemas de produção sustentáveis. Entretanto, apenas recentemente têm sido desenvolvidos os conceitos modernos sobre sistema agroflorestal e embora muitas sugestões tenham sido apresentadas, não existe uma definição universalmente aceita, incluindo-se entre elas, a definição do ICRAF: "Sistema agroflorestal é um sistema sustentável de manejo do solo e de plantas que procura aumentar a produção de forma contínua, combinando a produção de árvores (incluindo frutíferas e outras) com espécies agrícolas e/ou animais, simultaneamente ou sequencialmente, na mesma área, utilizando práticas de manejo compatíveis com a cultura da população local" (Centro Internacional para Pesquisa Agroflorestal, 1982). Qualquer que seja a definição, em geral é consenso que o sistema agroflorestal representa um conceito de uso integrado da terra, particularmente adequado às áreas marginais e a sistemas de baixo uso de insumos. O objetivo da maioria dos sistemas agroflorestais é otimizar os efeitos benéficos das interações entre os componentes arbóreos, agrícolas e animais a fim de obter uma produção comparável àquela obtida com um monocultivo, com os mesmos recursos, dadas as condições econômicas, ecológicas e sociais predominantes (Nair, 1982).

CARACTERÍSTICAS DOS SISTEMAS AGROFLORESTAIS

Os sistemas agroflorestais incorporam quatro características:

Estrutura – ao contrário da agricultura e silvicultura modernas, o sistema agroflorestal combina árvores, plantas anuais e animais. No passado, os agrônomos raramente consideravam a utilidade das árvores nas propriedades, enquanto os engenheiros florestais encaravam as florestas simplesmente como reservas para o crescimento de árvores (Nair, 1983). Entretanto, durante séculos, os agricultores têm suprido suas necessidades básicas cultivando de forma conjunta espécies anuais alimentícias, árvores e animais.

Sustentabilidade – o sistema agroflorestal otimiza os efeitos benéficos das interações entre espécies arbóreas, espécies anuais e animais. Usando os ecossistemas naturais como modelos e aplicando suas características ecológicas aos sistemas produtivos, espera-se que a produtividade a longo prazo possa ser mantida sem degradar a terra. Isto é particularmente importante, considerando-se o uso atual dos sistemas agroflorestais em áreas de qualidade marginal e baixa disponibilidade de insumos.

Aumento da produtividade – ao estimular as relações de complementaridade entre os componentes produtivos, melhorar as condições de crescimento e o uso eficiente dos recursos naturais (espaço, solo, água, luz), espera-se que a produção seja maior nos sistemas agroflorestais do que nos sistemas convencionais de uso da terra.

Adaptabilidade socioeconômica/cultural – embora os sistemas agroflorestais sejam apropriados a uma ampla faixa de tamanhos de propriedades e condições socioeconômicas, seu potencial é particularmente reconhecido para pequenos produtores em áreas pobres e marginais dos trópicos e subtrópicos. Considerando-se que os agricultores com baixa renda praticamente não possuem condições para adotar as tecnologias agrícolas modernas de alto custo, o fato de estarem à margem das pesquisas agrícolas e de não terem poder político e social definido, pode-se dizer que os sistemas agroflorestais lhes são particularmente adaptados.

CLASSIFICAÇÃO DOS SISTEMAS AGROFLORESTAIS

Vários critérios podem ser usados na classificação dos sistemas e práticas agroflorestais (Nair, 1985). Os mais comumente usados são a estrutura do sistema (composição e arranjo dos componentes), função, escala socioeconômica, nível de manejo e distribuição ecológica. Estruturalmente, os sistemas agroflorestais podem ser agrupados em:

- *Agrossilviculturais*: uso da terra para produção simultânea ou sequencial de culturas anuais e florestais.

- *Sistemas silvipastoris*: sistema de manejo da terra em que as florestas são utilizadas para produção de madeira, alimento e forragem, bem como para a criação de animais domésticos.

- *Sistemas agrossilvipastoris*: sistemas em que a terra é manejada para a produção simultânea de culturas agrícolas e florestais e para a criação de animais domésticos.

- *Sistemas de produção florestal de múltiplo uso*: sistema no qual as árvores são regeneradas e manejadas para produzir não somente madeira, mas folhas e/ou frutos adequados para alimentação e/ou forragem.

Outros sistemas agroflorestais podem ser definidos, como a apicultura com o uso de árvores, aquicultura em manguezais, árvores de múltiplo uso e assim por diante. Os componentes podem ser arranjados no tempo ou no espaço e vários termos são usados para caracterizar os diversos arranjos. A base funcional refere-se aos produtos principais e ao papel dos componentes, especialmente os arbóreos. Podem ser funções produtivas (atendendo às necessidades básicas, como alimento, forragem, lenha e outros produtos) e funções conservacionistas (conservação do solo, melhoria da fertilidade do solo, proteção oferecida por quebra-ventos ou cinturões de proteção).

Com base na ecologia, os sistemas podem ser agrupados de acordo com zonas agroecológicas definidas, como planícies dos trópicos úmidos, trópico árido ou semiárido, planaltos tropicais etc. A escala socioeconômica de produção e o nível de manejo dos sistemas podem ser usados como critérios para designar os sistemas como comerciais, intermediários ou de subsistência. Cada um desses critérios tem méritos e aplicabilidade em situações especificas e cada qual tem suas limitações, de maneira que não há um único esquema de classificação que possa ser aplicado universalmente. A classificação vai depender do objetivo para o qual ela é realizada.

O POTENCIAL DAS ÁRVORES

As árvores geralmente são subutilizadas na agricultura e embora muito tenha sido escrito sobre suas virtudes (Smith, 1953; Douglas & Hart, 1976; MacDaniels & Lieberman, 1979) seu potencial permanece relativamente inexplorado. Devido às suas formas e hábitos de crescimento, as árvores influenciam outros componentes do sistema agrícola (Figura 1). Sua ampla copa afeta a radiação solar, a precipitação e o movimento do ar, enquanto seu extenso sistema radicular preenche grandes volumes de solo. A absorção de água e nutrientes e a redistribuição destes nutrientes com a queda das folhas, assim como o movimento de rompimento das raízes e as possíveis associações das raízes com bactérias e/ou fungos também podem alterar o ecossistema onde os vegetais se desenvolvem.

As árvores podem melhorar a produtividade de um determinado agroecossistema influenciando nas características do solo, no microclima, na hidrologia e em outros componentes biológicos associados.

Características do solo – as árvores podem afetar o teor de nutrientes do solo, explorando as reservas minerais mais profundas na rocha matriz, recuperando os nutrientes lixiviados e depositando-os na superfície, como serapilheira. Esta matéria orgânica aumenta o teor de húmus do solo, o que, por sua vez, aumenta a capacidade de troca catiônica e diminui as perdas de nutrientes. A matéria orgânica adicionada também modera as reações extremas do solo (pH) e, consequentemente, deixa disponíveis tanto os nutrientes essenciais como os elementos tóxicos. Uma vez que nitrogênio, fósforo e enxofre são armazenados principalmente sob a forma orgânica, uma boa quantidade de matéria orgânica é especialmente importante para mantê-los disponíveis. A associação das árvores com bactérias fixadoras de nitrogênio e com micorrizas também aumenta o nível de nutrientes disponíveis. A atividade microbiana tende a aumentar sob as árvores devido ao maior teor de matéria orgânica (maior suprimento de nutrientes) e melhor ambiente para o crescimento (temperatura e umidade do solo).

Figura 1

A influência das árvores em Tlaxcala, México, no ambiente de cultivo de milho (Farrell, 1984).

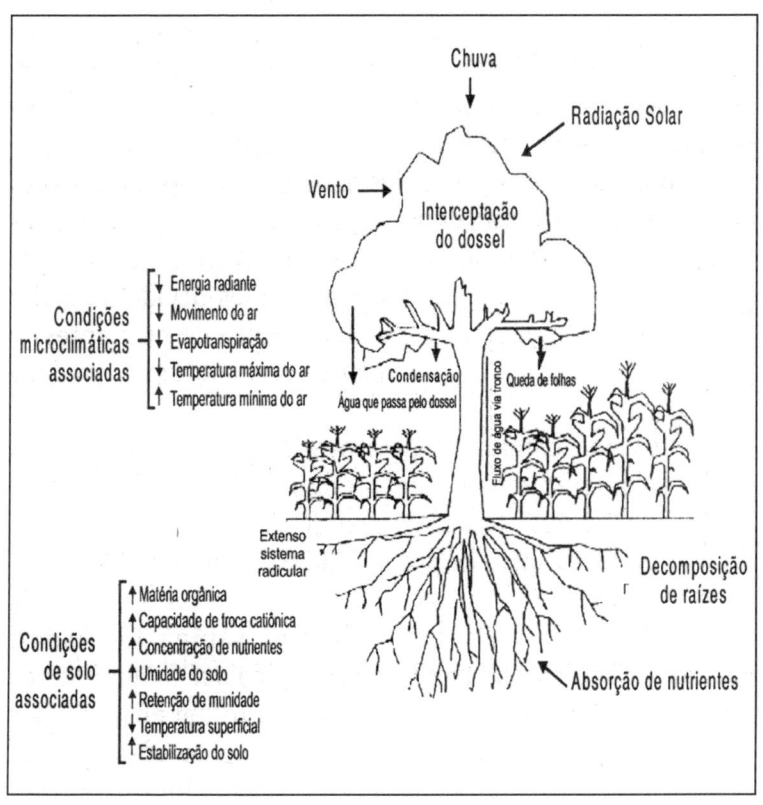

Um estudo conduzido para avaliar o papel das árvores em sistemas tradicionais de produção no México Central (Farrell, 1984) ilustra o potencial de influência das árvores na fertilidade do solo. As propriedades da superfície do solo foram medidas a distâncias crescentes de duas espécies de árvores, "capulin" (*Prunus capuli*) e "sabino" (*Juniperus deppeana*), selecionadas em áreas agrícolas. Os mais altos valores de todos os parâmetros medidos foram encontrados sob as copas de "capulin" e à medida que se afastava das árvores, observava-se o decréscimo destes valores. A disponibilidade de fósforo aumentou de quatro a sete vezes sob as árvores (Figura 2) o carbono total e o potássio aumentaram de 2 a 3 vezes, nitrogênio, cálcio e magnésio aumentaram de uma vez e meia a três vezes e a capacidade de troca catiônica aumentou de uma e meia a duas vezes. O pH do solo também foi maior sob as árvores. Esta disposição espacial foi atribuída principalmente à redistribuição dos nutrientes com a queda das folhas e ao acúmulo de matéria orgânica próximo às árvores.

As árvores também podem melhorar as propriedades físicas do solo, sendo a estrutura a mais importante. A estrutura é melhorada com o aumento no teor de matéria orgânica (folhas e raízes) e pela ação descompactante das raízes das árvores e da atividade microbiana, o que ajuda no desenvolvimento de agregados do solo mais estáveis. A temperatura do solo é amenizada pelo sombreamento e cobertura da serapilheira.

A função que as árvores podem exercer na proteção do solo é bem reconhecida. Além de reduzir a velocidade do vento, a copa das árvores diminui o impacto das gotas de chuva sobre a superfície do solo. A serapilheira que cobre o solo e a sua melhor estrutura também ajudam a reduzir a erosão laminar. A penetração do sistema radicular das árvores tem a importante função de estabilizar o solo, especialmente em encostas íngremes.

Figura 2

Mudanças no teor de fósforo e de nitrogênio na superfície do solo em função da distância das árvores "capulin" e "sabino" (Farrell, 1984).

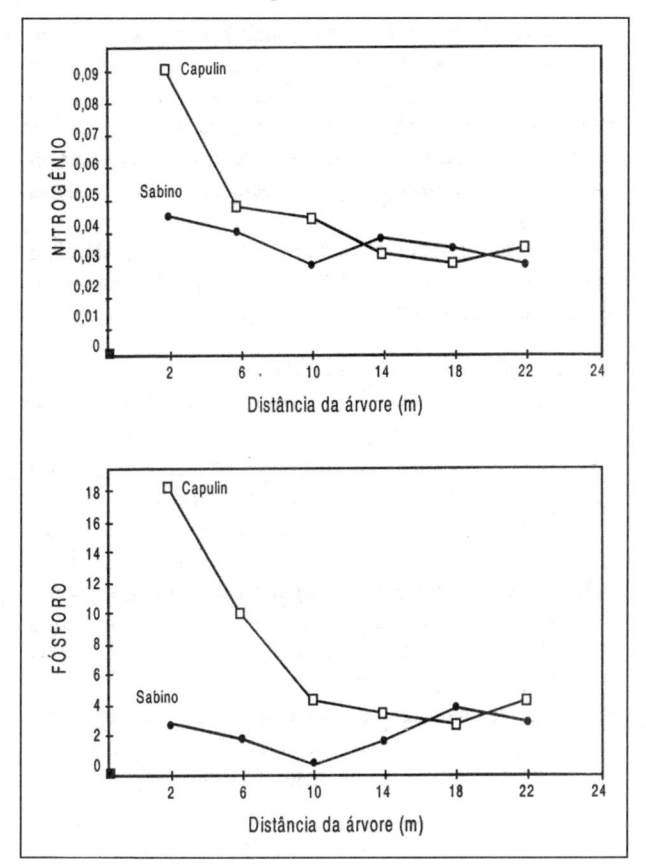

A inclusão de espécies perenes lenhosas, compatíveis e desejáveis na propriedade, pode resultar na melhoria da fertilidade do solo através de:

1. Aumento do teor de matéria orgânica do solo com a adição de folhas e outras partes da planta, que formarão a serapilheira.

2. Eficiente ciclagem de nutrientes no sistema e, consequentemente, utilização mais eficiente tanto dos nutrientes já presentes, quanto daqueles aplicados a altos custos.

3. Fixação biológica de nitrogênio e solubilização de nutrientes de baixa disponibilidade, como por exemplo, o fósforo, através da atividade de micorrízas[25] e de bactérias solubilizadoras de fosfato.

4. Aumento da fração de nutrientes ciclados pelas plantas, resultando na redução de perda de nutrientes por afastamento da zona de absorção radicular.

5. Interação complementar entre as espécies do sistema, resultando numa repartição mais eficiente dos nutrientes entre seus componentes.

6. Economia adicional de nutrientes, devido às diferentes zonas de absorção das raízes das diversas espécies do sistema.

7. Regulação, através da matéria orgânica aportada, de variações extremas do solo e da liberação e disponibilidade de nutrientes.

Microclima – as árvores reduzem as oscilações de temperatura, em comparação com áreas a pleno sol, resultando em máximas mais baixas e mínimas mais altas sob as copas. A taxa de evaporação é reduzida devido às copas das árvores, que proporcionam temperaturas mais baixas e uma menor movimentação do ar. Comparando-se com áreas a pleno sol também pode- se encontrar maior umidade relativa sob as árvores.

Hidrologia – o balanço hídrico de um determinado local, propriedade ou região é influenciado pelas características estruturais e funcionais das árvores. Em vários graus, dependendo da densidade da copa e das características das folhas, a precipitação pode atravessá-la e chegar à superfície do solo, ser interceptada e evaporar, ou ser redistribuída à base do tronco, escorrendo pelo mesmo. A umidade do ar também pode ser coletada pela copa e depositada como precipitação interna (gotas de névoa), uma fonte potencialmente significativa em áreas de

---

[25] As micorrízas na verdade não têm o poder de solubilizar fosfato, mas sim o de aumentar o volume de solo explorado pelas raízes para a absorção de fósforo solúvel. (N.R.)

nevoeiro. Como um resultado de um melhor estruturado solo e da presença da serapilheira, a água que realmente atinge o solo é usada mais eficientemente, devido ao aumento da infiltração e da permeabilidade, da redução da evaporação e do escorrimento superficial. Numa escala maior, particularmente nas áreas propensas a inundações, as árvores podem reduzir o deflúvio de água subterrânea e há evidências de que as características hidrológicas das bacias hidrográficas são favoravelmente influenciadas pela presença de árvores.

Componentes biológicos associados – as plantas cultivadas e não cultivadas, insetos e organismos do solo podem se beneficiar da presença de árvores. Embora os mecanismos específicos sejam pouco entendidos, geralmente envolvem: um microclima mais propício; temperatura do solo, umidade e teor de matéria orgânica favoráveis; e uma maior disponibilidade de nutrientes, bem como maior eficiência no uso e ciclagem destes. O aumento do teor de matéria orgânica no solo pode resultar em maior atividade de microrganismos favoráveis na rizosfera. Tais organismos também podem produzir substâncias que promovem o crescimento através de interações desejáveis e proporcionar efeitos de comensalismo no crescimento das plantas.

Funções produtivas – as árvores produzem inúmeros bens para os seres humanos e para os animais. Além de alimentos e forragem, fornecem madeira, subprodutos como óleos, taninos e produtos medicinais. Por exemplo, a falsa acácia (*Robinia pseudoacacia*) é uma importante planta melífera, fixa nitrogênio e é uma boa fonte de mourões de cerca. A leucena (*Leucaena spp.*), outra leguminosa fixadora de nitrogênio, é um valioso alimento para aves e para o gado nos trópicos, devido a seu elevado teor de vitaminas e proteínas. Também é uma ótima fonte de lenha (NAS, 1977). As árvores também podem suplementar a produção de grãos. Espécies como a castanheira (*Castanea sp.*), alfarrobeira (*Ceratonia sp.*) e o espinheiro da Virgínia (*Gleditsia sp.*) têm valor alimentício relativo a proteínas, carboidratos e gorduras, superior ao de alguns grãos convencionais

(Smith,1953) e além disto, desenvolvem-se em terras marginais, sem necessidade de tratos e preparo do solo.

VANTAGENS DOS SISTEMAS AGROFLORESTAIS

Ao combinar as atividades agrícolas e florestais, diversas funções e objetivos da produção de alimentos e de florestas podem ser melhor atingidos. Existem vantagens ambientais, bem como socioeconômicas, destes sistemas integrados em comparação às monoculturas agrícolas e/ou florestais (Wiersum, 1981).

Vantagens ambientais

1. Faz um uso mais eficiente dos recursos naturais. Os diversos estratos da vegetação proporcionam utilização eficiente da radiação solar. Os diferentes tipos de sistemas radiculares, a várias profundidades, fazem bom uso do solo e as plantas agrícolas de ciclo curto podem lucrar com as camadas superficiais enriquecidas, resultantes da ciclagem de nutrientes feita pelas árvores. Ao incluir animais no sistema, a produção primária não aproveitada também pode ser utilizada para a produção secundária e reciclagem de nutrientes.

2. A função de proteção que têm as árvores em relação ao solo, hidrologia e proteção de plantas pode ser utilizada para diminuir os danos da degradação ambiental. Deve-se ter em mente, entretanto, que em muitos sistemas agroflorestais, os componentes podem ser competitivos por luz, umidade e nutrientes, portanto, imprevistos devem ser considerados. Um bom manejo pode minimizar essas interferências e valorizar as interações complementares.

Vantagens socioeconômicas

1. Pela eficiência ecológica, a produção total por unidade de terra pode ser aumentada. Embora a produção de qualquer produto individualmente possa ser inferior à da monocultura, em alguns casos, a produção da cultura principal pode ser maior. Por exemplo, em Java,

foi demonstrado que depois da introdução do sistema de "taungya"[26], a produção do arroz de sequeiro aumentou significativamente.

2. Os vários componentes ou produtos do sistema podem ser usados como insumos na produção de outros (por exemplo, implementos de madeira, adubo verde) e, portanto, os gastos com insumos comerciais e investimentos podem diminuir.

3. Em relação às monoculturas florestais, a introdução de culturas agrícolas, juntamente com as práticas agrícolas intensivas e bem ajustadas, geralmente resulta no aumento da produção florestal e no menor custo do manejo das árvores (p. ex., adubação e capina das culturas agrícolas também podem beneficiar o crescimento das árvores) e proporciona uma maior diversidade de produtos.

4. Os produtos florestais podem frequentemente ser obtidos durante todo o ano, fornecendo oportunidade de trabalho e renda regular em todas as épocas do ano.

5. Vários produtos florestais podem ser obtidos na entressafra agrícola (p. ex., estação seca), quando não há oportunidade para outros tipos de produção agrícola.

6. Alguns produtos florestais podem ser obtidos sem a necessidade de um manejo muito intensivo, dando-lhes uma função de reserva para períodos em que as culturas agrícolas têm problemas ou em ocasiões especiais de necessidade social (p. ex., construção de uma casa).

7. Com a obtenção de vários produtos, torna-se possível uma diluição dos riscos, uma vez que esses produtos serão diferencialmente afetados pelas condições desfavoráveis.

8. A produção pode ser direcionada para a autossuficiência e para o mercado. A dependência da situação do mercado local pode ser ajustada de acordo com a necessidade do produtor. Se for desejável, os vários

---

[26] Prática centenária de consorciar cultivos anuais nos primeiros anos de desenvolvimento de plantios florestais. No Siri Lanka, por exemplo, a *taungya* foi praticada durante muitos anos por agricultores sem terra em áreas de reflorestamento comercial do governo. (N. R.)

produtos podem ser todos ou parcialmente consumidos, ou levados ao mercado quando as condições estiverem propícias.

ALGUMAS RESTRIÇÕES DOS SISTEMAS AGROFLORESTAIS

Existem algumas condições limitantes ou restrições na implantação de sistemas agroflorestais. Essas restrições devem ser reconhecidas e esforços devem ser feitos para superá-las, para que eles possam ser implantados com sucesso.

Uma grande restrição é que os sistemas agroflorestais são específicos quanto ao ecossistema. A escolha de espécies adequadas pode ser limitada em solos de baixa fertilidade, embora muitas árvores adaptem-se melhor a solos pobres do que as culturas anuais. A competição entre árvores e culturas alimentícias anuais e a prioridade que deve ser dada a essas últimas para atender às necessidades básicas, podem excluir da prática agrofloresta os produtores pobres que têm pouca terra.

Ao se promover o plantio de árvores, são necessários benefícios a curto e a longo prazo. Incentivos econômicos ou de produção devem ser incluídos. Uma restrição econômica comum, é que alguns sistemas agroflorestais recentemente implantados podem demandar investimentos iniciais consideráveis (p. ex., material de plantio, conservação do solo, fertilizantes). Para esses investimentos, pode-se necessitar de crédito. Em muitos sistemas agroflorestais, pode-se demorar alguns anos até que sejam obtidas as primeiras produções. Em alguns casos, faz-se necessário apoio financeiro para sustentar esse período de espera.

O tamanho da parcela pode afetar o tipo de insumo. Em áreas com alta pressão populacional e solos pobres, as propriedades são pequenas demais para serem viáveis como unidades produtivas. Nestes casos, algum tipo de esforço cooperativo deve ser necessário. A disponibilidade de sementes e/ou mudas é uma variável crítica para projetos agroflorestais. Em alguns casos, um planejamento de longo prazo inclui o desenvolvimento de pequenos viveiros, além do plantio e manutenção das árvores.

O manejo animal, por vezes, pode entrar em conflito com as atividades agroflorestais, especialmente nas áreas onde se pratica a criação de gado ou cabras. Nas áreas com estruturas tribais ou sistemas comunais de posse da terra, pode se tornar difícil o desenvolvimento de sistemas agroflorestais. Os direitos de posse da terra são fundamentais. Podem ser um fator limitante.

A posse de árvores também é uma possível restrição. Em alguns casos, os agricultores que plantaram as árvores podem não ser os proprietários da terra. Quem planta pode não estar legalmente autorizado a colher as árvores nem seus produtos. Além disso, em alguns países, existem leis que restringem a colheita e o corte das árvores para qualquer propósito, independente da posse da terra onde foram plantadas.

DESENHO DE SISTEMAS AGROFLORESTAIS

Os ecossistemas naturais podem ser úteis como modelos para o desenho de sistemas agrícolas sustentáveis. A característica mais marcante das florestas naturais é a organização multiestratificada da vegetação, com árvores, arbustos, ervas e fungos, cada qual usando diferentes níveis de energia e recursos, contribuindo para o funcionamento do sistema como um todo. Estes estratos diminuem o impacto mecânico das gotas de chuva que chegam à superfície e reduzem a quantidade de luz direta que atinge o solo, minimizando assim o potencial de perda de solo, reduzindo a evaporação e tornando mais vagarosa a decomposição da matéria orgânica. Geralmente venta pouco no nível do solo. Sobre a superfície, a serapilheira em decomposição fornece uma cobertura protetora e atua como fonte de nutrientes a serem reciclados (Figura 3).

Todas essas condições criam um ambiente ideal para a microflora e fauna, insetos e minhocas que promovem a decomposição da matéria orgânica no solo e a incorporam, criando uma boa estrutura, que aumenta a infiltração da água e a aeração do solo. Os insetos que são potencialmente danosos à vegetação estão sob ameaça dos predadores e parasitas ali residentes. Sob a superfície também existe uma multiestratificação, na qual as raízes dos diferentes tipos de plantas usam volumes diferentes do solo. Assim, os nutrientes lixiviados para além da rizosfera das plantas menores são interceptados pelas raízes mais profundas das árvores e retomam à superfície do solo contidos na serapilheira.

Figura 3

Apresentação esquemática das relações nutricionais e das vantagens de um sistema agroflorestal ideal em comparação com sistemas agrícolas e florestais (segundo Nair, 1982).

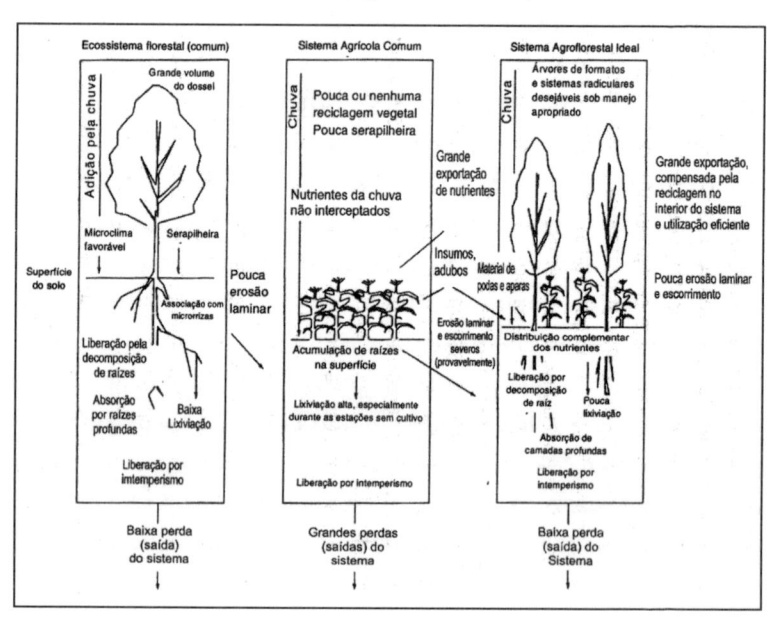

O principal objetivo do desenho de sistemas agroflorestais é intensificar os mecanismos ecológicos fundamentais da floresta, o que torna essencial a compreensão destes processos em um sistema natural. A maior parte dos princípios delineados no Capítulo 4 pode ser aplicada no desenho de sistemas agroflorestais, particularmente as ideias de Hart (1978) sobre a sequência de culturas em analogia à sucessão natural. Nos trópicos úmidos, os ecossistemas sucessionais podem ser modelos particularmente apropriados para o desenho de ecossistemas agrícolas. Na Costa Rica, ecólogos conduzem substituições espaciais e temporais das espécies silvestres por plantas semelhantes em termos botânicos e/ou estruturais e ecológicos. Assim, os componentes da sucessão do sistema natural, como *Heliconia sp.*, cucurbitáceas trepadeiras, *Ipomea sp.*, leguminosas trepadeiras, arbustos, gramíneas e arvoretas foram simulados por banana, variedades de abóbora, inhame, batata-doce, variedades locais de feijoeiros, guandu (*Cajanus cajan*), milho/sorgo/arroz, mamão, caju e variedades de mandioca, respectivamente. No segundo e no terceiro ano, as árvores de rápido crescimento (por exemplo, castanha-do-Pará, pupunha, pau-rosa) podem formar um estrato adicional, mantendo assim a cobertura contínua, evitando a degradação local e a lixiviação dos nutrientes e produzindo durante todo o ano. Este enfoque pode ser muito útil nas regiões em que não existe mais a vegetação natural, onde podem ser iniciados modelos sucessionais baseados em áreas ecologicamente semelhantes. Oldeman (1981) propôs o conceito de "transformação" como uma alternativa ao desenho que de forma complementar à técnica análoga, baseia-se na análise estrutural de unidades coletivas (ecounidades). A transformação pode ser efetuada com a substituição de espécies silvestres por espécies úteis que preencham o mesmo nicho e estrutura funcional que seus precedentes silvestres. Este processo transforma a estrutura do sistema natural, enquanto mantém suas propriedades benéficas.

Nas situações em que uma área completamente florestada não é adequada à produção, as árvores podem ser associadas às culturas e animais de outras maneiras, para intensificar as relações funcionais desejadas. Wiersum (1981) e Combe & Budowski (1979) sistematizaram essas práticas na tentativa de desenvolver um sistema de classificação para técnicas agroflorestais.

DISPOSIÇÃO DAS PLANTAS

Alguns fatores devem ser considerados no arranjo das espécies de plantas no tempo e no espaço. Pode-se incluir as demandas específicas dos componentes, quando cultivado em conjunto, suas formas de crescimento (tanto acima como abaixo do solo), sua fenologia, a necessidade de manejo do sistema como um todo e a necessidade de ações adicionais, como conservação do solo ou melhoramento do microclima. Portanto, os modelos de disposição das plantas são específicos para o local. Possíveis modelos incluem (Nair, 1983):

1. Consórcios de espécies arbóreas com culturas agrícolas anuais, sendo ambas as espécies plantadas simultaneamente (ou na mesma estação). O espaçamento das espécies arbóreas irá variar consideravelmente, mas geralmente serão menos densas nas regiões mais secas. Este esquema também pode ser aplicado às grandes culturas comerciais, como seringueira e dendezeiro.

2. Preparo de faixas de cerca de 1m em florestas primárias ou secundárias, a intervalos convenientes, e plantio de espécies agrícolas perenes tolerantes ao sombreamento, como o cacau. Posteriormente, como crescimento das espécies plantadas, a vegetação da floresta é raleada seletivamente e, em aproximadamente cinco anos, haverá dois ou três estratos, consistindo de espécies agrícolas perenes e das espécies florestais selecionadas.

3. Introdução de práticas de manejo, como raleamento e poda para permitir maior penetração de luz até o chão e o plantio de espécies agrícolas selecionadas entre as fileiras das árvores. A extensão do raleamento e da poda vai depender da densidade, estrutura dos solos e assim por diante.

4. Em áreas montanhosas, determinadas espécies de árvores podem ser plantadas em linhas perpendiculares ao sentido da declividade (em contorno), em diferentes disposições de plantio (fileiras simples, duplas ou alternadas), com variações na distância entre fileiras; pode-se plantar gramíneas com capacidade de agregar o solo ao longo do contorno,

entre as árvores. A área entre as fileiras pode ser utilizada para o plantio de espécies anuais.

5. Plantio denso de árvores de uso múltiplo ao redor das áreas plantadas com espécies anuais. As árvores formam cercas vivas ou quebra-ventos, fornecem forragem e combustível e delimitam as parcelas cultivadas. O esquema é particularmente adequado às áreas de uso extensivo.

6. Entremeio de áreas agrícolas intensivamente manejadas com árvores, de maneira regular ou casual. O sistema é popular em pequenas propriedades familiares na Ásia, no Pacífico, na África e na América do Sul.

EXEMPLOS DE SISTEMAS AGROFLORESTAIS

Os quintais domésticos nos trópicos são exemplos clássicos de sistemas agroflorestais. Os quintais são uma forma altamente eficiente de uso da terra que incorpora diversas culturas, com diferentes hábitos de crescimento. O resultado é uma estrutura semelhante às florestas tropicais, com diversas espécies e uma configuração em estratos. Em toda a zona tropical, os sistemas agroflorestais tradicionais podem conter mais de 100 espécies de vegetais por quintal doméstico. São usadas como material de construção, lenha, ferramentas, medicamentos, forragem e alimentação humana. No México, por exemplo, os índios Huastecas manejam inúmeras áreas agrícolas e de pousio, quintais complexos e parcelas florestais, totalizando cerca de 300 espécies. Pequenas áreas ao redor das casas têm, em média, 80-125 espécies de plantas úteis que são, em sua maioria, plantas medicinais nativas. O manejo da vegetação não cultivada pelos Huastecas, nesses complexos sistemas de produção, influenciou a evolução de algumas plantas e a distribuição e composição das comunidades, cultivadas ou não. Da mesma forma, o sistema tradicional "*pekarangan*" do oeste de Java geralmente contém 100 ou mais espécies. Destas plantas, cerca de 42% fornecem material de construção e lenha, 18% são árvores frutíferas, 14% são hortaliças e o restante é constituído por plantas ornamentais, medicinais, aromáticas e culturas comerciais.

O consórcio intensivo de culturas comerciais como coco, cacau, café e seringueira é uma outra técnica agroflorestal. Na Índia, culturas como pimenta, cacau e abacaxi são cultivadas sob coqueiros, usando a luminosidade disponível, bem como maior percentagem de volume de solo (Nair, 1979). Café, chá e cacau são tradicionalmente cultivados sob um ou dois estratos de árvores para sombreamento, que são geralmente leguminosas fixadoras de nitrogênio e fornecedoras de madeira de grande valor.

Nas regiões áridas e semi-áridas do mundo, o emprego de árvores de uso múltiplo associadas às culturas ou como parte de sistemas pastoris são as práticas agroflorestais dominantes. Espécies como *Acacia* e *Prosopis* são valiosas, não apenas por seus produtos madeireiros e forragem, mas também por suas propriedades de enriquecimento do solo. A fenologia única da *Acacia albida* (perde as folhas durante a estação chuvosa) a torna um componente ideal para regiões produtoras de sorgo e milheto do oeste da África e da zona Saheliana.

Usos semelhantes de árvores, foram descritos no México (Wilken, 1977) onde os produtores estimulam o desenvolvimento de árvores leguminosas nativas nas áreas de plantio. De Puebla e Tehuacan para o sul, passando por Oaxaca, propriedades com plantações esparsas a moderadamente densas de algaroba (*Prosopis sp.*), "guaje" (*Leucaena esculenta*) e "guamuchil" (*Pithecellobium spp.*) formam uma paisagem muito comum. As densidades variam de apenas algumas árvores, a verdadeiras florestas consorciadas com espécies anuais.

Uma prática ligeiramente diferente se encontra próximo a Ostuncalco, Guatemala, onde "saucos" (*Sambucus mexicana*) rigorosamente podados, espalham-se entre as plantações de milho e batatas. As folhas e os pequenos ramos são removidos anualmente, espalhados ao redor das plantas cultivadas, picados e enterrados com enxadas. Os produtores argumentam que a qualidade e quantidade de produção nos solos vulcânicos e arenosos da região dependem desta incorporação anual de folhas de "sauco".

As árvores estão integradas à criação animal em muitas áreas. Variam desde pequenos animais confinados nos quintais domésticos nos trópicos ao pastoreio em pomares, no Chile (Altieri & Farrell 1984), ao pastoreio consorciado com plantios florestais, na Nova Zelândia (Tustin *et al.*, 1979) ou no sudeste dos EUA (Lewis *et al.*, 1984).

OPÇÕES PARA O MANEJO AGROFLORESTAL

CULTURAS EM ALEIAS EM ÁREAS DE ALTO POTENCIAL

O cultivo em aleias é apropriado tanto aos quintais domésticos quanto às áreas de cultivo convencional (com arado). Este sistema apresenta as seguintes utilidades:

- Fornece adubo verde ou cobertura morta para culturas alimentícias associadas e reciclamos nutrientes das camadas mais profundas do solo;
- Fornece, através da poda, material que é aplicado como cobertura morta e sombreamento durante o período de pousio;
- Suprime plantas espontâneas;
- Oferece condições favoráveis para os macro e microrganismos do solo; quando plantada em contorno, em terras declivosas, funciona como barreira contra a erosão do solo;
- Fornece, com a poda das árvores, forragem, estacas e lenha; e
- Fornece, para as culturas associadas, nitrogênio biologicamente fixado.

PLANTIO EM CONTORNO

O plantio em cordões de contorno pode ser útil nas seguintes condições:

- Solos pobres ou degradados;
- Terras declivosas (erodíveis), assim como nas não erodíveis; e
- Densidade populacional média a alta.

- O plantio em contorno pode ajudar das seguintes formas:
- Recuperando/melhorando o teor de nutrientes do solo e aumentando o teor de matéria orgânica;
- Reduzindo a perda de solo e de água;
- Diminuindo o risco de perda das culturas durante as estações extremamente secas, uma vez que modera os efeitos da evaporação excessiva; e
- Adicionando produtos madeireiros para o consumo doméstico ou para venda.

O sistema de produção apropriado para utilizar essas técnicas é o plantio de culturas permanentes, em propriedades pequenas ou médias que tenham média ou alta disponibilidade de mão de obra por unidade de área. As espécies de rápido crescimento podem ser plantadas no começo da estação, o que lhes dá a oportunidade de se estabelecerem, enquanto os animais são mantidos fora das áreas cultivadas.

Banco de forrageiras (para corte)

O estabelecimento de bancos de forrageiras é útil onde existe alta densidade populacional e mercado próximo para produtos de origem animal. Os bancos de forrageiras podem melhorar a disponibilidade e a qualidade da forragem, particularmente durante o fim da estação seca e/ou começo da chuvosa. Podem restaurar e/ou melhorar o teor de nutrientes e de matéria orgânica do solo.

A introdução destes bancos facilitará a manutenção das cercas. Plantios em blocos, faixas ou linhas de árvores, (principalmente com folhas forrageiras) podem ser plantados próximos aos currais, nos quintais, nas plantações e áreas de pastagem, ao longo de cursos d'água ou em torno de reservatórios d'água. O sistema de produção apropriado para bancos de forrageiras são as pequenas propriedades, onde há uso intensivo da terra, sistemas de alimentação no curral e elevada utilização de mão de obra por unidade animal.

BANCO DE FORRAGEIRAS (PARA PASTOREIO)

Os bancos de forrageiras para pastoreio, geralmente são localizados nas áreas de pastagem. Podem estar em encostas (especialmente leguminosas), em topos de morro, ao longo de cursos d'água e nas bordas de corpos d'água.

Os bancos de forrageira para pastoreio irão melhorar a disponibilidade e a qualidade da forragem em áreas de média a baixa densidade populacional, restaurar e/ou melhorar o teor de nutrientes e o nível de matéria orgânica do solo.

Uma mistura de árvores (vagens e folhas) e gramíneas (cercadas) pode ser plantada em blocos. As espécies com vagens e folhas forrageiras devem ser plantadas ao longo das cercas. As árvores isoladas devem ser protegidas por espinhos. Estas espécies fornecerão alimento suplementar para o gado durante as chuvas.

As espécies selecionadas devem estar adaptadas ao clima e ao solo do local, bem como apresentar outros atributos, como palatabilidade, alto teor proteico e estabelecimento fácil por semeadura direta ou transplantio. As árvores leguminosas para encostas e topos de morro são semeadas de agosto a dezembro. As variedades de autossemeadura em locais próximos à água devem ser tolerantes a mais de seis meses de alagamento.

MELHORIAS COM FRUTÍFERAS

O plantio de árvores frutíferas é útil nas áreas aráveis e nos quintais. Árvores espaçadas próximas à casa dão proteção aos animais. Frutíferas também podem ser plantadas para criar limites ao redor da propriedade. Estas iniciativas melhoram a nutrição, produzem frutos para venda e fornecem sombra e lenha.

O uso deste sistema é limitado pela disponibilidade de variedades melhoradas de fruteiras. Há a necessidade de apoio adequado da extensão rural para ajudar na escolha das variedades e do manejo (p. ex., propagação, enxertia, plantio, aplicação de cobertura morta, irrigação e controle de plantas espontâneas, pragas e doenças).

SEBES E CERCAS VIVAS

As sebes e as cercas vivas são úteis em áreas com média à alta densidade populacional e onde os animais são criados soltos. As cercas vivas ou sebes fornecem uma alternativa à construção de cercas para:

- A demarcação de fronteiras, por exemplo, entre ou em volta de escolas, propriedades e particularmente separando piquetes de pastoreio; e
- A proteção contra danos do pastoreio livre, por exemplo, plantações, pomares, viveiros, parcelas florestais, represas, bancos de proteína (piquetes de pastoreio), hortas e residências.

Além disso, as cercas vivas podem oferecer benefícios secundários, como a redução da influência adversa do vento, o fornecimento de material orgânico para os solos adjacentes e a provisão de vários outros produtos florestais (lenha, caibros, frutas, fibras, medicamentos etc.) para a comunidade local. O sistema de produção apropriado para as cercas-vivas é o de pequena a média propriedade com culturas permanentes.

CONSÓRCIO

Os consórcios mistos são mais úteis em solos pobres ou degradados, em terras planas ou levemente declivosas e em áreas de média densidade populacional. Este sistema servirá para restaurar e/ou melhorar o teor de nutrientes do solo e aumentar a quantidade de materiais orgânicos.

O sistema de produção apropriado para esta técnica é formado por culturas permanentes em pequenas a médias propriedades, com uso médio de mão de obra por unidade de área e sem criação animal (nas altas densidades de árvores).

PLANTIO MULTIESTRATIFICADO DE ESPÉCIES ARBÓREAS PARA FINS DOMÉSTICOS E/OU INDUSTRIAIS.

Os cultivos arbóreos multiestratificados são mais adequados aos quintais e ao estrato superior das árvores produtivas em cercas vivas ou plantações. Os plantios multiestratificados adaptam-se melhor às áreas de alta densidade populacional e alta precipitação. Fornecem produtos florestais, alguns dos quais suprem as necessidades familiares. Também podem reduzir as despesas e gerar renda. Os cultivos multiestratificados são apropriados às pequenas propriedades com elevada necessidade de mão de obra por unidade de área.

PLANTIO DE ÁRVORES AO REDOR DE REPRESAS E CORPOS D'ÁGUA

O plantio de árvores ao redor de represas e corpos d'água é apropriado aos locais de alta densidade populacional ou presença de animais na área. As árvores reduzem os danos às fontes de água e represas causados pelos animais. Também fornecem produtos madeireiros para o consumo doméstico e para venda. As árvores podem ser plantadas em faixas ou em blocos. A mistura de árvores e gramíneas é muito útil. O plantio também pode ser intercalado ou combinado com espécies de outros estratos. O sistema de produção apropriado é de pequenas e médias propriedades com cultivos permanentes.

DESMATAMENTO SELETIVO

O desmatamento seletivo é útil em regiões com grandes áreas de florestas nativas. É particularmente útil em áreas de assentamento onde há baixa densidade populacional. O desmatamento seletivo irá conservar a biodiversidade e a vegetação nativa funcional, além de garantir os suprimentos futuros de produtos madeireiros e de germoplasma. Neste sistema, algumas árvores são selecionadas e deixadas nas plantações. Faixas de árvores e arbustos são deixados ao redor de parcelas recém abertas, entre pastagens e ao longo de estradas, caminhos e cursos d'água. O sistema de produção apropriado é caracterizado pelas médias e grandes propriedades com baixa utilização de mão de obra por unidade de área.

PARCELAS FLORESTAIS PARA PRODUÇÃO DE LENHA E MADEIRA

O plantio de essências florestais para produção de lenha e madeira é apropriado às áreas desmatadas e todas as áreas com mercado para madeira e/ou lenha. Estes plantios podem produzir lenha e madeira para atender às necessidades familiares e/ou à demanda da indústria madeireira. Também pode gerar renda para a família. As parcelas florestais devem ser cercadas. Onde for possível, deve-se estabelecer cercas vivas para sua proteção. Recomenda-se o uso de aceiros para cortar o fogo. O sistema de produção apropriado é a grande propriedade com baixo ou médio uso de mão de obra por unidade de área. O sistema também é apropriado para a produção de fumo (para construção dos galpões e para a secagem), assim como para pequenas indústrias, como olarias ou pequenas minas.

CONTROLE BIOLÓGICO POR MEIO DO MANEJO DOS *HABITATS*[27]

Clara Ines Nicholls e Miguel A. Altieri

A resistência e a resiliência dos cultivos agrícolas pode ser reforçada por meio de suas defesas intrínsecas contra pragas. Isso pode ser alcançado com a adoção de duas estratégias: o aumento da biodiversidade acima e abaixo do solo e a melhoria da saúde do solo. Este capítulo discute o papel da diversidade de insetos benéficos e formas de melhorar a biodiversidade funcional em agroecossistemas como meio de promoção do controle biológico de insetos-praga.

Manter a biodiversidade é crucial para a defesa dos cultivos: quanto maior a diversificação de plantas, animais e organismos do solo que ocupam um sistema agrícola, maior será a diversidade da comunidade de inimigos naturais que a unidade de produção poderá sustentar. Entre os grupos envolvidos nesse processo estão o dos *predadores benéficos*, que se alimentam de insetos e ácaros que atacam as plantas ou sugam sua seiva. Outro grupo é dos *parasitoides*, que põem seus ovos dentro dos ovos e/ou das larvas das pragas. Um terceiro grupo é o dos *organismos benéficos causadores de doenças*, tais como fungos, bactérias, vírus, protozoários e nematoides, que fazem com que as pragas morram ou as impedem de se alimentar ou se reproduzir. As plantas também formam associações complexas com organismos que se encontram ao redor de suas raízes e que oferecem proteção contra doenças. Fungos

---

[27] Edição elaborada a partir do "Designing and Implementing a Habitat Management Strategy to Enhance Biological Pest Control in Agroecosystems", de Miguel Altieri e Clara I. Nicholls, publicado na revista *Biodynamics*, inverno 2004-2005.

e besouros de solo podem destruir as sementes de plantas espontâneas que competem com as culturas. Além disso, a rica fauna do solo desempenha diversos papéis-chave na quebra e decomposição da matéria orgânica, disponibilizando nutrientes para as plantas. A biodiversidade, sob a forma de policultivos, também faz com que as plantas chamem menos atenção das pragas. As plantas em monoculturas podem ficar tão expostos e visíveis para as pragas que suas defesas não serão capazes de protegê-las.

Os agricultores podem incrementar a biodiversidade de suas propriedades com as seguintes medidas:

- Aumentar a diversidade de plantas por meio da rotação de culturas ou de "policultivos" com culturas comerciais e plantas de cobertura dentro de uma mesma área e ao mesmo tempo;
- Manejar a vegetação do entorno das áreas cultivadas para atender às necessidades de organismos benéficos;
- Fornecer recursos suplementares para os organismos benéficos, tais como estruturas artificiais para nidificação, alimentação extra e presas alternativas;
- Implantar corredores ecológicos que conduzam organismos benéficos das matas ou áreas de vegetação natural próximas para as áreas cultivadas;
- Manter faixas de vegetação cujas flores atendam às exigências dos organismos benéficos.

Solos saudáveis também são essenciais para a defesa das plantas. Solos não saudáveis comprometem a capacidade de os cultivos utilizarem suas defesas naturais e os deixam vulneráveis a potenciais ataques de pragas. Já os solos saudáveis podem munir as plantas com nutrientes que reforçam suas defesas e propiciam o desenvolvimento ideal das raízes e um uso mais eficiente da água. A diminuição da susceptibilidade a pragas é geralmente um reflexo da saúde da planta que resulta do manejo da fertilidade do solo. Muitos estudos registram uma menor abundância de vários insetos pragas em sistemas de baixo uso de insumos e atribuem tais reduções em parte ao menor conteúdo de nitrogênio presente em culturas sob manejo orgânico. Além disso, o metabolismo dos organismos benéficos que habitam os solos saudáveis pode aumentar a absorção de nutrientes, liberar substâncias químicas que estimulam o crescimento e servir de antagonista contra patógenos. Solos saudáveis também podem expor sementes de plantas espontâneas a um número maior de predadores e decompositores, e a liberação mais lenta de nitrogênio durante a primavera pode atrasar a germinação das espécies de sementes pequenas – que muitas vezes precisam de um grande suprimento do nutriente para germinar e iniciar um rápido crescimento –, concedendo assim boa vantagem às culturas de sementes maiores.

Os agricultores podem melhorar a saúde do solo por meio das seguintes estratégias:

- Diversificação de rotações de cultivos, incluindo leguminosas e forrageiras perenes;
- Manutenção de solos cobertos durante todo o ano com vegetação viva e/ou restos culturais;
- Agregação de grande quantidade de material orgânico a partir de esterco animal, resíduos de culturas e outras fontes;
- Redução da intensidade de preparo do solo e proteção contra erosão e compactação;
- Uso de técnicas adequadas para fornecer nutrientes para as plantas de forma equilibrada e sem poluir os corpos d'água.

Quando agricultores adotam práticas que aumentam a abundância e a diversidade de organismos acima e abaixo do solo, eles fortalecem a tolerância dos cultivos a pragas. Nesse processo, também é melhorada a fertilidade do solo e a produtividade das lavouras.

A FUNÇÃO DA BIODIVERSIDADE NAS PROPRIEDADES RURAIS

A biodiversidade agrícola se refere a todos os organismos vegetais e animais (cultivos, plantas espontâneas, criações animais, inimigos naturais, polinizadores, fauna do solo etc.) presentes numa propriedade rural e no seu entorno. A biodiversidade pode ser tão variada quanto maior o número e a variedade de cultivos, plantas espontâneas, artrópodes ou microrganismos envolvidos e outros aspectos, tais como localização geográfica, clima, condições edáficas (ligadas às relações planta-solo) e fatores humanos e socioeconômicos. Em geral, a biodiversidade em agroecossistemas depende de quatro características principais:

- A diversidade da vegetação dentro e ao redor do agroecossistema;
- A permanência dos vários cultivos dentro do agroecossistema;
- A intensidade do manejo;
- O grau de isolamento do agroecossistema em relação à vegetação natural.

Entre os fatores que contribuem para a biodiversidade de uma propriedade agrícola, estão: a diversidade da vegetação dentro e no entorno do sistema de produção, a quantidade de cultivos que compõem a rotação, a proximidade a uma floresta, a presença de cercas vivas e pastagens ou de outras formas de vegetação nativa.

Os componentes da biodiversidade nas propriedades podem ser classificados em relação ao papel que desempenham no funcionamento dos agroecossistemas. Sendo assim, a biodiversidade agrícola pode ser agrupada da seguinte maneira:

- Diversidade produtiva: cultivos, árvores e animais escolhidos pelos agricultores.
- Diversidade de recursos: organismos que contribuem para a produtividade por meio da polinização, do controle biológico, da decomposição etc.
- Diversidade destrutiva: plantas espontâneas, insetos-praga, patógenos microbianos etc., os quais o agricultor visa reduzir por meio do manejo cultural.

Dois componentes distintos da biodiversidade podem ser reconhecidos nos agroecossistemas. O primeiro, a *biodiversidade planejada*, inclui os cultivos e as criações introduzidas de forma intencional e que variam

de acordo com o manejo de insumos e os arranjos espaciais/temporais.
O segundo componente, a *biodiversidade associada*, inclui toda a flora
e a fauna do solo, os herbívoros, os carnívoros, os decompositores etc.
que colonizam o agroecossistema a partir dos ambientes do entorno e
que irão se desenvolver no agroecossistema dependendo de seu manejo
e estrutura. A relação entre esses componentes está ilustrada na Figura
1. A biodiversidade planejada tem uma função direta, como ilustrado
pela seta em negrito que liga a biodiversidade planejada com a função
do ecossistema. A biodiversidade associada também tem uma função,
mas que é mediada pela biodiversidade planejada. Portanto, a biodiversidade planejada também tem uma função indireta, ilustrada pela seta
pontilhada, realizada por meio de sua influência sobre a biodiversidade
associada. Por exemplo, as árvores em sistemas agroflorestais geram sombra, tornando possível cultivar espécies que se adaptam a essa situação.
Assim, sua função direta é criar sombra. Entretanto, juntamente com as
árvores poderão vir vespas que buscam o néctar de suas flores. Essas, por
sua vez, podem ser parasitoides naturais de pragas que atacam os cultivos.
As vespas fazem parte da biodiversidade associada. As árvores então criam
sombra (função direta) e atraem vespas (função indireta).

Figura 1

Relações entre diversos tipos de biodiversidade e seu papel no funcionamento do
agrossistema

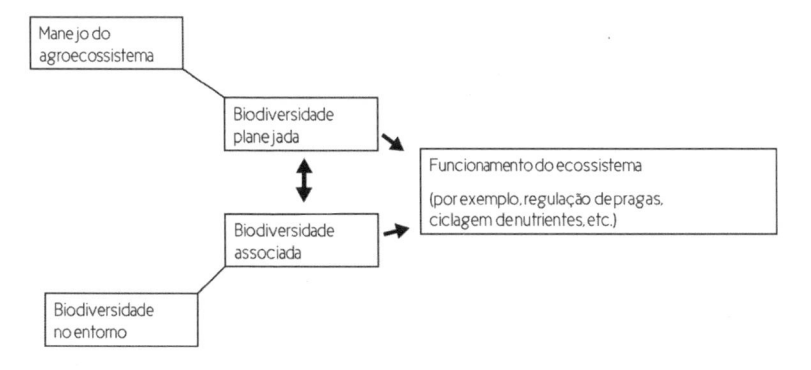

Interações complementares entre os componentes da biodiversidade também podem ser de natureza múltipla. Algumas dessas interações podem ser usadas para gerar efeitos positivos e diretos sobre o controle biológico de pragas, restabelecer e/ou melhorar a fertilidade do solo e sua conservação. O aproveitamento dessas interações em situações reais envolve novas maneiras de desenhar e manejar agroecossistemas, assim como requer uma compreensão das numerosas relações entre solos, microrganismos, plantas, insetos herbívoros e inimigos naturais. De fato, o desempenho ideal dos agroecossistemas depende do nível de interações entre os vários componentes bióticos e abióticos. Ao reunir uma biodiversidade funcional (ou seja, um conjunto de organismos em interação que desempenham funções-chave na propriedade agrícola), é possível promover sinergias que subsidiam os processos agrícolas por meio de serviços ecológicos, tais como a ativação da biologia do solo, a reciclagem dos nutrientes, a potencialização dos artrópodes e antagonistas benéficos, entre outros, todos importantes para determinar a sustentabilidade dos agroecossistemas (Figura 2).

Figura 2

Componentes, funções e estratégias para melhorar a biodiversidade funcional em agroecossistemas

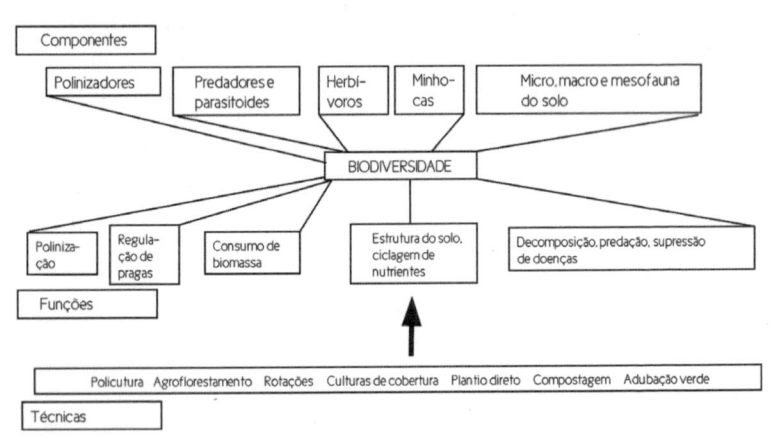

Em agroecossistemas modernos, as evidências empíricas sugerem que a biodiversidade pode ser utilizada para melhorar o manejo de pragas. Vários estudos têm demonstrado que é possível estabilizar as comunidades de insetos por meio do desenho de cultivo diversificados que suportem populações de inimigos naturais ou que produzam efeitos diretos para deter insetos herbívoros. A questão é identificar o tipo de biodiversidade que se deseja manter e/ou incrementar de modo a desempenhar serviços ecológicos e então determinar as melhores práticas que favoreçam esses componentes. Existem muitas práticas e desenhos de sistemas agrícolas que podem incrementar a biodiversidade funcional, assim como há outros que podem afetá-la negativamente. A ideia é aplicar as melhores práticas de manejo de modo a melhorar ou regenerar o tipo de biodiversidade que subsidia a sustentabilidade de agroecossistemas no desempenho de serviços ecológicos, tais como o controle biológico de pragas, a ciclagem de nutrientes, a conservação da água e do solo etc. O papel dos agricultores e pesquisadores deve ser então o de promover essas práticas que aumentam a quantidade e a diversidade de organismos acima e abaixo do solo, os quais, por sua vez, desempenham funções ecológicas fundamentais para os agroecossistemas (Figura 3).

Sendo assim, uma estratégia fundamental é explorar a complementaridade e a sinergia que resultam das várias combinações entre cultivos, árvores e animais, que apresentam arranjos espaciais e temporais tais como policultivos, sistemas agroflorestais e integrações lavoura-pecuária. Em situações reais, a exploração dessas interações envolve o desenho e o manejo de sistemas agrícolas e requer uma compreensão das numerosas relações entre solos, microrganismos, plantas, insetos herbívoros e inimigos naturais.

Figura 3

Os efeitos do manejo do agroecossstema e das práticas culturais associadas sobre a diversidade de inimigos naturais e a abundância de insetos-praga

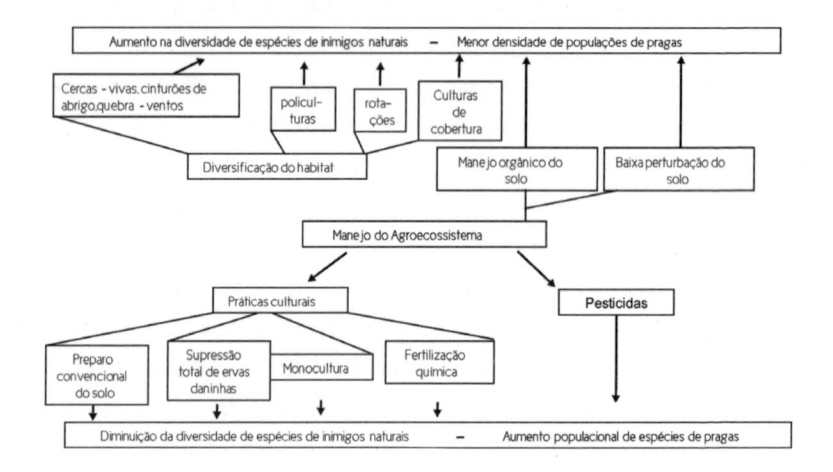

CONTROLE BIOLÓGICO DE PRAGAS: UMA ESTRATÉGIA PARA AUMENTAR A BIODIVERSIDADE EM AGROECOSSITEMAS

Estudos mostram que em propriedades rurais biodiversas os agricultores conseguem realmente estabelecer um equilíbrio entre pragas e inimigos naturais. Uma das formas mais poderosas e duradouras de impedir que as pragas causem dano econômico é favorecer os organismos benéficos existentes ou aqueles que ocorrem naturalmente para que atinjam níveis eficientes, proporcionando um *habitat* apropriado e fontes alternativas de alimento. Um número menor de organismos benéficos – predadores, parasitas e parasitoides – vive em monoculturas ou em áreas tratadas sistematicamente com agrotóxicos do que em propriedades mais diversificadas, onde são utilizados menos venenos. Em geral, as propriedades que incorporam muitas dessas características reúnem vários fatores benéficos, entre eles:

- As áreas são pequenas e circundadas por vegetação natural;

- Os sistemas de cultivo são diversificados e as populações de plantas dentro ou no entorno incluem espécies perenes e produtoras de flores;
- As culturas são manejadas de forma orgânica ou com uso mínimo de agroquímicos;
- Os solos são ricos em matéria orgânica, apresentam alta atividade biológica e durante a entressafra são cobertos por cobertura morta ou vegetação.
- Fatores benéficos que ocorrem naturalmente, em níveis suficientes, podem eliminar boa parte das populações de pragas. Para explorá-los de forma eficaz, os agricultores devem:
- Identificar quais organismos benéficos estão presentes;
- Compreender seus ciclos biológicos e suas necessidades individuais de recursos.

Com essas informações, os agricultores podem desenvolver manejos que aumentarão a escala e a diversidade dos complexos de inimigos naturais e diminuir os problemas relacionados a pragas.

PREDADORES

Propriedades agrícolas biodiversas são ricas em insetos, aranhas e ácaros predadores. Esses artrópodes benéficos são predadores de outros insetos e de ácaros tetraniquídeos (fitófagos), sendo fundamentais para o controle biológico natural. A maioria tem hábito alimentar generalista, atacando uma grande variedade de espécies de insetos e em diferentes estágios de vida. Os predadores se encontram na maioria das ordens de insetos, mas principalmente em *Coleoptera, Odonata, Neuroptera, Hymenoptera, Diptera* e *Hemiptera*. Seus impactos têm sido destacados em todo o mundo por erupções de populações de tetraniquídeos em locais onde os inseticidas eliminaram seus predadores. Esses ácaros, por exemplo, são geralmente muito abundantes em pomares de macieiras nos quais os agrotóxicos eliminaram as populações de seus predadores naturais.

A diversidade de espécies de predadores em determinados agroecossistemas pode ser impressionante. Pesquisadores têm relatado mais de 600 espécies – de 45 famílias – de artrópodes predadores nos campos de algodão do estado de Arkansas e cerca de mil espécies nos campos de soja na Flórida. Tal diversidade pode exercer forte pressão reguladora sobre as pragas. De fato, muitos entomólogos consideram os predadores nativos como um tipo de mecanismo de manutenção do equilíbrio do "complexo praga/inimigo natural" porque eles tendem a se alimentar de qualquer praga existente em grande quantidade. Mesmo onde os predadores não conseguem manter as populações de pragas abaixo dos níveis de dano econômico, eles podem e conseguem reduzir o ritmo do crescimento populacional das pragas em potencial. No Canadá, em pomares de macieiras livres de inseticidas, cinco espécies de percevejos predadores foram responsáveis por 44 a 68% da mortalidade de ovos da traça-da-maçã.

Principais características dos predadores artrópodes:

- Predadores adultos e imaturos são frequentemente generalistas, e não especialistas
- São geralmente maiores do que as suas presas
- Matam ou consomem muitas presas
- Machos, fêmeas, imaturos e adultos podem ser predadores
- Atacam presas imaturas e adultas
- Necessitam de pólen, néctar e recursos alimentares adicionais

---

PARASITOIDES

A maioria dos parasitoides é de vive livre quando adultos. Eles são letais e dependentes apenas em seus estágios imaturos. Os parasitoides podem ser especialistas, visando apenas uma única espécie hospedeira ou várias espécies relacionadas, ou podem ser generalistas, desenvolvendo-se em vários tipos de hospedeiros. Normalmente, eles atacam hospedeiros maiores do que eles, comendo seu corpo todo ou partes antes de virar pupa dentro ou fora dele. Com sua grande capacidade de localizar hospedeiros, mesmo quando as populações são esparsas, utilizando sinais químicos, os parasitoides adultos são muito mais eficientes para encontrar suas presas do que os predadores.

A maioria dos parasitoides utilizados no controle biológico pode ser tanto moscas *Diptera* – especialmente da família *Tachinidae* – ou vespas *Hymenoptera*, das superfamílias *Chalcidoidea, Ichneumonoidea e Proctotrupoidea*. A diversidade de parasitoides está diretamente relacionada à diversidade de plantas: diferentes cultivos, coberturas do solo, plantas espontâneas e vegetação adjacente comportam diferentes pragas, as quais, por sua vez, atraem seus próprios grupos de parasitoides. Em monoculturas de larga escala, a diversidade de parasitoides é suprimida pela simplificação da vegetação. Em agroecossistemas menos perturbados e livres de agrotóxicos, não é raro encontrar entre 11 e 15 espécies de parasitoides em plena atividade e a "todo o vapor". Em muitos casos, apenas uma ou duas espécies de parasitoides dentre esses complexos mostram ser vitais para o controle biológico natural das pragas primárias. Em campos de alfafa na Califórnia, a vespa *Braconidae* (*Cotesia medicaginis*) desempenha um papel chave na regulação da lagarta-da-alfafa. Esse sistema natural de controle vespa-borboleta aparentemente migrou do trevo nativo para a alfafa irrigada.

Características principais dos insetos parasitoides:

- São especializados na sua escolha de hospedeiro
- São menores do que o hospedeiro
- Apenas a fêmea busca um hospedeiro
- Espécies diferentes de parasitoides podem colonizar um hospedeiro em diferentes estágios de vida
- Ovos ou larvas geralmente são depositados dentro, sobre ou próximos ao hospedeiro
- Parasitoides imaturos permanecem sobre ou dentro do hospedeiro; adultos vivem livremente, são móveis e podem ser predadores
- Parasitoides imaturos quase sempre matam o hospedeiro
- Adultos também necessitam de pólen e néctar

PROMOVENDO A AÇÃO DE INSETOS BENÉFICOS POR MEIO DO PLANEJAMENTO DE PROPRIEDADES AGRÍCOLAS DIVERSIFICADAS

Inimigos naturais não se desenvolvem bem em monoculturas. Além dos efeitos negativos provocados por práticas como preparo do solo, eliminação de plantas espontâneas, pulverização de inseticidas e colheita, os sistemas excessivamente simplificados carecem de muitos recursos essenciais para a sobrevivência e a reprodução dos agentes benéficos.

Para completar seus ciclos de vida, os inimigos naturais necessitam de condições mais favoráveis do que as presas e os hospedeiros: eles precisam de locais de refúgio e alternativas para a alimentação, hospedeiros e presas geralmente ausentes nas monoculturas. Por exemplo, muitos parasitas adultos, enquanto procuram hospedeiros, sustentam-se com pólen e néctar de plantas espontâneas de flores nas proximidades. Besouros predadores – assim como muitos outros inimigos naturais – não se dispersam longe de seus refúgios de inverno: o acesso ao *habitat* permanente próximo ou dentro dos campos de cultivo dá a eles uma vantagem sobre as primeiras populações de pragas.

Os agricultores podem minimizar os impactos negativos da agricultura convencional ao compreender e suprir as necessidades biológicas dos inimigos naturais. Com esse mesmo conhecimento eles podem também desenhar ambientes de cultivo que sejam mais favoráveis aos inimigos naturais.

MELHORIA DOS *HABITATS* PARA INIMIGOS NATURAIS

Para conservar e desenvolver sistemas ricos em inimigos naturais e outros insetos benéficos, os agricultores devem evitar práticas de cultivo que os prejudiquem. Em vez disso, devem procurar substituí-las por métodos que fomentem a sobrevivência deles. Para começar, devem reverter práticas que comprometam o controle biológico natural, entre elas: aplicações de inseticidas, eliminação de rebrotes e a ampla utilização de herbicidas para eliminar plantas espontâneas dentro e no entorno das áreas cultivadas.

RECURSOS SUPLEMENTARES

Os inimigos naturais se beneficiam de vários tipos de recursos suplementares. Na Carolina do Norte, a construção de estruturas artificiais para aninhar a vespa *Polistes annularis* intensificou sua atividade predatória sobre lagartas curuquerê em algodão e lagartas-da-folha-do-fumo. Em cultivos de alfafa e algodão na Califórnia, a aplicação de mistura de hidrolisado, açúcar e água multiplicou por seis a oviposição de neuropteras e fez disparar as populações de predadores, como moscas-das-flores (*Syrphidae*), joaninhas e besouros da família *Melyridae*.

Os agricultores podem aumentar a capacidade de sobrevivência e a reprodução de insetos benéficos ao permitir que populações permanentes de presas alternativas oscilem abaixo do nível de dano. Para tanto, deve-se utilizar plantas hospedeiras dessas presas alternativas, plantando-as no entorno dos campos ou até mesmo em fileiras dentro deles. No repolho, a abundância relativa de pulgões ajuda a determinar a efetividade dos predadores generalistas que consomem larvas da traça-das-crucíferas. Da mesma forma, em muitas regiões, percevejos da família *Anthocoridae* se beneficiam de presas alternativas quando há escassez de sua presa preferida, o tripes (*Frankliniella occidentalis*).

Outra estratégia – aumentar os níveis dos hospedeiros preferenciais dos insetos benéficos – tem conseguido controlar lagartas de *Pieris rapae* em cultivos de couve. Com a soltura continuada de fêmeas férteis, as populações dessa espécie multiplicaram-se por quase dez vezes na primavera. Isso permitiu que as populações de dois de seus parasitas – *Trichonograma evanescens* e *Apanteles rebecula* – aumentassem rapidamente e se mantivessem em níveis efetivos durante toda a estação. Devido a seus riscos óbvios, essa estratégia deve-se restringir a situações em que fontes de pólen, néctar ou presas alternativas simplesmente não possam ser obtidas.

AUMENTANDO A DIVERSIDADE VEGETAL NAS ÁREAS DE CULTIVO

Ao diversificar as espécies vegetais dentro dos agroecossistemas, os agricultores aumentam as condições ambientais favoráveis aos inimigos naturais e, dessa forma, melhoram o controle biológico de pragas. Uma maneira de fazer isso é por meio da utilização de consórcios de culturas anuais – duas ou mais crescendo simultaneamente em grande proximidade. Os agricultores também podem permitir que algumas plantas espontâneas floresçam e se mantenham em níveis toleráveis ou utilizar plantas de cobertura sob pomares e vinhedos.

Muitos pesquisadores têm demonstrado que o aumento da diversidade de plantas – e, portanto, do *habitat* – favorece a abundância e a efetividade dos inimigos naturais. Por exemplo, algodoeiros intercalados com fileiras de alfafa e sorgo, exibiram populações maiores de inimigos naturais têm causado uma diminuição significativa nas larvas de traças e mariposas. Na Geórgia (EUA), organismos benéficos reduziram abaixo do nível de dano econômico o número de insetos-praga em algodão cultivado em sistema de rotação com trevo vermelho (*Trifolium pratense*), eliminando assim a necessidade de inseticidas. No Canadá, em pomares de macieiras, as pragas foram parasitadas de quatro a 18 vezes mais quando havia uma grande quantidade de flores silvestres em comparação com situações em que estas eram mais escassas. Nessa pesquisa, várias plantas espontâneas provaram ser essenciais para os parasitoides.

Nessa pesquisa, a pastinaga (*Pastinaca sativa*), a cenoura e o abóbora mostraram ser essenciais para vários parasitoides. Em vinhedos orgânicos na Califórnia, os predadores generalistas e os parasitoides de ovos *Anagrus*, que controlam a cigarrinha e o tripes da uva, se desenvolveram bem na presença de trigo-mourisco e girassóis. Quando essas plantas de cobertura florescem cedo, permitem que populações de organismos benéficos apareçam antes das pragas. Quando continuam a florescer durante a estação de crescimento, proveem suprimentos constantes de pólen, néctar e presas alternativas. Roçar fileiras alternadas dessas plantas de cobertura – uma prática ocasionalmente necessária – força esses organismos benéficos a saírem dos cultivos ricos em recursos e a entrarem nos vinhedos.

Em policultivos, além do aumento evidente da diversidade de espécies, há mudanças na densidade e altura das plantas e, portanto, na diversidade vertical. Todas essas mudanças afetam a densidade das pragas e de outros organismos. A combinação de culturas de porte alto e baixo também pode afetar a dispersão de insetos no sistema. Por exemplo, em Cuba, agricultores cultivam fileiras de milho ou sorgo a cada dez metros entre hortaliças ou feijoeiros de modo a formar barreiras físicas que reduzem a dispersão de tripes (*Thrips palmi*).

Na China, pesquisadores trabalhando com agricultores em dez municípios em Yumman, cobrindo uma área de 5.350 hectares, incentivaram a substituição de sistemas de monoculturas de arroz pelo plantio de misturas de variedades locais de arroz de porte alto com cultivares mais baixas. Plantas altas serviram como barreira para a dispersão de inóculos de patógenos, mas também incrementaram a diversidade genética, reduziram em 94% a incidência de surtos de doenças e elevaram a produtividade total em 89%. Depois de dois anos os fungicidas não eram mais necessários.

MANEJO DA VEGETAÇÃO DO ENTORNO

Cercas vivas e outros tipos de vegetação nas margens das áreas de cultivo podem servir de refúgio para inimigos naturais. Esses habitats podem ser importantes abrigos de inverno para os predadores de pragas. Podem também fornecer pólen, néctar e outros recursos adicionais aos inimigos naturais.

Muitos estudos têm demonstrado que artrópodes benéficos realmente saem das margens dos campos para dentro das culturas e que o controle biológico geralmente é mais intenso em fileiras de plantas próximas à vegetação nativa do que no centro dos campos:

- Na Alemanha, o parasitismo do besouro-do-pólen *Meligethes aeneus* é aproximadamente 50% maior às margens dos campos do que no seu centro;
- Em Michigan, a broca-do-milho (*Ostrinia nubilalis*) situada nos arredores dos campos é mais susceptível ao parasitismo pela vespa *Eriborus terebrans*;
- Na cana-de-açúcar do Havaí, plantas produtoras de néctar nas margens dos campos aumentam o número e a eficiência do parasitismo do gorgulho-da-cana-de-açúcar pela mosca *Lixophaga sphenophorus*.

Estratégias práticas de manejo derivam da compreensão dessas inter-relações. Um exemplo clássico vem da Califórnia, onde o parasitoide de ovos *Anagrus epos* controla a cigarrinha em vinhedos adjacentes aos cultivos de ameixa. As ameixeiras hospedam uma cigarrinha que não lhes causa danos e cujos ovos proporcionam ao *Anagrus* a sua única alimentação e abrigo durante o inverno.

CORREDORES PARA OS INIMIGOS NATURAIS

O plantio de flores em faixas cruzando as áreas de cultivo a cada 50 a 100 metros pode proporcionar aos inimigos naturais verdadeiras estradas. Organismos benéficos podem utilizar esses corredores para circular e se dispersar para o centro dos cultivos.

Estudos conduzidos na Europa têm confirmado que essa prática aumenta a diversidade e a abundância de inimigos naturais. Quando faixas de *Phacelia tanacetifolia* foram plantadas a cada 20 ou 30 fileiras de beterraba açucareira, o controle de pulgões por moscas *Syrphidae* foi intensificado. Da mesma forma, fileiras de trigo-mourisco e *P. tanacetifolia* em áreas de repolho na Suíça aumentaram as populações da vespinha que ataca o pulgão. Devido ao seu longo período de floração no verão, a facélia também tem sido utilizada como fonte de pólen para aumentar as populações de moscas *Syrphidae* em cereais. Em grandes propriedades orgânicas na Califórnia, fileiras de *Alyssum* são comumente plantadas a cada 50 a 100 metros no cultivo de alface e brássicas para atrair moscas *Syrphidae*, que controlam os pulgões.

Algumas espécies de gramíneas podem ser importantes para os inimigos naturais. Elas podem, por exemplo, proporcionar *habitats* de refúgio de inverno com temperatura mais moderada para os besouros predadores. Na Inglaterra, pesquisadores estabeleceram "bancos de besouros" ao semear capim-pé-de-galinha em montes nos centros de plantações de cereais. Ao reproduzir as qualidades das margens dos campos que favorecem as altas densidades de predadores invernais, esses bancos tiveram um impacto particular sobre o aumento das populações de *Dometrias atricapillus* e *Tachyporus hypnorium*, dois importantes predadores de pulgões de cereais. Um estudo realizado em 1994 descobriu que os inimigos naturais abrigados nos bancos de besouros eram tão efetivos na prevenção de surtos de pulgões de cereais que a economia em agrotóxicos superou os custos com mão de obra e sementes necessários para estabelecê-los. Os montes podem chegar a 0,4 metros de altura, 1,5 metro de largura e 290 metros de comprimento.

Para efeitos mais prolongados, recomenda-se plantar corredores com arbustos que possuam períodos longos de floração. No norte da Califórnia, pesquisadores usaram um corredor com 60 espécies de plantas para ligar uma mata ciliar ao centro de um vinhedo em monocultura. Esse corredor, que incluía muitas espécies perenes lenhosas e herbáceas, floresceu durante toda a estação de crescimento, fornecendo aos inimigos naturais um suprimento constante de alimentos alternativos e quebrando sua dependência estrita de pragas da videira. Um complexo de predadores adentrou o vinhedo mais cedo, circulando continuamente e por toda sua extensão. As interações subsequentes da cadeia alimentar enriqueceram as populações de inimigos naturais e diminuíram os números de cigarrinhas e tripes. Esses impactos foram medidos em videiras a 30-45 metros de distância do corredor.

SELECIONANDO AS FLORES CERTAS

Ao escolher as flores para atrair insetos benéficos, é importante considerar seu tamanho e formato, uma vez que isso determina quais insetos conseguirão ter acesso a seu pólen e néctar. Para a maioria dos agentes benéficos, incluindo as vespas parasíticas, as flores mais úteis são as pequenas e relativamente abertas. Plantas das famílias *Asteraceae, Apiaceae (Umbeliferae)* (cenoura) e *Polygonaceae* (trigo-mourisco) são especialmente úteis.

Deve-se ainda observar quando a flor produz pólen e néctar: a duração da oferta desses recursos é tão importante para os inimigos naturais quanto o tamanho e o formato das flores. Muitos insetos benéficos estão ativos somente quando adultos e em períodos curtos durante sua fase de crescimento: eles precisam de pólen e néctar durante sua atividade, particularmente no início da estação, quando as presas são escassas. Uma das maneiras mais fáceis para os agricultores estimularem esse processo é estabelecer misturas de plantas com tempos de floração relativamente longos e sobrepostos.

Como aumentar a biodiversidade – roteiro de campo

- Diversifique as atividades incluindo mais espécies de plantas e animais.
- Utilize rotações baseadas em leguminosas e misturas de pastagens.
- Intercale cultivos ou implante fileiras de outras culturas anuais quando viável.
- Misture variedades da mesma cultura.
- Utilize variedades que carreguem muitos genes de tolerância à mesma doença – ao invés de apenas um ou dois.
- Prefira culturas de polinização aberta às culturas híbridas por sua capacidade de adaptação e maior diversidade genética.
- Cultive plantas de cobertura em pomares, vinhedos e áreas de lavouras.
- Mantenha faixas de vegetação nativa nas margens dos campos.
- Crie corredores que contribuam para a vida silvestre e os insetos benéficos.
- Implante sistemas agroflorestais: combine árvores e arbustos com cultivos e animais para melhorar a continuidade do *habitat* para os inimigos naturais.
- Plante árvores para modificar o microclima e plantas nativas como quebra-ventos ou cercas vivas.
- Disponibilize uma fonte de água para pássaros e insetos.
- Mantenha áreas de vegetação intocada como refúgio para a diversidade de plantas e animais.

Ainda não se tem informações completas e precisas sobre quais são as fontes mais úteis de pólen, néctar, *habitat* e outras necessidades críticas. O que está claro é que muitas plantas estimulam os inimigos naturais, mas os cientistas ainda têm muito a aprender sobre quais plantas se associam a cada grupo de organismos benéficos e como e quando disponibilizar plantas desejáveis aos organismos alvo. Como as interações benéficas ocorrem em lugares específicos, a localização geográfica e o manejo da propriedade como um todo são variáveis fundamentais. Na falta de recomendações universais, impossíveis de serem feitas, os agricultores podem descobrir muitas respostas ao experimentar a utilidade de diferentes flores em suas unidades de produção.

ESTRATÉGIAS DE MANEJO DE *HABITATS*

Para elaborar um plano efetivo de manejo de *habitats*, deve-se primeiro obter o máximo de informações. Faça uma lista das pragas de impacto econômico mais relevante em sua propriedade. Para cada praga, tente descobrir:

a) Quais são suas necessidades de alimentação e *habitat*;

b) Que fatores influenciam a sua abundância;

c) Quando a praga entra no campo e de onde ela vem; o que a atrai para a cultura;

d) Como ela se desenvolve na cultura e quando se torna economicamente prejudicial;

e) Quais são os principais predadores, parasitas e patógenos;

f) Quais são as principais necessidades desses organismos benéficos;

g) Onde esses organismos benéficos passam o inverno, quando eles aparecem no campo, de onde eles vêm, o que os atrai às culturas, como eles se desenvolvem na cultura e o que os faz permanecer no campo;

h) Quando os recursos essenciais dos organismos benéficos – néctar, pólen, presas e hospedeiros alternativos – aparecem e por quanto tempo permanecem disponíveis; as fontes alternativas de alimento estão acessíveis nas proximidades e nos momentos certos; quais plantas nativas anuais e perenes podem compensar lacunas críticas no tempo, especialmente quando há escassez de presas.

Informações-chave necessárias para elaborar um plano de manejo do *habitat*:

1) Ecologia de pragas e organismos benéficos
- Quais são as pragas (economicamente) mais importantes que exigem manejo?
- Quais são os principais predadores e parasitas da praga?
- Quais são as fontes primárias de alimento, *habitat* e outros requisitos ecológicos tanto das pragas quanto dos organismos benéficos? (De onde vem a praga para infestar o campo, como ela é atraída para a cultura e como se desenvolve na cultura? De onde vêm os organismos benéficos, como são atraídos para a cultura e como se desenvolvem nela?

---

2) Tempo
- Em geral, quando as populações de pragas começam a aparecer e quando essas populações se tornam economicamente prejudiciais?
- Quando aparecem seus principais predadores e parasitas?
- Quando começam a ficar disponíveis para os organismos benéficos as fontes de alimento (néctar, pólen, presas e hospedeiros alternativos)? Quanto tempo elas duram?
- Que plantas nativas anuais e perenes podem suprir tais necessidades?

COLOCANDO A ESTRATÉGIA EM PRÁTICA

Reincorporar a complexidade e a diversidade deve ser o primeiro passo em direção ao manejo sustentável de pragas. Assim, foram descritos acima os dois pilares da saúde dos agroecossistemas (Figura 4):

- Fomentar nas áreas de cultivos *habitats* que suportem a fauna benéfica.
- Promover solos ricos em matéria orgânica e atividade microbiana.

Estratégias de manejo do solo e do *habitat* bem planejadas e bem implementadas geram populações de inimigos naturais diversificadas e abundantes – embora nem sempre suficientes. À medida que os agricultores forem desenvolvendo um sistema mais saudável e mais resiliente a pragas em suas propriedades, eles podem vir a se perguntar:

- Como a diversidade de espécies pode ser aumentada para melhorar o manejo de pragas, compensar os danos causados por elas e otimizar o uso dos recursos?

- Como a longevidade do sistema pode ser estendida com a inclusão de plantas lenhosas que capturam e ciclam nutrientes e ainda possam proporcionar suporte mais sustentado para os organismos benéficos?
- Como adicionar uma quantidade maior de matéria orgânica para ativar a biologia do solo, aumentar seus nutrientes e melhorar sua estrutura?
- Finalmente, como a paisagem pode ser diversificada com mosaicos de agroecossistemas em diferentes estágios de sucessão e com quebra-ventos, cercas vivas etc.?

Diretrizes para o desenho de sistemas agrícolas saudáveis e resilientes a pragas

- Aumente o número de espécies no tempo e no espaço com rotações de culturas, policultivos, sistemas agroflorestais e sistemas de integração lavoura-animal.
- Aumente a diversidade genética com misturas de cultivares e variedades crioulas.
- Conserve ou introduza inimigos naturais e antagonistas por meio do incremento do *habitat* ou pela soltura desses organismos no campo.
- Aumente a atividade biológica do solo e melhore sua estrutura com aplicações regulares de matéria orgânica.
- Melhore a ciclagem de nutrientes com leguminosas e criações animais.
- Mantenha a cobertura vegetal do solo com cultivo mínimo, plantas de cobertura e cobertura morta (*mulch*).
- Aumente a diversidade com corredores biológicos, diversidade vegetal nas margens dos cultivos ou com mosaicos de agroecossistemas.

Quando os agricultores detiverem um amplo conhecimento sobre as características e as necessidades das principais pragas e inimigos naturais, eles estarão prontos para começar a elaborar uma estratégia de manejo de *habitat* específica para a sua propriedade. *Escolha plantas que ofereçam benefícios múltiplos* – por exemplo, plantas que melhorem a fertilidade do solo, suprimam plantas espontâneas e regulem pragas – e que não atrapalhem as práticas agrícolas desejáveis. *Evite conflitos potenciais*: na Califórnia, o plantio de amoras-pretas ao redor de vinhedos aumenta as populações de parasitas da cigarrinha-da-uva, mas também pode exacerbar as populações da cigarrinhas que transmite a doença-de-Pierce[28] que afeta as videiras. Ao distribuir plantas sele-cionadas no espaço e no tempo, *utilize a escala – campo ou paisagem – que seja mais condizente com os resultados pretendidos*. E, finalmente, *não complique as coisas, mantenha-as simples:* o plano deve ser fácil e de baixo custo para implementação e manutenção, assim como deve ser fácil de modificar à medida que as necessidades mudem ou que os resultados exijam mudanças.

Figura 4

Pilares da saúde do agroecossistema

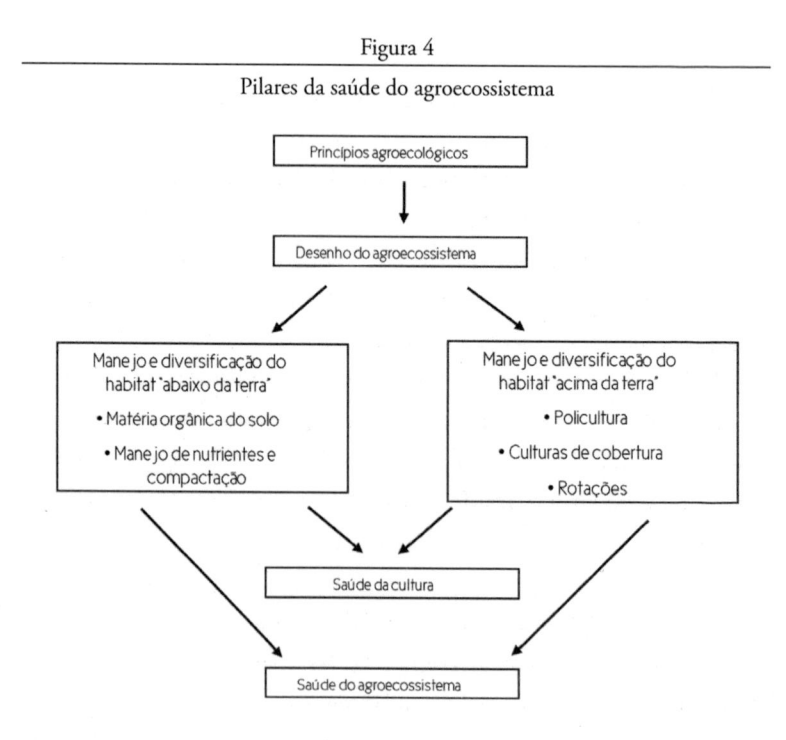

---

[28] Doença causada pela bactéria *Xylella fastidiosa*, mais conhecida no Brasil por causar a clorose variegada dos citros (CVC). (N.R.)

ECOLOGIA DAS DOENÇAS VEGETAIS E SEU MANEJO

Recentemente, os fitopatologistas têm enfatizado que as doenças vegetais são mais frequentes nas culturas que na vegetação natural. Esta observação conduz ao ponto de vista de que as epidemias são, principalmente, o resultado da interferência do ser humano no "equilíbrio da natureza" (Thresch, 1982). As condições que permitem ao patógeno aumentar sua população até níveis epidêmicos são particularmente favorecidas pela prática da monocultura, uma tendência comum em muitos sistemas agrícolas modernos (Zadokse Schein, 1979). Os plantios extensivos próximos aos principais focos são particularmente vulneráveis e a invasão de locais remotos é facilitada pela presença de áreas de intervenção com hospedeiros suscetíveis.

EPIDEMIOLOGIA E MANEJO DE DOENÇAS

De forma resumida, as condições necessárias para o desenvolvimento de uma doença vegetal são (Berger, 1977):

1. A forma virulenta do patógeno (fungo, bactéria ou vírus) deve estar presente em baixa frequência no hospedeiro (planta);

2. O hospedeiro (planta) suscetível a este patógeno deve estar amplamente distribuído na região; e

3. As condições ambientais devem ser favoráveis para o desenvolvimento do patógeno.

Juntos, esses fatores formam o triângulo patogênico; sua incidência e interação resultam na enfermidade da planta. De fato, a doença não evoluirá a menos que haja um patógeno ativo, um hospedeiro suscetível e condições ambientais adequadas à infecção, colonização e reprodução do patógeno. Os fatores ambientais que conduzem à doença incluem temperatura, luz, umidade relativa e assim por diante, mas também a irrigação, que altera o microclima da cultura e a fertilização química (especialmente nitrogenada), que promove o crescimento vegetativo luxuriante e aumenta a suculência das plantas hospedeiras. Fatores ambientais também afetam a capacidade competitiva dos patógenos quando se encontram no solo (Manners, 1993). O maior conhecimento do triângulo patogênico hospedeiro/ patógeno/ambiente permitiu aos fitopatologistas a aplicação de certos princípios ecológicos para reduzir as perdas devido às epidemias. Embora as culturas apresentem diferenças no tipo, permanência e estabilidade do *habitat* que proporcionam aos patógenos, várias características que podem afetar a disseminação da doença podem ser reconhecidas (Tabela 1).

A intensificação da agricultura inclui várias práticas que favorecem as doenças:

1. Expansão das plantações;
2. Agregação das plantações;
3. Aumento da densidade de culturas hospedeiras;
4. Diminuição da diversidade de espécies e das variedades do hospedeiro;
5. Aumento das monoculturas e ou encurtamento da rotação de culturas; e
6. Uso de fertilização, irrigação e outras modificações nas práticas de manejo.

Tabela 1

Algumas características do *habitat* das plantações que influenciam a disseminação das doenças (segundo Thresh, 1981).

Dispersão		
	Facilitada	**Impedida**
Suscetibilidade do hospedeiro	Alta	Baixa
Longevidade do hospedeiro	Longa	Curta
Tamanho do hospedeiro	Grande	Pequeno
Plantios vulneráveis	Muito próximos	Pouco dispersos
Tipo de plantio	Puro	Consorciado
Espaçamento	Pequeno	Grande
Fontes de infecção	Muitas Locais Potentes	Poucas Distantes Menos potentes
Período de crescimento	Longo Sobreposto	Curto Distinto
Inverno/estação seca	Ameno Curto	Extremo Prolongado

Existe uma relação direta entre a intensidade de cultivo e o risco de uma doença. Está claro que os sistemas extensivos e semi-intensivos de cultivo de cereais ou batata da Ásia, Argentina ou do leste Europeu apresentam menos riscos de doenças do que os sistemas intensivos dos Estados Unidos e da Europa Ocidental (Zadokse e Schein, 1974).

O objetivo do controle da doença é evitar que os prejuízos ultrapassem o nível de dano econômico. Em geral, três estratégias epidemiológicas podem ser aplicadas para diminuir as perdas causadas pelas doenças:

1. Eliminar ou reduzir o inóculo inicial (X_o) ou retardar seu aparecimento no começo da estação;

2. Diminuir a taxa de desenvolvimento da doença (r) durante o período de crescimento;

3. Diminuir o tempo de exposição da cultura ao patógeno, usando variedades precoces ou práticas de adubação e irrigação que acelerem o desenvolvimento da cultura.

A Tabela 2 resume os métodos culturais, biológicos e químicos usados para controlar cada um desses três processos.

Tabela 2

Métodos gerais para controle de doenças e seus efeitos epidemiológicos (segundo Zadoks e Schein, 1979).

Maior efeito em:	X_0	r
A. Para evitar o patógeno		
1. Escolha da área geográfica	X_0	r
2. Escolha do local de plantio	X_0	r
3. Escolha da época de plantio		r
4. Uso de material de propagação não infectado	X_0	
5. Modificação das práticas culturais	X_0	r
B. Exclusão do patógeno		
I. Tratamento das sementes ou do material de propagação	X_0	
2. Inspeção e certificação	X_0	
3. Exclusão ou restrição pela quarentena	X_0	
4. Eliminação dos insetos vetores	X_0	r
C. Erradicação do patógeno		
1. Controle biológico dos fitopatógenos	X_0	r
2. Rotação de culturas	X_0	
3. Remoção e destruição das plantas suscetíveis ou de seus órgãos afetados		
a. Seleção e retirada das plantas doentes	X_0	
b. Eliminação de hospedeiros alternativos e invasores suscetíveis	X_0	r
c. Saneamento	X_0	
4. Aquecimento e tratamento químico aplicado no material de propagação	X_0	
5. Tratamento do solo	X_0	
D. Proteção da planta		
1. Pulverização e tratamento dos propágulos para proteger contra a infecção	X_0	
2. Controle dos insetos vetores dos patógenos		r
3. Modificação do ambiente		r
4. Inoculação com vírus benigno para proteger contra um outro mais virulento (vacinação)	X_0	

5. Modificação da nutrição		r
E. Desenvolvimento de hospedeiros resistentes		
1. Seleção e melhoramento para resistência		
a. Resistência vertical	X_0	
b. Resistência horizontal		r
c. Resistência bidimensional	X_0.	r
d. População resistente (linhagens múltiplas)		r
2. Resistência por quimioterapia		r
3. Resistência através da nutrição		r
F. Terapia aplicada às plantas doentes		
1. Quimioterapia		r
2. Tratamento com aquecimento	X_0	
3. Cirurgia	X_0	

X_0 = quantidade inicial do inóculo
r = taxa de aumento da doença

CONTROLE CULTURAL DAS DOENÇAS DE PLANTAS

As estratégias gerais que podem ser adotadas para diminuir a incidência de doenças nas plantas, compreendem: evitar, excluir ou erradicar o patógeno, proteção do hospedeiro, desenvolvimento de hospedeiros resistentes e terapia direta nas plantas já doentes. Os métodos de controle cultural e biológico usados antes ou durante o plantio são os mais atuantes para diminuir a doença. Os controles aplicados antes do plantio incluem a rotação de culturas, aquecimento do solo com solarização ou queima, inundação temporária, tratamento do solo com grandes quantidades de material orgânico e o preparo do solo. O preparo do solo destrói os resíduos e acelera a decomposição, mas também acelera a colonização por microrganismos benéficos (Cook, 1986).

A erradicação dos hospedeiros silvestres alternativos, suscetíveis às mesmas doenças que as culturas, é um método útil, como no caso do fungo da ferrugem *Puccinia graminis* e *Cranartium ribicola*, cujo controle requer a remoção dos hospedeiros alternativos *Berberis vulgaris* e *Ribes sp*. Os métodos usados no plantio incluem o uso de material de propagação não infectado e variedades resistentes.

A diversidade genética oferece grande potencial para o controle genético de patógenos. Pode ser alcançada na prática, com o plantio de cultivares geneticamente diferenciados, espalhados pela área da propriedade; com o plantio de três ou quatro cultivares, cada um apresentando genes diferentes para resistência, ou com o uso de cultivares que apresentem vários genes para resistência em seu próprio genótipo (Browning e Frey, 1969). O sucesso no controle de doenças através da diversificação varietal das espécies cultivadas tem sido registrado no controle da ferrugem no trigo (*Puccinia striiformis*), na aveia (*Puccinia coronata*) e na cevada (*Erysiphe graminis*) (Wolfe, 1985).

Em Iowa, a partir de 1968, foram introduzidos 11 cultivares de aveia com genes de múltipla resistência, sendo cultivados em cerca de 400.000ha. Até agora, eles não apresentaram perdas com a ferrugem (*P. coronata*). Aparentemente, a substituição de plantas suscetíveis por outras resistentes numa plantação, reduz a quantidade de tecido suscetível. Além disso, o movimento do inóculo de uma planta suscetível para outra é obstruído pela presença das plantas resistentes.

Com base em extensivos resultados de pesquisa, os cientistas do Instituto Nacional de Botânica Agrícola (National Institute for Agricultural Botany – NIAB), na Inglaterra, elaboraram uma lista de variedades de cereais recomendados, que podem ser usados para a escolha de combinações adequadas de variedades. A Tabela 3 apresenta como exemplo o caso do míldio em cevada de primavera. Para usar a tabela, primeiro deve-se encontrar o número de diversificação grupal da variedade preferida na lista do NIAB. Em seguida, verifica-se se outras variedades escolhidas estão em grupos de diversificação compatíveis. Mesmo que as associações varietais não sejam usadas, os princípios da diversificação podem ser aplicados na escolha de variedades (Lampkin, 1990).

Tabela 3

Esquema de diversificação varietal para reduzir a disseminação do míldio em cevada de primavera.

Diversificação Grupo	1	3	4	5	6	7	9	10	11
1	+	+	+	+	+	+	+	+	+
3	+	m	m	+	+	+	m	m	m
4	+	m	m	+	+	+	m	+	+
5	+	+	+	m	+	+	+	m	+
6	+	+	+	+	m	+	m	+	+
7	+	+	+	+	+	m	+	+	+
9	+	m	m	m	m	+	m	+	+
10	+	m	+	+	+	+	+	m	+
11	+	m	+	+	+	+	+	+	m

+= boa combinação, baixo risco
m= risco de disseminação do míldio

Pyindji e Trutmann (1992) sugeriram a combinação das atuais variedades cultivadas com outras mais resistentes, de maneira a reduzir a severidade de algumas doenças específicas. Na África, esta abordagem levou a uma significativa redução da mancha angular do feijoeiro e também evitou a indiscriminada substituição das variedades tradicionais pelas novas.

A resistência geneticamente controlada também é um mecanismo importante que contribui para o tamponamento de doenças. Muitos trabalhos têm sido conduzidos sobre a resistência das plantas hospedeiras (Vanderplank, 1982). A resistência das plantas pode ser dividida em dois tipos – vertical e horizontal. A resistência vertical é aquela eficiente contra alguns genótipos de uma espécie de patógeno, mas não contra outros. Vanderplank observou que a resistência vertical geralmente proporciona níveis muito altos de resistência, ou imunidade, e normalmente é herdado monogeneticamente. A resistência vertical provavelmente correlaciona-se com a resistência que funciona gene a gene com o hospedeiro. Muita ênfase tem sido dada ao uso de resistência vertical no controle de doenças, porque este mecanismo é herdado de maneira simples, facilmente identificado e geralmente proporciona altos níveis de resistência, ou mesmo imunidade, contra os genótipos mais frequentes de patógenos. Em algumas doenças, entretanto, o uso generalizado de resistência vertical pode selecionar rapidamente genótipos virulentos da população do patógeno e tornar ineficiente a resistência genética (Browning e Frey, 1969). Desta forma, é cada vez maior a atenção dada a tipos supostamente diferentes de resistência que têm sido chamado de resistência geral, resistência de campo ou resistência horizontal. Resistência horizontal é aquela não específica a uma raça e geralmente proporciona resistência incompleta (p. ex., não elimina completamente a reprodução do patógeno) normalmente apresentando herança quantitativa. Vanderplank (1982) considerou a herança horizontal mais estável que a vertical, mas atribuiu essa estabilidade à falta de especificidade varietal e não ao maior número de genes controlando horizontalmente, comparando-se com a resistência vertical.

A escolha da época e do método apropriado de plantio é uma maneira de escapar dos patógenos. O plantio antecipado ou atrasado pode permitir ao hospedeiro passar por um estágio vulnerável antes ou depois do patógeno produzir inóculos. Por exemplo, na Inglaterra, as batatas plantadas precocemente quase não são atacadas por *Phytophthora infestans*, uma vez que são colhidas antes do pico de reprodução dos patógenos. Variações no espaçamento das fileiras ou na profundidade de plantio são outros métodos que ajudam a evitar o inóculo (Palti, 1981). Muitos sistemas de cultivo afetam as doenças. Se duas culturas semelhantes, suscetíveis ao mesmo patógeno, não forem plantadas em sequência, existe uma boa chance de que os inóculos deixados no solo morram de inanição na ausência de seu hospedeiro, ou seja, parasitados ou destruídos por outros microrganismos. No caso dos cereais, a remoção do hospedeiro por um ano, na rotação, limitará a mancha ocular causada por *Pseudocercos porel herpotrichoids*. Também se pode realizar rotações em culturas como a bananeira, onde a incidência da fusariose (*Fusarium oxysporum f. sp*.cuberie) pode ser reduzida por um intervalo de 2 a 3 anos durante o qual o arroz pode ser cultivado (Manners, 1943). A sobressemeadura de leguminosas no trigo ou na cevada é uma medida eficiente para o controle da podridão de raízes ou mal do pé (*Gaeumannomyces graminis*). A leguminosa fornece algum nitrogênio, mas após a colheita do cereal e durante o outono, o nitrogênio é imobilizado na cultura em crescimento. A deficiência de nitrogênio diminui a atividade do patógeno (Campbell, 1989).

Muitos destes métodos culturais (rotação de culturas, eliminação de hospedeiros alternativos, aração profunda dos restos culturais, consórcio de espécies geneticamente distantes, uso de culturas como barreiras) podem ser incorporados nos sistemas de produção agrícola alternativos. Entretanto, sua adoção vai depender muito de alguns fatores antrópicos, econômicos, biológicos e ambientais (Tabela 4). É óbvio que as medidas culturais devem estar bem adaptadas às interações entre cultura-patógeno-ambiente em cada plantio, bem como se deve considerar a necessidade de um controle rápido, seguro e econômico das doenças.

Maiores detalhes e aprofundamentos sobre a aplicação dos conceitos epidemiológicos no manejo de doenças vegetais são encontrados em Zadoks e Schein (1979). O livro de Palti (1981) fornece um quadro detalhado das diversas práticas culturais para o controle das doenças das plantas.

Tabela 4

Fatores econômicos, sociais, biológicos e ambientais que afetam as perspectivas do controle cultural de doenças e plantas (Zadoks e Schein, 1979).

	Perspectivas para o controle cultural	
	Aumenta quando	**Diminui quando**
Fatores socioeconômicos		
Valor da cultura e nível de perda em potencial	Baixo	Alto
Custo do controle químico em relação ao gasto total	Alto (p. ex., cereais)	Baixo
Possibilidades do planejamento regional das práticas culturais para minimizar o aumento do inócuo	Boas	Poucas
Escolha de práticas de pré-plantio (solo, época, topografia)	Inúmeras	Poucas
Possibilidades para a modificação das condições de campo	Muitas (p .ex., culturas irrigadas)	Limitadas (p.ex., culturas de sequeiro)
Nível educacional do produtor	Alto	Baixo
Fatores relacionados à cultura hospedeira		
Quantidade de tecido suscetível e disponível em qualquer época	Limitada	Grande
Adaptabilidade às várias condições	Ampla	Estreita
Fatores ambientais		
Condições climáticas em geral, em relação às condições ótimas de crescimento	Sub-ótimas, pelo menos em algumas épocas	Próximas da ótima

CONTROLE BIOLÓGICO DE PATÓGENOS DE PLANTAS

De acordo com Cook e Baker (1983): "O controle biológico é a redução da quantidade de inoculo ou da atividade de um patógeno realizada por ou através de um ou mais organismos, que não o ser humano". O controle biológico envolve frequentemente a exploração de organismos (geralmente chamados de "antagonistas") no ambiente para diminuir a capacidade do patógeno causar doença. A grande quantidade de métodos usados no controle biológico pode ser dividida, de forma geral, em dois grupos. Primeiro, os antagonistas podem ser diretamente introduzidos sobre ou dentro do tecido da planta. Segundo, as condições de cultivo ou outros fatores podem ser modificados de maneira a promover a atividade dos antagonistas naturais que já ocorrem. Os princípios e exemplos relevantes de controle biológico de fitopatógenos são analisados por Baker e Cook (1974), Cook e Baker (1983) e, mais recentemente, por Campbell (1989).

O controle biológico inclui ações para aumentar a presença dos microrganismos benéficos próximos às plantas para suprimir os patógenos, ou a introdução de agentes biológicos no solo para suprimir os fitopatógenos causadores de doenças veiculadas pelo solo (Papavizas, 1973). Esta abordagem implica no fomento dos organismos benéficos que existem naturalmente no solo e também na criação de efeitos deletérios no desenvolvimento dos patógenos. A abordagem direta envolve a introdução em massa de microrganismos antagonistas no solo, com ou sem fontes de nutrientes para desativar os propágulos dos patógenos, reduzindo assim o seu número e afetando adversamente a infecção (Tabela 5). Existem muitas formas de ação dos antagonistas: colonização mais rápida que a dos patógenos, com competição subsequente levando à exclusão do nicho; produção de antibióticos; ou o microparasitismo, ou ainda a destruição do patógeno. Além disso, alguns microrganismos podem agir simplesmente fazendo com que a planta cresça melhor, de maneira que, mesmo com a doença presente, os sintomas sejam parcialmente mascarados. Muitas ectomicorrizas, que aumentam a absorção de fósforo pelas plantas, formam uma barreira física ou química contra infecções, evitando que os patógenos atinjam a superfície das raízes. Embora os efeitos das MVA (Micorriza Vesicular Arbusculares) sobre as doenças sejam muito complexos, geralmente são benéficos, embora em alguns casos possam fomentar doenças,como a podridão por *Phytophthora* nas raízes da soja (Tabela 6).

Tabela 5

Exemplos de antagonistas estudados no controle biológico de fitopatógenos
(Schroth e Hancock, 1985).

Mecanismo	Planta	Patógeno	Antagonista
Competição anti-biótica/ antibiosis	Muitas	*Agrobacterium tumefaciens*	*Agrobacterium spp.* não virulento
	Milho	*Fusarium roseum "Gramminearum"*	*Chaetomium globosum*
	Pinheiro	*Heterobasidion annosum*	*Peniophora gigantea*
	Várias	Vários fungos	*Trichoderma spp.*
	Várias	Vários fungos	*Bacillus subilis*
	Cravo	*Fusarium oxysporium f. sp. dianthi*	*Alcaligenes spp.*
	Algodão, trigo	*Pytium, Gaeumannomyces graminis var. tritici, Pseudomonas tolaasii, Fusarium oxysporium f. sp. Lini, Erwinia amylovora*	*Pseudomonas spp.*
	Maçã, tabaco	*Pseudomonas solanacearum*	*Erwinia herbicola,* linhagem não virulenta de *P. solanacearum*
	Muitas	Vários fungos	*Gliocadium spp.*
Competição por locais de fixação	Muitas	*Agrobacterium tumefaciens*	*Agrobacterium spp.* não virulento
Proteção cruzada	Batata doce	*Fusarium oxysporium f. sp. batatas*	*Oxysporum* não patogênico
	Cucurbitáceas	*Fusarium solani f. sp. Curcubitae*	Vírus do mosaico da abóbora
Hiperparasitismo	Muitas	Vários fungos	*Trichoderma spp.*
	Girassol, feijões	*Sclerotinia spp.*	*Coniothyrium minitans*
	Alface	*Sclerotinia spp.*	*Sporodesmium sclerotivorum*
	Beterraba	*Pythium spp.*	*Pythium oligandrum*
	Pepino, feijão	*Rhizoctonia solani*	*Laetisaria arvalis*
	Pepino	*Míldio*	*Ampelomyces grisqualis*
	Centeio e outros cereais	*Ergot*	*Fusarium roseum "heterosporium"*

Hipovirulência	Castanha	*Endothia parasítica*	*Mycovirus*
Parasitismo	Soja	*Pseudomonas syringae PV. glycinea*	*Bdellovibrio bacteriovorus*
Predação		Vários fungos	*Arachnula impatiens*

Tabela 6

Efeito de MVA * em doenças causadas por fungos de solo (Schonbeck, 1979)

Patógeno	Hospedeiro	Efeito das micorrizas nas plantas
Olpidium brassicae	Fumo, Alface	Redução da infecção
Pythium ultimum	Soja	Nenhum
Pythium ultimum	"Poinsettia"	Redução da atrofia
Phytophthora megasperma	Soja	Diminuição da morte
Phytophthora palmivora	Mamão	Nenhum
Phytophthora parasitica	Citrus	Redução do dano
Rhizoctonia solani	"Poinsettia"	Redução da atrofia
Thielaviopsis basicola	Fumo	Menor atrofia e inibição da produção de clamidosporos
Thielaviopsis basicola	Alfafa	
Thielaviopsis basicola	Algodão	
Cylindrocarpon destructans	Morangos	Menor atrofia e redução da infecção
Cylindrocarpon scoparium	Álamo	
Fusarium oxysporium	Tomate	
Fusarium oxysporium	Pepino	
Phoma terrestris	Cebola	

MVA*= Micorriza Vesicular Arbuscular

Até agora, os métodos mais promissores de controle parecem ser o fomento de agentes biológicos que provocam alterações no equilíbrio microbiano do solo ou envolvem a intensificação de todas as atividades da complexa comunidade microbiana, incluindo o aumento da liberação de metabólitos tóxicos e a competição por nutrientes. Com o aumento da atividade microbiana, o gasto de energia dos propágulos durante a dormência provavelmente aumenta como forma de um mecanismo de proteção, e o resultado disto é um aumento da frequência de exaustão e morte de propágulos (Baker e Cook, 1974).

O uso de plantas de cobertura e de leguminosas, particularmente adubos verdes incorporados, tem sido especialmente eficiente no controle biológico de fitopatógenos. As culturas de ervilhas ou sorgo incorporadas antes do plantio de algodão, no sudoeste dos EUA, aparentemente proporcionam um exe Lente controle da podridão das raízes. A eficácia das plantas de cobertura com Leguminosas para o controle do mal do pé do trigo *(Gaeumannomyces graminis)* tem sido frequentemente demonstrada. A germinação e possível viabilidade de *Typhula idahoensis* é bastante reduzida, em Idaho, quando a alfafa é introduzida na rotação com trigo. O aumento da sarna da batata foi evitado quando a soja foi cultivada anualmente como cultura de cobertura e incorporada todo ano antes do plantio das batatas (Baker e Cook, 1974).

Os resíduos de Leguminosas são ricos em compostos de nitrogênio e carbono e fornecem vitaminas e substratos mais complexos. A atividade biológica se torna muito intensa em resposta a tratamentos deste tipo e pode aumentar a *fungistase* (diminuição do desenvolvimento) e provocar a *lisis* (rompimento) dos propágulos dos fungos, levando à sua destruição. A compostagem de diversos materiais foi utilizada para controlar doenças causadas por *Phytophthora* e *Rhizoctonia*. Os principais fatores de controle parecem ser o aquecimento do composto, assim como os antibióticos produzidos por *Trichoderma, Gliodadium* e *Pseudomonis*. A Tabela 7 fornece exemplos específicos de supressão de doenças pela adição de diferentes condicionadores do solo. A Tabela 8 dá exemplos de patógenos fúngicos de solo que podem ser reduzidos com o uso de adubo verde. Alguns exemplos de condicionadores de solo que reduzem populações de nematóides estão presentes na Tabela 9.

Tabela 7

Condicionadores que reduzem algumas doenças causadas por fungos do solo – material aplicado decomposto e seco (segundo Palti, 1981).

Cultura e doença	Patógeno	Corretivo de solo
Batata (murcha)	*Verticillium albo-atrum*	Palha de cevada
Batata (crosta negra)	*Rhizoctonia solani*	Palha de trigo
Feijão (podridão da raiz)	*Thielaviopsis basicola*	Palha de aveia, forragem de milho, feno de alfafa
Ervilha (podridão da raiz)	*Macrophomina ogasoikuba*	Alfafa, palha de cevada
Coentro (murcha)	*Fusarium oxysporium*	Torta de algodão
Banana (murcha)	*F. oxysporium f. sp. cubense*	Resíduos de cana-de-açúcar
Abacate (podridão da raiz)	*Phytophthora cinnamomi*	Torta de alfafa
Ornamentais (podridão da raiz)	*Phytophthora, Pythium, Thielaviopsis spp.*	Composto de troncos de árvores

Tabela 8

Exemplos de adubos verdes que reduzem alguns fungos patogênicos de solo (segundo Palti, 1981).

Cultura	Doença	Patógeno	Tipo de adubo verde	Efeito na população de fungos
Trigo	Mal do pé	*Gaeumannomyces graminis*	Colza, ervilha ou diversas leguminosas	Parcialmente reduzida
	Mancha ocular	*Pseudocercosporella sp.*	Colza, ervilha ou diversas leguminosas	Parcialmente reduzida
Algodão	Podridão da raiz	*Phymatotrichum omnivorum*	Ervilha *Melilotus officinalis*	Reduzida
Batata	Sarna	*Streptomyces scabies*	Soja	Evitou o desenvolvimento

Tabela 9

Tratamentos de solo que reduzem a população de nematoides (segundo Palti, 1981)

Espécie de nematoides	Cultura	Corretivo de solo testado
Meloidogyne incognita	Tomate	Lodo de esgoto, palha e feno de alfafa, feno de trevo nativo e de linho
M. japonica	Tomate	Serragem
Heterodera marioni	Pêssego	*Crotalaria spectabilis* no verão, aveia no inverno
H.tabacum	Berinjela	Serapilheira, sulfato de amônia
Pratylenchus penetrans		Resíduos de micélios da produção de antibióti-co, rejeitos da indústria de papel e celulose
Hoplolaimus tylenchiformis, Xiphinema americanum		Serapilheira, lodo de esgoto
Helicotylenchus sp. Tylenchorhynchus sp., Meloidogyne sp.		Torta de mostarda, folhas decompostas de Nim (*Azadirachta indica*)
Pratylenchus penetrans		Aveia, capim de Sudão
Belonolaimus longicaudatus		Lodo de esgoto ativo
Tylenchulus semipenetrans		Pasta de rícino (subproduto da extração do óleo de rícino)

A literatura existente sobre as práticas de manejo de solo que apresentam a capacidade de aumentar os antagonistas microbianos é volumosa. Os tratamentos orgânicos são reconhecidos como iniciadores de dois processos importantes no controle de doenças: aumento da dormência de propágulos e sua digestão por microrganismos (Palti, 1981). As adições orgânicas aumentam o nível geral das atividades microbianas e quanto maior o número de microrganismos ativos, maiores as chances de que alguns deles sejam antagonistas dos patógenos. Esta resposta generalizada à matéria orgânica, com a redução dos inóculos de patógenos, tem sido usada com sucesso no controle de doenças como sarna da batata (*Streptomyces scabies*), podridão do abacate (*Phytophthora cinamomi*), podridão por *Phymatotrichum omnivorum*, *Sclerotium rolfsii* e *Rhizoctonia* (Mukerji *et al.*, 1992). Quando o material orgânico é aplicado ao solo, a germinação dos propágulos de patógenos pode não ser possível, mesmo na presença de substâncias nutritivas. As evidências sugerem que o efeito é relativamente não específico em sua origem e outras abordagens de controle biológico que enfatizam a indução de resistência nos hospedeiros, pela inoculação de linhagens não patogênicas ou não virulentas de patógenos foram demonstradas em inúmeros casos, especialmente no uso de linhagens atenuadas de vírus para controlar viroses. O vírus da tristeza dos citros é controlado desta maneira e o tomate pode ser protegido dos danos do vírus do mosaico do tabaco com a inoculação prévia de linhagens atenuadas do vírus. Poucos agentes de controle biológico estão registrados e disponíveis comercialmente. Atualmente, nos EUA e em muitos outros países, é utilizada a linhagem não virulenta de *Agrobacterium radiobacter* (K48) para o pré-tratamento contra a formação de galhas causadas por *Agrobacterium tumefaciens*. Este pré-tratamento é aplicado especificamente em áreas que sofreram lesões. A linhagem K48 produz um tipo especial de antibiótico ou bactericida (uma proteína de alto peso molecular) que afeta somente as espécies geneticamente muito próximas.

MANEJO AGROECOLÓGICO DA FERTILIDADE DOS SOLOS: SOLOS SAUDÁVEIS, PLANTAS SAUDÁVEIS

Miguel A. Altieri e Clara I. Nicholls

Práticas de manejo tais como a adubação podem afetar a suscetibilidade das plantas a insetos-praga ao alterar os níveis de nutrientes no tecido foliar. Cada vez mais, novas pesquisas vêm mostrando que a capacidade de uma cultura resistir ou tolerar o ataque de insetos-praga e doenças está ligada à otimização das propriedades químicas, físicas e, principalmente, biológicas dos solos. Solos com elevado teor de matéria orgânica e de atividade biológica geralmente apresentam boa fertilidade bem como cadeias tróficas complexas e organismos benéficos que previnem infestações. As culturas que se desenvolvem nesses solos geralmente apresentam menor abundância de diferentes insetos herbívoros, fato que pode ser atribuído a um menor teor de nitrogênio nos cultivos agroecológicos. Por outro lado, o uso excessivo de fertilizantes minerais pode causar desequilíbrios nutricionais e reduzir a resistência das plantas às pragas (Magdoff; Van Es, 2000).

Muitos pesquisadores têm sugerido que o aumento da pressão de insetos-praga e doenças sobre os agroecossistemas deve-se às mudanças que ocorreram nas práticas agrícolas desde a Segunda Guerra Mundial. O uso de fertilizantes e agrotóxicos, por exemplo, aumentou rapidamente durante esse período, e evidências sugerem que o uso excessivo de agroquímicos, juntamente com a expansão de monoculturas, exacerbou o problema dos insetos-praga (Conway; Pretty, 1991). Por outro lado, os proponentes de métodos agrícolas alternativos alegam que as perdas por pragas e doenças são reduzidas na agroecologia (Merrill,

1983; Oelhaf, 1978). Embora essa visão seja amplamente difundida, ainda há surpreendentemente poucas tentativas para comprovar sua validade. Os poucos estudos realizados sugerem que a menor pressão de pragas em sistemas agroecológicos poderia ser resultado de uma maior utilização de rotação de culturas e/ou da preservação de insetos benéficos pelo não uso de agrotóxicos (Lampkin, 1990).

Por outro lado, a baixa susceptibilidade a pragas pode ser reflexo de diferenças na sanidade dos cultivos, mediada pelo manejo da fertilidade do solo (Phelan *et al.*, 1995). Agricultores e também muitos pesquisadores observaram que práticas de manejo que repõem e mantêm um elevado teor de matéria orgânica e que aumentam o nível e a diversidade da macro e microfauna do solo promovem um ambiente que incrementa a saúde das plantas (McGuiness, 1993).

Apesar dos possíveis vínculos entre a fertilidade do solo e a sanidade das culturas, a evolução dos conceitos de manejo integrado de pragas (MIP) e manejo integrado da fertilidade dos solos (MIFS) ocorreu separadamente (Altieri; Nicholls, 2003). A integridade dos agroecossistemas depende de sinergias que se estabelecem entre a diversidade de plantas e o contínuo funcionamento da comunidade microbiana do solo, e a relação desta com a matéria orgânica do solo (Altieri; Nicholls, 1900). A maioria dos métodos de manejo de pragas usados pelos agricultores pode ser considerada como estratégias de manejo da fertilidade do solo e vice-versa. Há interações positivas entre solos e insetos pragas que, uma vez identificadas, podem gerar diretrizes para otimizar o funcionamento do agroecossistema como um todo (Figura 1).

Muito do que hoje sabemos sobre a relação entre a nutrição das plantas e a incidência de pragas vem de estudos comparativos entre os efeitos de práticas de manejo orgânico e convencional sobre populações específicas de insetos (Altieri; Nicholls, 2003). Práticas de manejo de solos podem afetar a susceptibilidade fisiológica dos cultivos a insetos-praga, seja afetando a resistência de plantas individuais ou alterando a aceitação da planta a determinados herbívoros. Outros estudos documentaram como a mudança do manejo orgânico para o químico aumentou o potencial de determinados insetos e doenças causarem dano econômico.

Figura 1

Potencial sinergismo entre fertilidade dos solos e manejo integrado de pragas.

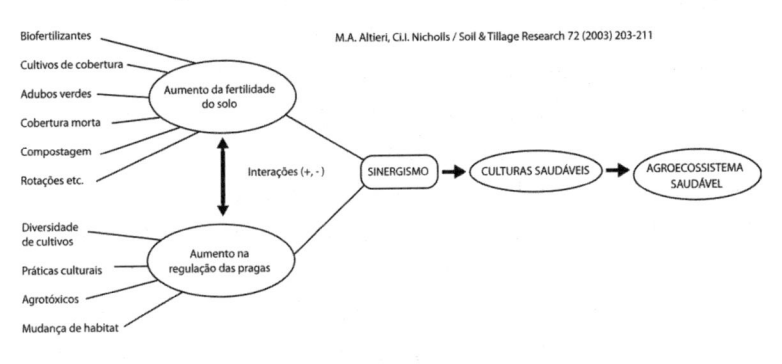

OS EFEITOS DA ADUBAÇÃO SOBRE A RESISTÊNCIA DAS PLANTAS AOS INSETOS-PRAGA

Estudos sobre resistência das plantas aos insetos-praga mostram que a resistência varia com a idade ou a fase de desenvolvimento da planta (Slansky, 1990). Isto sugere que a resistência está diretamente ligada à fisiologia da planta e, por essa razão, qualquer fator que afete sua fisiologia pode levar a mudanças na resistência aos insetos-praga.

Já foi demonstrado que a adubação afeta as três categorias de resistência propostas por Painter (1951): preferência, antibiose e tolerância. As respostas morfológicas mais previsíveis das culturas aos fertilizantes, tais como alterações nas taxas de crescimento, maturidade precoce ou retardada, tamanho de partes da planta e espessura ou resistência da cutícula também podem influenciar a capacidade de muitas espécies de pragas em utilizar um hospedeiro. Por exemplo, Adkisson (1958) relatou aproximadamente três vezes mais larvas de bicudo (*Anthonomus grandis)* no algodão (*Gossypium hirsutum*) que recebeu doses elevadas de fertilizantes comparado com os sistemas controle. Essas diferenças foram atribuídas ao prolongamento da fase vegetativa do algodoeiro, fazendo com que as plantas permanecessem suculentas por mais tempo e frutificassem mais tardiamente do que o normal em decorrência do aporte de adubo. Klostermeyer (1950) observou que fertilizantes nitrogenados aumentam a extensão e firmeza da palha do milho (*Zea mays*), influenciando os níveis de infestação da lagarta-da-espiga (*Heliothis zea*).

Meyer (2000) argumenta que a disponibilidade de nutrientes no solo afeta não só a taxa de dano causado por insetos herbívoros, como também a habilidade de recuperação da planta. Não obstante, muito raramente esses dois fatores são considerados em conjunto. Descrevendo os efeitos da fertilidade do solo tanto no grau de desfolha como na compensação pela herbivoria em mostarda (*Brassica nigra*) atacada por lagartas *Pieris rapae*, Meyer (2000) descobriu que a porcentagem de desfolha era mais de duas vezes maior na fertilização baixa comparada com a alta, embora as plantas dos solos de alta fertilidade tenham perdido uma quantidade maior absoluta de área foliar. Tanto em níveis elevados de fertilidade quanto em baixos, o número total de sementes e o peso médio por semente das plantas danificadas eram equivalentes aos das não danificadas. Assim, a fertilidade do solo não influenciou a compensação das plantas em termos de adaptação do material.

Os efeitos das práticas de fertilização sobre a resistência a insetos-praga podem ser mediados por mudanças no estado nutricional da planta. Em quantidades equivalentes de nitrogênio (100 e 200 mg/vaso), Barker (1975) verificou que a concentração de nitrato (N-NO$_3^-$) nas folhas de espinafre (*Spinacia oleracea*) era maior quando recebido o nitrato de amônio do que nas plantas tratadas com cinco diferentes adubos orgânicos. Em um estudo comparativo com agricultores agroecológicos e convencionais no meio-oeste dos Estados Unidos, Lockeretz *et al.* (1981) observaram que milho cultivado de forma orgânica teve níveis mais baixos de todos os aminoácidos (exceto metionina) que o milho cultivado de forma convencional. Eggert e Kahrmann (1984) também demonstraram que o feijão cultivado de forma convencional (*Phaseolus vulgaris*) tinha mais proteína que o orgânico. Níveis consistentemente mais elevados de nitrogênio no pecíolo também foram encontrados nos feijoeiros cultivados de forma convencional. Os níveis de potássio e fósforo, no entanto, eram mais elevados nos pecíolos de feijão orgânico que nos convencionais. Schuphan (1974), em um estudo comparativo de longo prazo sobre os efeitos da adubação orgânica e sintética no valor nutricional de quatro espécies, relatou que as hortaliças orgânicas continham níveis significativamente mais baixos de nitrato e mais elevados de potássio, fósforo e ferro do que as convencionais. Os estudos acima sugerem que teores foliares de N-NO$_3^-$ mais baixos nas culturas orgânicas podem ser um fator-chave para determinar seu menor dano por insetos-praga.

EFEITOS DO NITROGÊNIO

Estudos já relataram que a resistência das plantas a vários tipos de insetos-praga é influenciada pelos efeitos indiretos da adubação, que alteram a composição nutricional das culturas. O Nitrogênio é considerado o mais crítico dentre os fatores que influenciam o nível de dano causado por artrópodes. (Mattson, 1980, Scriber, 1984, Slansky; Rodriguez, 1987).

A maioria dos estudos que analisaram a resposta de pulgões e ácaros à adubação nitrogenada reconheceu que o aumento das doses de nitrogênio intensifica dramaticamente o número de pulgões e ácaros. De acordo com van Emden (1966), níveis mais altos de fecundidade e desenvolvimento do pulgão (*Myzus persicae)* apresentavam elevada correlação com o aumento do nível de nitrogênio solúvel no tecido foliar. Diversos outros autores também relacionaram o incremento das populações de pulgões e ácaros com a adubação nitrogenada (Quadros 1 e 2).

Também foi relatado que houve um aumento da população de herbívoros associados ao cultivo de *Brassica* em resposta a maiores níveis de nitrogênio (Quadro 3). Em um estudo de dois anos, Brodbeck *et al.* (2001) descobriram que populações de tripes (*Frankliniella occidentalis*) eram significativamente maiores nos tomateiros que receberam altas doses de adubação nitrogenada. Flutuações sazonais de *F. occidentalis* no tomateiro estavam correlacionadas com o número de flores por planta hospedeira, que mudou com o *status* do nitrogênio das flores. Plantas sujeitas a altas doses de adubação produziram flores que tinham maiores níveis do nutriente assim como variações no perfil de vários aminoácidos que coincidiram com o pico da densidade populacional de tripes. A abundância de *F. occidentalis* (particularmente fêmeas adultas) apresentou maior correlação com concentrações de fenilalanina nas flores durante os picos populacionais. Outras populações de insetos que apresentaram aumento após adubação nitrogenada química incluem *Spodoptera frugiperda* no milho, *H. zea* no algodão, *Psylla pyricola* na pera, *Pseudococcus comstocki* na maçã (*Malus sp.*) e *Ostrinia nubilalis* no milho (Luna, 1988). Mais uma vez as evidências sugerem que a aplicação de doses elevadas de fertilizantes químicos pode causar desbalanços nutricionais nos cultivos, que por sua vez os tornam mais suscetíveis aos insetos.

Quadro 1

Estudos selecionados sobre adubação química X abundância de ácaros (Luna, 1988)

Nutriente	Ácaro	Cultura	Resposta numérica dos insetos[1]
N	*Panonychus ulmi*	Maçã	+
N	*Tetranychus telarius*	Maçã	+
N	*T. telarius*	Feijão	+
N, P, K	Ácaro rajado	Feijão /pêssego	+
N	*T. telarius*	Tomate	–
N, P	*T. telarius*	Maçã	+/–
N, K	*Bryobia praetiosa*	Feijão	+/–
N, Ca	*Heliothrips haemorrhoidalis*	Feijão	+/–

[1] Símbolos: (+) aumento na densidade com aumento do nutriente; (–) diminuição na densidade com aumento do nutriente. A barra (/) separa os efeitos dos nutrientes listados.

Quadro 2

Resumo de estudos selecionados sobre efeitos dos fertilizantes

inorgânicos X abundância de afídeos (Luna, 1988)

Nutrientes	Espécies de insetos	Culturas	Resposta numérica dos insetos[1]
N, P, K	M. persicae	Tabaco	+/∧/+
N	Schizaphis graminum (greenbug)	Aveia/alfafa	–
N, calcário	S. graminum	Aveia	–
N	R. maidis Sorghum	Sorgo	+
N, K, Ca	M. persicae	Couve-de-bruxelas	+/∨/–
N, P	Therioaphis maculate	Alfafa	–/+

[1] Símbolos: (+) aumento na densidade com aumento do nutriente; (–) diminuição na densidade com aumento do nutriente; (∧) maior densidade ocorre com doses intermediárias do nutriente; (∨) menor densidade ocorre com doses intermediárias do nutriente. A barra (/) separa os efeitos dos nutrientes listados.

Dado que as plantas são uma fonte de nutrientes para insetos herbívoros, um aumento em seu conteúdo de nutrientes pode ampliar sua aceitação como fonte de alimento para as populações de pragas. As variações na resposta dos insetos herbívoros podem ser explicadas por diferenças em seu comportamento alimentar (Pimentel; Warneke, 1980). Por exemplo, com o aumento das concentrações de nitrogênio em Chaparral (*Larrea tridentata*), populações de insetos sugadores aumentaram, mas o número de mastigadores diminuiu. Com níveis mais altos de adubação nitrogenada, aumentou a quantidade de nutrientes nas plantas, assim como os compostos secundários, que podem afetar seletivamente os padrões alimentares dos insetos herbívoros. Inibidores da digestão de proteína que se acumulam nos vacúolos celulares não foram consumidos pelos herbívoros sugadores, mas inibiram os herbívoros mastigadores (Mattson, 1980).

Ao revisar 50 anos de pesquisas sobre nutrição de plantas e ataque de insetos-praga, Scriber (1984) encontrou 135 estudos que mostraram um aumento do dano e/ou do crescimento da população de insetos mastigadores ou de ácaros nos cultivos adubados com N mineral, comparados com menos de 50 estudos nos quais o dano causado pelos insetos herbívoros foi reduzido pelo sistema de adubação convencional. Além disso, esses estudos sugerem uma hipótese com implicações sobre os padrões de uso de fertilizantes na agricultura: doses elevadas de nitrogênio podem levar a níveis elevados de dano causado por herbívoros. Como corolário, poder-se-ia esperar que as culturas adubadas organicamente estariam menos vulneráveis a insetos-praga e doenças, como resultado de menores concentrações de nitrogênio no tecido foliar. Atingir uma concentração de nitrogênio nas folhas mais uniforme ao longo do ano e evitar níveis foliares agudos de nitrogênio talvez sejam estratégias-chave para atingir níveis nutricionais ideais nas culturas a fim de conter o ataque de insetos-praga.

Letourneau (1988), no entanto, questiona se a hipótese de "danos do nitrogênio" baseada nos estudos de Scriber pode ser ampliada para um alerta geral sobre a associação entre aporte de fertilizantes e ataque de insetos-praga nos agroecossistemas. De 100 estudos sobre insetos e ácaros em plantas tratadas experimentalmente com altas e baixas doses de fertilizantes nitrogenados, Letourneau encontrou dois terços deles relatando aumento no desenvolvimento, na sobrevivência, na taxa reprodutiva, nas densidades populacionais ou nos níveis de dano dos insetos-praga como resposta a doses elevadas de N. O terço restante dos estudos com artrópodos mostrou tanto redução do dano após aportes de N como ausência de resposta significativa. A autora notou, contudo, que o desenho experimental pode afetar o tipo de reposta observada, fato que coloca um problema para as respostas dos insetos em tratamentos com adubação química e orgânica.

Deve-se destacar que a maioria dos estudos foi realizada em vasos, sendo apenas 10% deles conduzidos em cultivos de maior escala, que poderiam ter oferecido condições mais realistas para a geração de dados sobre a absorção de nitrogênio pelas plantas e a resposta dos herbívoros. Em segundo lugar, os estudos realizados a campo não corroboram claramente a hipótese do dano pelo nitrogênio. Apesar de o tamanho da amostra ter sido muito pequena, as comparações em sua maioria não apresentaram aumento significativo na performance dos artrópodes ou no dano pelo aumento de nitrogênio. Mesmo nos experimentos em parcelas, os resultados que apoiavam a hipótese do dano pelo nitrogênio foi confirmada por menos de 60% dos resultados. Apenas nos experimentos em estufa a hipótese foi validada. Em terceiro lugar, o dano real foi mensurado em apenas 20% dos estudos. O nível populacional (que poderia incluir insetos agrupados em classes de diferentes estágios de vida) pode ser o mais importante fator de previsão de danos, mas estudos avaliando esse parâmetro não sustentaram a hipótese tanto quanto aqueles que avaliaram taxa de crescimento, sobrevivência ou taxa reprodutiva em determinadas espécies.

Quadro 3

Resposta dos herbívoros ao aumento dos níveis de nitrogênio no solo nas plantas hospedeiras Brassica (Letourneau, 1988)

Planta hospedeira	Espécie herbívora	Fator	Resposta
Couve-de-bruxelas	*M. persicae*	Nº. de progênies	Aumento
Couve-de-bruxelas	*B. brassicae*	Nº. de progênies	Pequeno aumento, dependendo de fatores como K
Nabo	*Artogeia rapae*	Frequência de postura	Aumento
Couve e repolho	*A. rapae*	Frequência de postura	Aumento
Couve	*A. rapae*	Frequência de postura	Aumento
Repolho	*A. rapae*	Taxa de crescimento	Aumento
Repolho	*A. rapae*	Taxa de crescimento no estágio final	Aumento
Repolho	*Plutella xylostella*	Preferência alimentar	Aumento

DINÂMICA DOS INSETOS HERBÍVOROS EM SISTEMAS ORGÂNICOS

Estudos que documentaram menor abundância de diferentes insetos herbívoros em sistemas de baixo aporte de fertilizantes solúveis atribuíram esse baixo índice ao baixo teor de N nos cultivos orgânicos (Lampkin, 1990).

No Japão, a densidade de cigarrinhas (*Sogatella furcifera*) imigrantes em campos de arroz foi significativamente menor, e a taxa de estabelecimento de fêmeas adultas e de sobrevivência dos estágios imaturos das progênies foram geralmente menores em sistemas orgânicos quando comparado a sistemas convencionais. Consequentemente, a densidade de ninfas e adultos de cigarrinhas nas progênies diminuiu no arroz orgânico (Kajimura, 1995).

Na Inglaterra, o trigo sob manejo convencional apresentou maior infestação de pulgão *Metopolophium dirhodum* do que sua contraparte orgânica (Kowalski; Visser, 1979). Os cultivos de trigo com adubação convencional também apresentaram níveis mais elevados de aminoácidos livres em suas folhas durante o mês de junho, o que foi atribuído a uma aplicação de N em cobertura no início de abril. No entanto, a diferença no nível de infestação de pulgões entre os dois tipos de cultivos foi atribuída à resposta dos pulgões às proporções relativas de determinados aminoácidos proteicos e não proteicos presentes nas folhas no momento da colonização dos pulgões (Kowalski; Visser, 1979). Os autores concluíram que o trigo de inverno adubado quimicamente foi mais palatável do que orgânico, e daí a infestação maior.

Nos experimentos em estufa, quando foi dada a opção entre milho cultivado em solos com adubações orgânica e sintética, ambos coletados de propriedades na redondeza, as fêmeas da broca-europeia-do-colmo (*Ostrinia nubilalis*) depositaram significativamente mais ovos nas plantas que receberam adubo químico (Phelan *et al.* 1995). É interessante de notar que houve variação significativa nas taxas de oviposição entre os tratamentos com adubos químicos e solo manejado de forma convencional. Já nas plantas manejadas de forma orgânica a postura foi uniformemente baixa. Agrupando-se os resultados obtidos nas três áreas foi possível observar que a variância na postura de ovos foi aproximadamente 18 vezes maior nas plantas de solos manejados de forma convencional do que nas plantas sob manejo orgânico. Os autores sugerem que essa diferença evidencia uma forma de tampão biológico encontrado com mais frequência em solos manejados de forma orgânica.

Altieri *et al.* (1998) conduziram uma série de ensaios entre 1989-1996 em que o brócolis (*Brassica oleraceae*) foi submetido a diferentes sistemas de adubação (convencional *versus* orgânico). O objetivo foi observar os efeitos de diferentes fontes de nitrogênio na abundância de insetos-praga chave, como o pulgão-da-couve (*Brevicoryne brassicae*) e o besouro-pulga (*Phyllotreta cruciferae*). As monoculturas adubadas convencionalmente desenvolveram maior infestação de besouro-pulga de forma consistente e em alguns casos de pulgão-da-couve, em relação ao brócolis com adubação orgânica. A redução na infestação de pulgões e besouro-pulga nas parcelas orgânicas foi atribuída ao menor nível de nitrogênio livre na parte aérea das plantas. Esses dados corroboram a visão de que a preferência dos insetos-praga pode ser controlada pelas mudanças no tipo e na quantidade do adubo usado.

Por outro lado, um estudo comparando as respostas populacionais de insetos-praga de *Brassica* à adubação orgânica *versus* sintética observou uma maior população de besouro-pulga em lotes de couve no começo da safra adubados com lodo quando comparado com lotes com adubo mineral e não adubados (Culliney; Pimentel, 1986). No final da safra, contudo, nesses mesmos lotes, as populações nas parcelas sob cultivo orgânico foram menores para besouros, pulgões e lepidópteros. Isso sugere que os efeitos do tipo de adubação variam conforme o estágio de crescimento da planta e que a adubação orgânica não necessariamente diminui a população de insetos-praga, mas, às vezes, pode infelizmente aumentá-la. Por exemplo, em um levantamento feito com produtores de tomate da Califórnia, apesar das grandes diferenças na qualidade das plantas (quantidade de nitrogênio na folhas novas e brotações) seja em uma área específica ou entre as áreas de cultivo de tomate, Letourneau *et al.* (1996) não observaram nenhuma indicação de que maiores concentrações de nitrogênio no tecido foliar dos tomateiros estivessem associados a níveis maiores de danos causados por insetos.

MUDANÇAS NO *STATUS* DOS INSETOS-PRAGA DEVIDO AO AUMENTO DO USO DE FERTILIZANTES

A maioria dos agricultores de Cakchiquel que responderam a uma pesquisa realizada em Patzun, Guatemala, não apontou os insetos herbívoros como um problema em suas *milpas* de milho consorciadas com feijão, fava (*Vicia fava*) e/ou abóbora (*Cucurbita maxima, C. pepo*) (Morales *et al.*, 2001). Os agricultores atribuíram essa ausência de pragas às medidas preventivas incorporadas em suas práticas agrícolas, incluindo as técnicas de manejo do solo. Os agricultores de Patzun tradicionalmente misturam cinzas, restos de comida, restos culturais, plantas espontâneas, serapilheira e estercos para fazer compostagem. Entretanto, desde 1960, os fertilizantes sintéticos foram introduzidos na região e rapidamente adotados. Hoje em dia, a maioria dos agricultores trocou os adubos orgânicos pela ureia ($CO(NH_2)_2$), embora alguns reconheçam as consequências negativas da mudança e se queixem do fato de as populações de insetos-praga terem aumentado em suas *milpas* desde a introdução de fertilizantes sintéticos.

Em um levantamento nas regiões de altitude guatemaltecas, Morales *et al.* (2001) descobriram que o milho tratado com adubos orgânicos (aplicados por dois anos) apresentaram menos pulgão (*Rhopalosiphum maidis*) do que o milho que recebeu adubação química. Essa diferença foi atribuída a uma maior concentração foliar de nitrogênio no milho convencional, embora o número de lagartas-do-cartucho (*Spodoptera frugiperda*) tenha mostrado uma correlação negativa fraca com o aumento nos níveis do nitrogênio.

Enquanto os fertilizantes são subutilizados na maior parte da Ásia, em algumas regiões ocorre o oposto, especialmente nas áreas de produção intensiva de hortaliças. Para além dos custos, há também as consequências ecológicas e de saúde devido ao uso excessivo de fertilizantes (Conway *et al.*, 1991). O nitrogênio não usado dos fertilizantes pode chegar aos lençóis freáticos ou riachos na forma de nitrato, especialmente onde a horticultura intensiva é feita em áreas altas (ex.: Filipinas, Tailândia). Um levantamento feito sobre 3.000 poços de vilarejos na Índia mostrou que cerca de 20% deles continham níveis de nitrato acima do limite de 10 mg/l, estabelecido pela Organização Mundial da Saúde. Níveis elevados de nitrogênio têm sido associados ao aumento de problemas com insetos-praga no arroz, em especial com a cigarrinha (*Nilaparvata lugens*) (Santikarm; Perkasem, 2000)

CONCLUSÕES

O manejo da fertilidade do solo pode ter vários efeitos sobre a saúde das plantas que, por sua vez, pode afetar a abundância de insetos-praga e o nível subsequente de dano. A aplicação de fertilizantes minerais nas culturas pode afetar a oviposição, as taxas de crescimento, a sobrevivência e reprodução dos insetos que usam esses hospedeiros (Jones, 1976). Outros estudos continuam sendo necessários, mas as evidências preliminares sugerem que a adubação pode afetar a resistência relativa das culturas aos insetos-praga. E ainda que este não seja um fenômeno universal, o aumento do N solúvel no tecido vegetal decorrente da adubação nitrogenada pode no geral reduzir a resistência a pragas (Phelan *et al.*, 1995).

Os fertilizantes químicos podem influenciar significativamente o equilíbrio dos nutrientes nas plantas, e é provável que seu uso excessivo causará desequilíbrios nutricionais, que, por sua vez reduzirão a resistência a insetos-praga. Aparentemente, a liberação de nitrogênio após grandes aplicações de fertilizantes gera concentrações foliares do nutriente que deixam a planta mais vulnerável ao ataque de insetos-praga. Comparativamente, as práticas de adubação orgânica aumentam o teor de matéria orgânica do solo e a atividade microbiana. A liberação gradual de nutrientes não provoca o aumento do teor de N no tecido foliar, permitindo que, em tese, as plantas tenham uma nutrição mais equilibrada. Assim, embora a quantidade de nitrogênio prontamente disponível para as plantas possa ser menor quando são empregados adubos orgânicos, o estado nutricional geral dos cultivos parece melhorar. Práticas de adubação orgânica podem também fornecer micronutrientes e elementos traço que geralmente faltam nos sistemas convencionais que se baseiam principalmente em fontes sintéticas de N, P e K. Além das concentrações de nutrientes, uma adubação ótima que promove um balanço adequado de nutrientes pode estimular a resistência ao ataque de insetos (Moon, 1988). As fontes orgânicas de nitrogênio podem permitir maior tolerância a danos vegetativos nas plantas porque essas fontes liberam nitrogênio de forma mais lenta, durante o período de um a vários anos.

Phelan *et al.* (1995) destacam que outros mecanismos que não só o do N devem ser levados em consideração ao se analisar a ligação entre o manejo da fertilidade e a suscetibilidade das culturas a insetos-praga. Seus estudos mostram que a oviposição preferencial de fitófagos pode ser mediada por diferenças no manejo da fertilidade do solo. Dessa forma, os baixos níveis de insetos-praga amplamente documentados em sistemas orgânicos podem, em parte, originar-se de resistências planta-inseto mediadas por diferenças bioquímicas ou de nutrientes nesses sistemas.

São necessários mais estudos comparando as populações de insetos-praga em plantas tratadas com fertilizantes sintéticos e com orgânicos. Entender os efeitos subjacentes da adubação orgânica na saúde das plantas pode nos levar a novos e melhores projetos de manejo integrado de pragas e de manejo integrado de fertilidade do solo. O acúmulo de conhecimento sobre as relações entre fertilidade do solo e o ataque de insetos-praga nos colocará em um patamar mais avançado para converter sistemas convencionais em sistemas que incorporam estratégias agroecológicas de otimização da adubação orgânica, manejo da diversidade de cultivos e sistemas mais naturais de regulação de insetos-praga sem incorrer em perda de produção.

Figura 2

Uma abordagem de agroecossistema saudável.

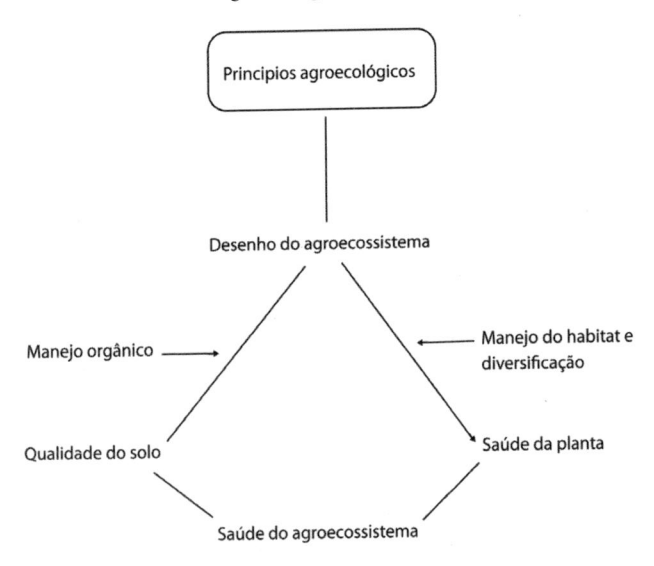

AGRICULTURA FAMILIAR CAMPONESA:
A BASE SOCIAL DA AGROECOLOGIA

AGRICULTURA FAMILIAR CAMPONESA COMO PATRIMÔNIO ECOLÓGICO PLANETÁRIO[29]

Cinco razões por que devemos apoiar a revitalização da agricultura familiar camponesa[30]

a. Pequenas propriedades rurais são a chave para a segurança alimentar mundial

b. Pequenas propriedades rurais são mais produtivas e conservam mais os recursos naturais do que as grandes monoculturas

c. Pequenas propriedades diversificadas representam modelos de sustentabilidade

d. Pequenas propriedades rurais representam um santuário de agrobiodiversidade livre de Organismos Geneticamente Modificados (OGMs)

e. Pequenas propriedades rurais resfriam o clima

INTRODUÇÃO

A economia globalizada tem imposto uma série de demandas conflitantes às áreas agrícolas existentes. Espera-se não só que essas terras

---

[29] Edição elaborada a partir do artigo "Small farmers as a planetary ecological asset: five key reasons why we should support the revitalisation of small farms in the global south", publicado em 2008 pela Third World Network. www.twnside.org.sg

[30] Agradeço a Peter Rosset, pesquisador do Centro de Estudios para el Cambio en el Campo Mexicano (Centro de Estudos para a Mudança no Campo Mexicano, Ceccam, sigla em espanhol), e Phil Dahl-Bredine, do Maryknoll/Centro de Desarrollo Integral Campesino de la Mixteca (Centro de Desenvolvimento Integral Camponês da Mixteca, Cedicam, sigla em espanhol), Oaxaca, México, pelos úteis comentários sobre o original.

produzam alimento para uma população humana em crescimento, como também atendam às crescentes demandas por agrocombustíveis; e isso deve ser feito de forma ambientalmente correta, que preserve a biodiversidade com um uso mínimo de petroquímicos, reduzindo assim as emissões de gases de efeito estufa e ainda representando uma atividade lucrativa para milhões de agricultores.

Essa pressão está desencadeando uma crise sem precedentes no sistema alimentar global, que já começa a se manifestar em protestos contra a escassez de alimentos em muitas partes do mundo. Essa crise, que ameaça a sobrevivência de mais de um bilhão de famintos, é resultado direto do modelo industrial de agricultura, que não só é perigosamente dependente de combustíveis fósseis, como também tem se tornado a maior fonte de impactos antrópicos sobre a biosfera. Dos 1,5 bilhão de hectares de terras agrícolas em todo o mundo, 91% são destinados a culturas anuais, sobretudo a monoculturas de trigo, arroz, milho, algodão e soja altamente dependentes de insumos externos, como fertilizantes sintéticos, agrotóxicos e grande quantidade de água para irrigação. Como agravante, esses cultivos avançam cada vez mais sobre as florestas e outras áreas de vegetação natural. Neste século, um dos principais dilemas que surgem acerca da homogeneização ambiental dos sistemas agrícolas é o aumento da vulnerabilidade dos cultivos às mudanças climáticas. Monoculturas de grãos subsidiadas trazem vantagens econômicas temporárias para alguns poucos grandes produtores, mas no longo prazo elas não se mostram um ótimo ecológico. Ao contrário, o drástico estreitamento da diversidade de plantas cultivadas tem colocado em perigo ainda maior a produção mundial de alimentos. Os impactos sociais e ambientais causados pelas quebras de safras locais resultantes de tal uniformidade podem ser consideráveis numa época de extremos climáticos, uma vez que as perdas de produção geralmente sinalizam degradação ecológica em curso, assim como a pobreza, a escassez de alimentos e até a fome.

Antes do fim da primeira década do século XXI, a humanidade tem percebido rapidamente que o modelo agrícola industrial, intensivo em capital e baseado em combustíveis fósseis, não está conseguindo atender à demanda mundial por alimentos. O preço crescente do petróleo está inevitavelmente aumentando os custos de produção e o preço dos alimentos a tal ponto que hoje um dólar compra 30% menos comida que um ano atrás. Essa situação está se agravando rapidamente pelo fato de que terras agrícolas antes destinadas à produção de alimentos passaram a produzir agrocombustíveis. As mudanças climáticas têm representado outro fator complicador, ao reduzirem a produtividade das lavouras em decorrência de secas, inundações e outros fenômenos climáticos imprevisíveis. A expansão de áreas dedicadas aos agrocombustíveis e transgênicos está exacerbando ainda mais a pegada ecológica das monoculturas. Além disso, a agricultura industrial contribui com pelo menos um quarto das emissões atuais de gases de efeito estufa, principalmente metano e óxido nitroso[31]. A continuação desse sistema degradante, da forma como é promovido pelo paradigma econômico atual, já não é uma opção viável.

O desafio imediato de nossa geração é transformar a agricultura industrial a partir de uma transição dos sistemas alimentares para que eles não dependam mais dos combustíveis fósseis. Precisamos de um paradigma de desenvolvimento agrícola alternativo que incentive formas de agricultura mais ecológicas, diversificadas, sustentáveis e socialmente justas. Felizmente, existem hoje milhares de iniciativas novas e alternativas desabrochando ao redor do mundo e promovendo uma agricultura ecológica, a preservação dos meios de vida de pequenos agricultores, a produção de alimentos sadios, seguros e culturalmente diversos e a

---

[31] No Brasil, de acordo com o Inventário Nacional de Emissões de Gases de Efeito Estufa (2004), a mudança no uso da terra e florestas é responsável por 75% das emissões nacionais de CO_2 e 14% de CH_4. Já a fermentação entérica do gado bovino é a maior emissora de metano, respondendo por 68% das emissões nacionais dese gás. A maior fonte emissora de N_2O vem da deposição de dejetos animais em pastagens, responsável por 40% das emissões do gás. (N.R.)

criação de circuitos locais de distribuição e comercialização. Muitos desses modelos sustentáveis estão enraizados na racionalidade ecológica da agricultura tradicional, que comporta exemplos milenares de formas bem-sucedidas de agricultura baseada nas comunidades locais. Esses microcosmos de agricultura tradicional fornecem modelos promissores para outras áreas, uma vez que promovem a biodiversidade, prosperam sem o uso de agrotóxicos e mantêm a produtividade ao longo do ano (Denevan, 1995). Tais sistemas têm alimentado a maior parte do mundo por séculos, ao mesmo tempo conservando a integridade ecológica por meio do uso de sistemas indígenas de conhecimento, algo que continua sendo feito em muitas partes do planeta.

A Via Campesina há muito tempo tem argumentado que os pequenos produtores são de suma importância para que as comunidades sejam capazes de atender à crescente demanda por alimento. A Via Campesina acredita que para proteger os meios de vida, o emprego, a segurança alimentar e a saúde das pessoas, bem como o meio ambiente, a produção de alimentos tem que permanecer nas mãos de pequenos produtores e não pode ficar sob o controle de grandes empresas do agronegócio ou redes de supermercado. Para romper o círculo vicioso da pobreza, de baixos salários, da migração rural-urbana, da fome e da degradação ambiental, é preciso, portanto, mudar o modelo agrícola industrial, baseado em grandes propriedades e no livre comércio voltado para a exportação. Os movimentos sociais do campo adotam o conceito de soberania alimentar como uma alternativa à abordagem neoliberal que aposta num comércio internacional injusto como forma de resolver o problema da fome mundial. Em vez disso, o conceito de soberania alimentar enfatiza o acesso dos agricultores à terra, sementes e água, focando na autonomia, nos mercados locais e circuitos locais de produção-consumo, na soberania energética e tecnológica e nas redes de agricultor a agricultor.

Por ser um movimento global, a Via Campesina trouxe recentemente sua mensagem para o norte, em parte para ganhar o apoio das fundações e dos consumidores, como focos de pressão política de um público mais rico que depende cada vez mais de produtos alimentares exclusivos do sul que são comercializados por meio do comércio justo e orgânico. Também visa articular os canais do *Slow Food*[32] de modo que possam mobilizar uma vontade política que possa conter a expansão dos agrocombustíveis, dos alimentos transgênicos e das agroexportações e colocar um fim nos subsídios concedidos à agricultura industrial e às práticas de *dumping* que tanto prejudicam os pequenos agricultores do sul. Mas será que esses argumentos podem realmente atrair a atenção e o apoio dos consumidores e das agência de cooperação do norte? Ou será que é preciso construir um argumento diferente, que enfatize que a própria qualidade de vida e a segurança alimentar das populações do norte não dependem somente dos produtos alimentares, mas também dos serviços ecológicos prestados pelas pequenas propriedades rurais do sul?

Na verdade, o que argumentamos aqui é que as funções desempenhadas pelos sistemas agrícolas de pequena escala que ainda prevalecem na África, Ásia e América Latina, na era pós-pico do petróleo que hoje a humanidade está entrando, constituem um patrimônio ecológico para a humanidade e um recurso valioso para a sobrevivência planetária. De fato, em uma época de custos crescentes dos combustíveis fósseis e dos alimentos, de mudanças climáticas, degradação ambiental, contaminação causada por OGMs e de sistemas alimentares dominados por grandes corporações, as pequenas propriedades agrícolas diversificadas e sob manejo agroecológico do hemisfério sul são a única forma viável de agricultura que irá alimentar o mundo sob o cenário ecológico e econômico que se apresenta.

---

[32] De acordo com a página do movimento na internet, o *Slow Food* é uma associação internacional sem fins lucrativos fundada em 1989 como resposta aos efeitos padronizantes do *fast food*. O *Slow Food* segue o conceito da ecogastronomia, conjugando o prazer e a alimentação com consciência e responsabilidade, reconhecendo as fortes conexões entre o prato e o planeta. (http://www.slowfoodbrasil.com/, acesso em março de 2011) (N.R.)

POR QUE DEVEMOS APOIAR PEQUENAS
PROPRIEDADES RURAIS

Há pelo menos cinco razões por que devemos apoiar a manutenção e a revitalização de pequenas propriedades rurais e ainda sermos solidários com a luta dos produtores familiares do sul:

a. Pequenas propriedades rurais são a chave para a segurança alimentar mundial

Enquanto 91% dos 1,5 bilhão de hectares de terras agrícolas estão cada vez mais ocupados com agrocombustíveis, soja transgênica para alimentar carros e gado e culturas para exportação, milhões de pequenos agricultores no mundo em desenvolvimento produzem a maioria das culturas alimentares necessárias para alimentar as populações rurais e urbanas do planeta. Dos 960 milhões de hectares de terra sob cultivo (culturas anuais e perenes) na África, Ásia e América Latina, 10-15% é manejada por agricultores tradicionais. Na América Latina, por exemplo, cerca de 17 milhões de unidades camponesas de exploração agrícola, ocupando aproximadamente 60,5 milhões de hectares, ou 34,5% do total da terra cultivada, com propriedades que têm em média 1,8 hectare, produzem 51% do milho, 77% do feijão e 61% das batatas para o consumo doméstico. Apenas no Brasil, há cerca de 4,8 milhões de agricultores familiares (cerca de 85% do total do número de agricultores) que ocupam 30% do total da terra agrícola do país. Tais propriedades agrícolas familiares controlam cerca de 33% da área plantada com milho, 61% da área com feijão e 64% da área plantada com mandioca, assim produzindo 84% do total da mandioca e 67% de todo o feijão (Altieri, 1999)[33].

---

[33] O último Censo Agropecuário do IBGE, com base em dados de 2006, mostrou que os estabelecimentos agropecuários na Brasil estão divididos em patronais (84%) e familiares (16%). Os patronais ocupam 76% da área e 1,7 trabalhador/ 100 ha, enquanto os familiares ocupam 24% da área e 15,4 trabalhadores/100 ha. Em termos de produção, os estabelecimentos familiares destacaram-se nos seguintes itens: mandioca (88,3%), feijões (68,7%), leite de vaca (56,4%), suínos (51%), milho (47%), arroz (35,1%), café (30,3%), trigo (20,7%), ovos (17,1%) e soja (16,9%). (N.R.)

A África tem aproximadamente 33 milhões de pequenas propriedade agrícolas, que representam 80% de todas as propriedades rurais da região. Apesar do fato de que hoje o Continente importa grandes quantidades de cereais, a maioria dos agricultores africanos (muitos deles mulheres), que são pequenos produtores com menos de dois hectares, produzem uma quantidade significativa dos alimentos básicos, com pouco ou praticamente nenhum uso de fertilizantes e sementes melhoradas (Benneh, 1996). Na Ásia, a maioria dos mais de 200 milhões de produtores de arroz cultivam cada um cerca de dois hectares que respondem pela maior parte do arroz produzido pelos pequenos agricultores asiáticos. Propriedades com menos de dois hectares constituem 78% do número total de propriedades rurais na Índia, mas contribuem para 41% da produção nacional de grãos (Greenland, 1997).

Pequenos aumentos na produtividade dessas propriedades terão muito mais impacto na disponibilidade de alimentos em nível local e regional do que a questionável previsão de aumentos previstos para as grandes monoculturas controladas por corporações e manejadas com soluções de alta tecnologia tais como as sementes geneticamente modificadas.

B. Pequenas propriedades rurais são mais produtivas e conservam mais os recursos naturais do que as monoculturas

Embora o senso comum sugira que as propriedades familiares são atrasadas e improdutivas, as pesquisas têm mostrado que elas são muito mais produtivas do que as grandes se considerarmos a produção total ao invés de o rendimento de uma única cultura. Sistemas tradicionais diversificados chegam a prover até 20% da oferta mundial de alimento. Policulturas constituem pelo menos 80% da área cultivada no Oeste da África, enquanto que nos trópicos da América Latina elas são responsáveis por grande parte da produção de culturas alimentares (Francis, 1986). Esses sistemas agrícolas diversificados, nos quais o pequeno agricultor produz grãos, frutas, hortaliças, forragem e produtos animais, superam os rendimentos por unidade de produção obtidos com o plantio de uma única cultura em grandes propriedades agrícolas. Uma propriedade de grande escala pode produzir mais milho por hectare do que uma pequena propriedade na qual o milho é apenas um dos elementos do consórcio, que também inclui feijão, abóbora, batata e forrageiras. Nas policulturas praticadas por pequenos agricultores, a produtividade em termos de produtos colhidos por unidade de área é maior do que sob regimes de monocultura com o mesmo nível de manejo. Essa superioridade na produtividade pode variar entre 20 a 60%, uma vez que as policulturas reduzem perdas causadas por plantas espontâneas, insetos e doenças e fazem um uso muito mais eficiente dos recursos disponíveis, como água, luz e nutrientes.

Ao manejar menos recursos de forma mais intensiva, os pequenos agricultores são capazes de obter mais lucro por unidade de produção e, assim, ter um lucro total maior – mesmo se a produção de cada mercadoria for menor (Rosset, 1999). Considerando a produção total, uma propriedade diversificada produz muito mais alimentos, mesmo se a produção for medida em dólares. Nos Estados Unidos, os dados mostram que propriedades com menos de dois hectares produziram 15.104 dólares/ha e tiveram um lucro líquido de cerca de 7.166 dólares/ha. Já as maiores propriedades, que em média têm 15.581 ha, produziram 249/ha e tiveram um lucro líquido de cerca de 52 dólares/ha. Não apenas as propriedades de pequeno e médio porte exibem maiores rendimentos do que as propriedades convencionais, mas o fazem com um impacto muito menor no meio ambiente. Pequenas propriedades são *multifuncionais* – mais produtivas, mais eficientes e contribuem mais para o desenvolvimento econômico do que as grandes propriedades. As cidades rodeadas por comunidades rurais populosas têm economias mais dinâmicas do que aquelas onde predominam grandes propriedades mecanizadas e sem gente. Um estudo recente sobre o impacto de pequenas propriedades em economias locais revelou que pequenos produtores criam 10% mais empregos permanentes, geram um aumento de 20% nas vendas no varejo e um aumento de 37% na renda local *per capita* (Rosset, 2009). Pequenos agricultores também cuidam melhor de recursos naturais, incluindo a redução da erosão do solo e maior conservação da biodiversidade.

A relação inversa entre o tamanho da propriedade rural e a produção obtida pode ser atribuída a um uso mais eficiente da terra, água, biodiversidade e outros recursos por parte dos pequenos produtores. Sendo assim, em termos de conversão de insumos (*inputs*) em produção (*outputs*), a sociedade se beneficiaria mais dos pequenos agricultores. Construir economias rurais fortes no hemisfério sul, baseadas numa agricultura produtiva de pequena escala, irá permitir que as pessoas do sul permaneçam junto a suas famílias e irá ajudar a conter a onda migratória. E, como a população continua a crescer e a quantidade de terra agrícola e água disponíveis para cada pessoa continua a encolher, uma estrutura agrícola de pequeno porte pode se tornar crucial para alimentar o planeta, especialmente quando a agricultura de larga escala se dedica cada vez mais a abastecer tanques de carro.

C. PEQUENAS PROPRIEDADES TRADICIONAIS E DIVERSIFICADAS REPRESENTAM MODELOS DE SUSTENTABILIDADE

Apesar da ofensiva da agricultura industrial, a manutenção de milhares de hectares sob manejo agrícola tradicional documenta uma estratégia agrícola bem-sucedida em termos de adaptabilidade e resiliência. Esses microcosmos de agricultura tradicional que têm resistido ao tempo, e que ainda podem ser encontrados quase intocados após 4 mil anos nos Andes, na América Central, no Sudeste Asiático e em partes da África, podem servir de modelos promissores de sustentabilidade, uma vez que promovem biodiversidade, prosperam sem agrotóxicos e conseguem manter a produtividade durante todo o ano, mesmo em condições ambientais marginais (Wilken, 1987). Um dos aspectos que se destaca nessas pequenas propriedades tradicionais é o seu alto nível de biodiversidade. Tais sistemas exibem elevada diversidade vegetal na forma de policulturas e/ou sistemas agroflorestais que são dotados de plantas ricas em nutrientes, insetos predadores, polinizadores, bactérias fixadoras de nitrogênio e uma variedade de outros organismos que desempenham funções ecológicas benéficas (Altieri, 1995).

O conhecimento local acumulado ao longo de milênios e as formas de agricultura e de manejo da agrobiodiversidade que essa sabedoria tem alimentado representam um legado Neolítico constituído por recursos ecológicos e culturais de extremo valor para o futuro da humanidade (Dewalt, 1994). O conhecimento por trás da modificação agrícola do ambiente físico é muito detalhado; tanto que muitos agricultores podem reconhecer mais de 500 espécies de plantas, assim como conseguem distinguir com precisão diferentes tipos de solo, seus graus de fertilidade e categorias de uso. Há estudos sugerindo que muitos pequenos agricultores sabem lidar com e até se preparam para mudanças climáticas, minimizando perdas de produção por meio do aumento do uso de variedades locais tolerantes à seca, mecanismos de captação de água, policulturas, capina seletiva, sistemas agroflorestais e uma série de outras técnicas tradicionais. Pesquisas realizadas em áreas de encostas depois da passagem do Furacão Mitch na América Central mostraram que os agricultores que utilizam práticas sustentáveis – tais como o uso de *mucuna*, consórcios e sistemas agroflorestais – sofreram menos *danos* do que os seus vizinhos que adotam a agricultura convencional. O estudo, que abrangeu 360 comunidades em 24 estados da Nicarágua, Honduras e Guatemala, revelou que as propriedades diversificadas apresentaram uma camada de solo superficial 20% a 40% maior, assim como uma maior umidade do solo, menor ocorrência de erosão e suas perdas econômicas foram mais baixas do que as de seus vizinhos convencionais (Holt-Gimenez, 2001).

Aparentemente, pequenas propriedades que exibem a combinação de uma produção estável e diversificada, insumos gerados internamente, taxas favoráveis de entrada/saída de energia e articulação com necessidades tanto de autoconsumo quanto de mercado apresentam uma abordagem efetiva para alcançar a segurança alimentar, a geração de renda e a conservação ambiental (Altieri, 2002). As principais características das propriedades autossustentáveis incluem:

- Propriedades pequenas com produção contínua que atende tanto às demandas de consumo familiar como as do mercado.
- Uso máximo e efetivo de recursos locais e baixa dependência de insumos externos.
- Alto rendimento energético líquido pelo fato de os aportes de energia serem relativamente baixos.
- A mão de obra é qualificada e complementar, obtida em grande parte na família ou na comunidade. A dependência no trabalho manual e de tração animal apresenta taxas favoráveis de consumo/produção de energia.
- Grande ênfase na ciclagem de biomassa e nutrientes.
- Desenvolvem-se a partir de processos ecológicos naturais (por exemplo, sucessão) ao invés de lutar contra eles.
- Sistemas agrícolas diversificados que lançam mão de consórcios e diferentes variedades de uma mesma espécie.

Pequenas propriedades que exibem essas características têm permitido aos agricultores gerar rendimentos sustentáveis satisfazendo suas necessidades de abastecimento, apesar de contarem com terras de baixa qualidade, fazerem pouco uso de insumos externos e terem que enfrentar variações climáticas. Parte desse desempenho está associada aos altos níveis de agrobiodiversidade presentes nos sistemas tradicionais, que, por sua vez, influenciam positivamente o funcionamento do agroecossistema como um todo (Thrupp, 1998). A diversificação é, portanto, uma estratégia importante para lidar com os riscos a que estão impostos os pequenos sistemas agrícolas. Uma reavaliação do conhecimento e das tecnologias tradicionais pode servir como uma fonte de informação valiosa sobre a capacidade de adaptação e resiliência das pequenas propriedades, características de importância estratégica para que os agricultores possam enfrentar as mudanças climáticas. Além disso, as tecnologias indígenas geralmente refletem uma visão de mundo e uma compreensão de nossa relação com o meio natural que são mais realistas e mais sustentáveis do que aquelas embutidas em nossa herança da Europa Ocidental.

D. PEQUENAS PROPRIEDADES RURAIS REPRESENTAM UM SANTUÁRIO DE AGROBIODIVERSIDADE LIVRE DE TRANSGÊNICOS

Em agroecossistemas tradicionais, a prevalência de sistemas de cultivo complexos e diversificados é de extrema importância para sua estabilidade, ao permitir que as culturas alcancem níveis aceitáveis de produtividade em meio a condições de estresse ambiental. Em geral, agroecossitemas tradicionais são menos vulneráveis a perdas drásticas por cultivar uma grande diversidade de culturas e variedades em vários arranjos temporais e espaciais (Clawson, 1985). Os pequenos agricultores tradicionais cultivam uma grande variedade de cultivares. Muitas dessas plantas são variedades crioulas cultivadas a partir de sementes que são passadas de geração a geração, geneticamente mais heterogêneas do que as cultivares modernas e, portanto, oferecendo maior defesa contra vulnerabilidades e aumentando a segurança da colheita em meio a doenças, pragas, secas e outras adversidades. Em uma pesquisa feita ao redor do mundo sobre a diversidade varietal em propriedades agrícolas envolvendo 27 culturas, os cientistas descobriram que uma considerável diversidade genética continua a ser mantida na forma de variedades tradicionais de cultivo, especialmente das principais culturas alimentares. Na maioria dos casos, os agricultores mantêm a diversidade como um tipo de seguro para atender a futuras mudanças ambientais ou a eventuais necessidades sociais e econômicas. Muitos pesquisadores têm concluído que a riqueza em termos de variedades aumenta a produtividade e reduz a variabilidade da produção (Jarvis *et al.*, 2007). Por exemplo, estudos conduzidos por fitopatologistas trazem evidências de que misturar especíes e/ou variedades de culturas pode retardar o estabelecimento de doenças ao reduzir a propagação de seus esporos transmissores e ao modificar as condições ambientais, tornando-as menos favoráveis à disseminação de determinados patógenos (Wolfe, 2000). Numa pesquisa conduzida na China, quatro diferentes misturas de variedades de arroz foram cultivadas por agricultores de quinze municípios diferentes espalhados por mais de 3 mil hectares. Os resultados revelaram que a área sofreu uma incidência 44% menor da brusone e apresentou rendimento 89% superior aos campos homogêneos, sem a necessidade do uso de fungicidas (Zhu *et al.*, 2000).

O que está em jogo é a possibilidade de que características importantes para os agricultores tradicionais (resistência à seca, capacidade competitiva, desempenho em consórcios, qualidade de armazenamento etc.) sejam substituídas por características apresentadas pelas variedades transgênicas que podem não ser tão relevantes para os agricultores[34] (Jordan, 2001). Nesse cenário, os riscos podem aumentar e os agricultores perderiam sua capacidade não só de adaptação às mudanças no ambiente biofísico, como também de produzir de forma relativamente estável com um mínimo de insumos externos e promovendo a segurança alimentar de suas comunidades.

Uma vez que há grande possibilidade de que a liberação de sementes transgênicas acabe fazendo com que elas atinjam importantes centros de diversidade genética, torna-se crucial proteger áreas de agricultura camponesa contra a contaminação pelas culturas transgênicas. Os impactos sociais locais de quebras de safras decorrentes de alterações na integridade genética das variedades locais devido à contaminação genética podem ser consideráveis nas periferias do mundo em desenvolvimento.

Portanto, será necessário manter bancos de material genético diversificado, geograficamente isolados de qualquer possibilidade de

---

[34] Não é de interesse do agricultor que pratica consórcios, por exemplo, uma planta geneticamente modificada para a tolerância a herbicidas. (N.R.)

cruzamento ou de contaminação genética pelos transgênicos. Essas "ilhas" de germoplasma preservado agirão como uma garantia contra o potencial fracasso ecológico decorrente da segunda Revolução Verde cada vez mais imposta por programas tais como a Aliança pela Revolução Verde na África (AGRA, da sigla em inglês) das fundações Gates e Rockefeller. Esses santuários genéticos servirão como a única fonte de sementes livres de transgênicos que serão necessárias para repovoar as propriedades orgânicas inevitavelmente contaminadas pelo avanço dos transgênicos. Os pequenos agricultores e as comunidades indígenas do hemisfério sul, com a apoio solidário de cientistas e ONGs, podem continuar sendo criadores e guardiões de uma diversidade genética e biológica que tem enriquecido a cultura alimentar de todo o planeta.

E. PEQUENAS PROPRIEDADES RURAIS RESFRIAM O CLIMA

Enquanto a agricultura industrial contribui diretamente para a mudança do clima, ao emitir nada menos que um terço do total dos principais gases de efeito estufa – dióxido de carbono (CO_2), metano (CH_4), e óxido nitroso (N_2O) –, as pequenas propriedades orgânicas diversificadas têm o efeito oposto, pois aumentam o sequestro de carbono nos solos. Pequenos agricultores geralmente tratam os solos com compostos orgânicos que absorvem carbono com mais eficiência do que os solos que são cultivados com fertilizantes sintéticos. Pesquisadores têm sugerido que a conversão agroecológica de 10 mil propriedades de pequeno e médio porte permitiria estocar um volume de carbono no solo que seria o equivalente à retirada de circulação de mais de um milhão de carros (Rosenzweig; Hillel, 1998).

Outras contribuições dos pequenos produtores para melhorar o clima advêm do fato de que a maioria deles usa menos combustíveis fósseis em comparação com a agricultura convencional, principalmente devido à redução no uso de fertilizantes e agrotóxicos. Esses produtores preferem recorrer a adubos orgânicos, rotações à base de leguminosas e sistemas diversificados para aumentar a população de insetos benéficos. Além disso, os agricultores que vivem em comunidades rurais próximas a cidades ou vilarejos e ligadas aos mercados locais evitam o desperdício de energia e as emissões de gases associados ao transporte de alimentos por centenas e até milhares de quilômetros.

CONCLUSÕES

Uma particularidade dos sistemas agrícolas de pequena escala é o alto nível de agrobiodiversidade, expresso na forma de misturas de variedades, policulturas, combinações de lavoura e pecuária e/ou sistemas agroflorestais. Modelar novos agroecossistemas utilizando tais desenhos diversificados é extremamente valioso para agricultores cujos sistemas estão entrando em colapso em função de dívidas, agrotóxicos, transgênicos ou mudanças do clima, uma vez que sistemas diversificados têm a capacidade de atenuar o impacto que as variações naturais ou causadas pelo homem produzem sobre as condições de produção. Há muito que aprender com os modos tradicionais de produção, uma vez que esses sistemas têm uma forte base ecológica, mantêm uma valiosa diversidade genética e promovem a regeneração e a preservação da biodiversidade e dos recursos naturais. Esses métodos são particularmente elucidativos porque oferecem uma perspectiva de longo prazo para um manejo agrícola bem-sucedido, mesmo sob condições de variação climática.

Os agroecólogos têm um papel chave em entender os mecanismos ecológicos subjacentes à sustentabilidade dos sistemas agrícolas tradicionais e traduzi-los em princípios que façam com que as várias tecnologias localmente disponíveis e adequadas possam se tornar acessíveis para um grande número de agricultores nas próximas duas décadas. Hoje, mais do que nunca, é de extrema importância que cientistas enfatizem o papel da agricultura tradicional como uma fonte de material genético e técnicas agrícolas regenerativas que constituem a fundação de uma estratégia de desenvolvimento rural sustentável direcionada a agricultores menos favorecidos (Altieri, 2002). Os agroecólogos devem também dar suporte aos movimentos sociais do campo que se opõem à agricultura industrial em todas as suas manifestações. Muitos dos seus territórios constituem-se cada vez mais em áreas isoladas ricas em uma agrobiodiversidade ímpar que inclui material genético diverso, atuando, portanto, como salvaguarda contra os potenciais fracassos ecológicos decorrentes de abordagens inapropriadas de modernização agrícola. É precisamente a habilidade de gerar e manter recursos genéticos diversificados que oferece possibilidades *únicas* de nichos de mercado para pequenos agricultores que não podem ser replicadas por agricultores no norte condenados a uniformizar cultivares e a coexistir com os transgênicos. O *cibo pulito, justo e buono* (alimento limpo, justo e de boa qualidade, tradução livre) que o *Slow Food* promove e o mercado justo de café, bananas e produtos orgânicos tão valorizados entre os consumidores do norte só podem ser produzidos nas "ilhas" agroecológicas do sul. Esse diferencial inerente a sistemas tradicionais pode ser estrategicamente utilizado para revitalizar pequenas comunidades agrícolas, explorando oportunidades ilimitadas que existem para ligar a agrobiodiversidade tradicional a mercados locais/nacionais/internacionais, desde que essas atividades sejam justamente compensadas pelo norte e todos os segmentos do mercado permaneçam sob controle popular.

Consumidores do norte podem desempenhar um papel importante apoiando esses mercados mais solidários e equitativos que não perpetuam o modelo colonial da "agricultura do pobre para o rico", mas que ao contrário representam um modelo que alavanca pequenas propriedades diversificadas como base para fortes economias rurais no sul. Tais economias não só proporcionarão uma produção sustentável de alimentos saudáveis, agroecologicamente produzidos e acessíveis a todos, mas também permitirão que povos indígenas e pequenos produtores continuem o seu trabalho milenar de promover e conservar a biodiversidade agrícola e natural da qual todos nós dependemos hoje e dependeremos ainda mais no futuro.

BIBLIOGRAFIA

ABRAHAM. C. T: SINGH. S. P. Weed management in sorghum-legume intercropping systems *Journal of Agriculture Science*, n. 103. p.103-15. 1984

ADAMS M.W. ELLINGBAE, A. H. ROSSINEAU. E. C. Biological uniformity and disease epidemics. *BioScience*: n. 21 p. 1067-1070. 1971.

ADKISSON, P. L. The influence of fertilizer applications on population of *Heliothis zea* and certain insect predators. *Jounal of Economic Entomology*, v. 51, p. 144–149, 1958.

AGBOOLA. A. A. FAYEMI. A. A. Fixation and excretion of nitrogen by tropical legumes. *Agronomic Journal*: n. 6, p. 409-12. 1972.

AKOBUNDU, I. O. "Weed control strategies for multiple cropping systerns of the humid and subhumid tropics' In AKOBUNDU, I. O, (ed.). Weeds and Their Control in the Humid and Subhumid Tropics Nigeria IITA. 1980.

ALI, M .. 1988. Weed suppressing abiliy and productivity of short duration legumes intercropped with pigeon pea under rainfed conditions. Tropical Pest Management: n. 34. p.384-387, 1984.

ALTIERI, M. A. Agroecology: the science of natural resource management for poor farmers in marginal environments. *Agriculture, Ecosystems and Environment*, v. 93, p. 1-24, 2002.

_____. *Agroecology*: the science of sustainable agriculture. Boulder, CO: Westview, 1995.

_____. Applying agroecology to enhance productivity of peasant farming systems in Latin America. *Environment, Development & Sustainability*, v. 1, p. 197–217, 1999.

_____. *Biodiversity and pest management in agroecosystems*. Nova York: Hayworth Press, 1994. 185 p.

_____. Fatal harvest: old and new dimensions of the ecological tragedy of modern agriculture. In: NEMETZ, P. N. (Ed.). *Sustainable resource management* (p. 189-213). Cheltenham, Reino Unido: Edward Elgar, 2007.

_____. *Genetic engineering in agriculture*: the myths, environmental risks and alternatives (2nd Ed.). Oakland, CA: Food First Books, 2004.

_____. The ecological impacts of transgenic crops on agroecosystem health. *Ecosystem Health*, v. 6, p. 13-23, 2000.

_____. Transgenic crops, agrobiodiversity an agroecosystem function. In: TAYLOR, I. E. P. (Ed.) *Genetically engineered crops*. Nova York: Haworth Press, p. 37-56, 2007.

Altieri, M. A., 2004 Genetic engineering in agriculture: the myths, environmental risks and alternatives. Food First Books, Oakland

_____. The sociocultural and food security impacts of genetic pollution via transgenic crops of traditional varieties in Latin American centers of peasant agriculture. *Bulletin of Science, Technology & Society*, v. 23, p. 1-10, 2003.

ALTIERI, M. A.; BRAVO, E. *La tragedia social y ecologica de la produccion de biocombustibles en las Americas*, 2008. Disponível em: <http://alainet.org/active/24922>

_____. The ecological and social tragedy of crop-based biofuel production in the Americas, 2007. Disponível em: <http://www.foodfirst.org/en/ node/1662>. Acesso em: 27 mar. 2009.

ALTIERI, M. A; FARRELL, J. G. Traditional farming systems of south central Chile, with special emphasis on agroforestry. *Agroforestry Systems*; n. 2, p.3-18, 1984.

ALTIERI, M. A.; FRANCIS, Charles A. Incorporating agroecology into the conventional agricultural curriculum. *American Journal of Alternative Agriculture*, v. 7, p. 89-93, 1992.

ALTIERI, M. A.; LETOURNEAU, D. K. Vegetation management and biological control in agroecosystems. *Crop Protection*, v. 1, p. 405–430, 1982.

ALTIERI, M. A.; LETOURNEAU, D. K.; DAVIS, J. R. Developing sustainable agroecosystems. *BioScience*, v. 33, n.1, p. 45-49, 1983.

ALTIERI, M. A.; NICHOLLS, C. I. *Biodiversity and pest management in agroecosystems* (2nd ed.). Nova York: Haworth, 2004.

_____. "Biodiversity, ecosystem function and insect pest management in agroecosystems". In: COLLINS, W. W.; QUALSET, C. O. (Ed.), *Biodiversity in agroecosystems*. Boca Raton, FL: CRC Press, p. 69–84, 1999.

ALTIERI, M. A.; PENGUE, W. GM soybean: Latin America's new colonizer. *Seedling*, 2006. Disponível em: <http://www.grain.org/seedling/?id=421>. Acesso em: 27 mar. 2009.

ALTIERI, M. A.; ROSSET, P. Agroecology and the conversion of large-scale conventional systems to sustainable management. *International Journal of Environment Studies*, v. 50, p. 165–185, 1996.

ALTIERI, M. A.; ROSSET, P.; THRUPP, L. A. *The potential of agroecology to combat hunger in the developing world*. Washington, DC: IFPRI, 1998. (2020 Vision Brief.)

ALTIERI, MA; SCHMIDT. L.L. Cover crop manipulation in northern California orchards and vineyards: effects on arthropod communities. Biological Agriculture and Horticulture; n. 3, p.1-24, 1985.

ALTIERI, M. A.; SCHMIDT, L. L.; MONTALBA, R. Assessing the effects of agroecological soil management practices on broccoli insect pest populations. *Biodynamics*, v. 218, p. 23–26, 1998.

ALTIERI, MA; WHITCOMB, W. H. The potential use of weeds in the manipulation of beneficial insects. Hort Science; n. 14, p.12-8, 1979.

ANDOW, D. A. Vegetational diversity and arthropod population response. *Annual Review of Entomology*, v. 36, p. 561-586, 1991.

ANDERSON, D. T. "Seeding and interculture mechanization requirements related to intercropping in India". In *PROC. INT. WORKSHOP ON INTER-CROPPING*, Jan10-13, 1979. India: ICRISAT, 1981.

ANDOW, D. A, et al. Insect populations on cabbage grown with living mulches. *Environmental Entomology*; n. 15, p.293-99, 1986.

ANDOW D. Vegetational diversity and arthropod population response. *Ann. Rev. Entom.*: n. 36, p. 561-86, 1991a.

ANDOW, D. A.; HIDAKA, K. Experimental natural history of sustainable agriculture: syndromes of production. *Agriculture, Ecosystems & Environment*, v. 27, p. 447–462, 1989.

ANDREWS D. J. Intercropping with sorghurn in Nigeria. *Exper. Agric.*, n. 8, p. 139-50 1972.

ARMENDOLA, C. *Los transgenicos en la agricultura y la alimentacion*. Montevideo, Uruguai: Facultad de Agronomia, Universidad de la Republica, 2002.

ASENSO-OKYERE, W. K.; BENNEH, G. *Sustainable food security in West Africa*. Dordrecht, Holanda: Kluwer Academic Publishers, 1997.

AYER, AKYN. Mixed cropping in India. *Indian of Journal Agriculture Science*; n. 19, p. 439-543, 1949.

BAKER. K. F: COOK, R. J. *Biological Control of Plant Pathogens*. San Francisco W. H. Freeman. 1974.

BALASUBRAMANIAN. V; SEKAYANGE. L. Area harvest equivalency ration for measuring efficiency in multiseason intercropping *Agron. Journal*; n. 82, p. 519-22

BALIDDAWA, C. W. Plant species diversity and crop pest control: an analytical review. *Insect Science and Applications*, v. 6, p. 479-487, 1985.

BANTILAN. R. T; PALADA, M. C., HARWOOD, R. R. Integrated weed management. I. Key factors affecting crop-weed balance. *Philippine Weed Sci. Bull.*; n. 1, p. 14-36, 1974.

BARKER, A. Organic vs. inorganic nutrition and horticultural crop quality. *HortScience*, v. 10, p. 12–15, 1975.

BAYLISS-SMITH, I.P. *The Ecology of Agricultural Systems*. London Cambridge Univ. Press, 1982.

BEETS, W. C. *Multiple Cropping and Tropical Farming Systems*. Boulder Westview Press, 1982.

_____. *Raising and sustaining productivity of smallholders farming systems in the tropics*. Holanda: AgBe Publishing, 1990.

BENNEH, G. *Toward sustainable smallholder agriculture in Sub-Saharan Africa*. Washington, DC: International Food Policy Research Institute, 1996. (Lecture Series 4).

BERGER, R. D. Application of epidemiological principles to achieve plant disease control Ann. *Rev. Phytopathol.*; n.15, p.165-83, 1984.

BERLIN, B.; BREEDLOVE, D. E.; RAVEN, P. H. General principles of classification and nomenclature in folk biology. *American Anthropologist*, v. 75, p. 214-242, 1973.

BILLS, P. S., D. Mota-Sanchez and M. Whalon. 2003 Background to the resistance data base. Michigan State University. At www.cips.msu.edu/resistance

BLAUERT, J.; ZADEK, S. *Mediating sustainability*. Connecticut: Kumarian Press, 1998.

BOCK, A. K.; LHEUREUX, K.; LIBEAU-DULOS, M.; NILSAGARD, H.; RODRIGUEZ-CEREZO, E. *Scenarios for co-existence of genetically modified, conventional and organic crops in European agriculture*, 2002. Disponível em: <http://www.europarl.eu.int/stoa/ta/biotechnology/science/coexistence(ipts).pdf> Acesso em: 2 maio 2005.

BOLLER, E. F. The role of integrated pest management in integrated production of viticulture in Europe. *Brighton Crop Protection Conference;* p.499-506, 1992.

BRAVO, E. *Biocombustibles, cultivos energeticos y soberania alimentaria*: encendiendo el debate sobre biocommustibles. Quito, Equador: Acción Ecologica, 2006.

BRIGGS, D. J.; COURTNEY, F.M. *Agriculture and Environment*. London: Longman, 1985.

BRODBECK, B. et al. Flower nitrogen status and populations of *Frankliniella occidentalis* feeding on Lycopersicon esculentum. *Entomologia Experimentalis et Applicata*, v. 99, p. 165–172, 2001.

BROKENSHAW, D. W.; WARREN, D. M.; WERNER, O. *Indigenous Knowledge Systems and Development*. Lanham: University Press of America, 1980.

BROOKFIELD, H.; PADOCH, C. Appreciating agrobiodiversity: a look at the dynamism and diversity of indigenous farming practices. *Environment*, v. 36, p. 7–20, 1994.

BROUGHTON, W. J. Effects of various covers on soil fertility under Hevea brasiliensis and on growth of the tree. *Agroecosystems;* n. 3, p.147-70, 1977.

BROWDER, J. O. *Fragile lands in Latin America: strategies for sustainable development*. Boulder: Westview Press, 1989.

BROWNING, J. A.; FREY, D. K. J. Multiline cultivars as a means of disease control. *Annu. Rev. Phytopathol;* n. 7, p. 355-82, 1969.

BRUMMER, E. C. Diversity, stability and sustainable American agriculture. *Agronomy Journal*, v. 90, p. 1-3, 1998.

BRUSH, S. B. (ed) *Genes in the field*: on farm conservation of crop diversity. Boca Raton, FL: Lewis Publishers, 2000.

BUCKLES, D.; TRIOMPHE, B.; SAIN, G. *Cover Crops in Hillside Agriculture: Farmer Innovation with Mucuna*. Ottawa, Canadá: International Development Research Center, 1998.

BUDELMAN, A. Woody legumes as live support in yam cultivation. II. The Yam-Gliricidia sepium association. *Agroforestry Syst;* n. 10, p. 61-9, 1990b.

_____. Woody legumes as live support systems in yam cultivation. I. The tree-crop interface. *Agroforestry Systems;* n. 10, p. 47-59, 1990a.

BUFFIN, D.; TOPSY, J. *Health and environmental impacts of glyphosate*: the implications of increased use of glyphosate in association with genetically modified crops. Londres: Friends of the Earth, 2001.

BUGG, R. L.; DUTCHER, J. O. Warm-season covercrops for pecan orchards: horticultural and entomological implications. *Biol Agric. Hort.*: n. 6, p. 123-48, 1989.

BUGG, R. L.; PHATAK, S. C.; DUTCHER, J. O. Insects associated with cool-season cover crops in southern Georgia: implications for pest control in truck-farm and pecan agroecosystems. *Biol. Agric. Hort.*; n. 7, p. 17-45, 1990.

BULLEN, E. R. Break crops in cereal production. J. *Royal Agric. Soc.* England; n. 1218, p. 77-85, 1967.

BUNCE, R. G. H.; RYSKOWSKI, L.; PAOLETTI, M. G. *Landscape Ecology and Agroecosystems.* Florida: Lewis Publishers, 1993.

BURDON, J. J. *Diseases and Plant Population Biology.* Cambridge, United Kingdom: Cambridge University Press, 1987.

BURDON, J. J.; WHITBREAD, R. Rates of increase of barley mildew in mixed stands of barley and wheat. *J. Apllied Ecol.*; n. 16, p. 253-58, 1979.

BYRNE, P. F.; FROMHERZ, S. Can GM and non-GM crops coexist? Setting a precedent in Boulder, Colorado USA. *Food, Agriculture and Environment*, v. 1, p. 258-261, 2003.

CAMPBELL, R. *Biological control of microbial plant pathogens.* Cambridge: Cambridge University Press, 1989. 199 p.

CARPENTER, J. E.; GIANESSI, L. P. Herbicide tolerant soybeans: why growers are adopting Roundup ready varieties? *Agbioforum*, v. 2, p. 2-9, 1999.

CARROL, C. R.; VANDERMEER, J. H.; ROSSET, P. M. *Agroecology.* Nova York: McGraw Hill Publishing Company, 1990.

CASSMAN, K. G. Climate change, biofuels, and global food security. *Environmental Research Letter*, v. 2, p. 1-3, 2007.

CERDEIRA, A. L.; DUKE, S. O. The current status and environmental impacts of glyphosate-resistant crops. *Journal of Environmental Quality*, v. 35, p. 1633-1658, 2006.

CHAMBERS, R. *Rural development*: Putting the Last First. Essex: Longman, 1983.

CHANG, J. H. Tropical agriculture: crop diversity and crop yields. *Economic Geography*, v. 53, p. 241-254, 1977.

CHAPKOO, L. B.; BRINKMAN, M. A.; ALBRECHT, K. A. Oat, oat-pea, barley, and barley-pea for forage yield, forage quality, and alfalfa, establishment. *J. Prod. Agric.*; n. 4, p. 486- 91, 1991.

CHARREAU, C; VIDAL, P Influence de l'Acacia albida Del. sur le sol, nutrition minerale et rendements des mils Pennisetum au Senegal. *Agronomie Tropicale*; n. 20, p. 600-26, 1965.

CLAWSON, D. L. Harvest security and intraspecific diversity in traditional tropical agriculture. *Economic Botany*, v. 39, p. 56-67, 1985.

CLEAVELAND, D. A. and S.C. Murray (1997) "The world's crop genetic resources and the rights of indigenous farmers." *Current Anthropology* 38: 477-492.

CONSULTATIVE GROUP ON INTERNATIONAL AGRICULTURAL RESEARCH. *Integrated Natural Resource Management in the CGIAR*: approaches and lessons. Penang, 2000. (Report of INRM Workshop) Disponível em: http://www.cgiar.org/documents/ workshop 2000.htm.

COMBE, J; BUDOWSKI, G. "Classification of agroforestry techniques". In: SALAS. G. de las, (ed.). Proc. *Symposium on Agroforestry Systems in Latin America.* Costa Rica: CATIE, 1979.

CONWAY, G. R. Agraecosystem analysis. *Agri. Admin.;* n. 20, p. 1-30, 1985.

_____. Sustainability in agricultural development. *Journal of Farming Systems Research Extension,* v. 4, p. 1–14, 1994.

_____. *The doubly green revolution.* Londres: Penguin, 1997.

CONWAY, G. R.; PRETTY, J. N. *Unwelcome harvest:* agriculture and pollution. Londres: Earthscan, 1991.

COOK, R. J. Interrelationships of plant health and the sustainability of agriculture. *Am. J. Alter. Agri;* n. 1, p. 19-24, 1986.

COOK, R. J.; BAKER, K. F. *The Nature and Practice of Biological Control of Plant Pathogens.* St. Paul: Phytopath. Soc., 1983.

COOPER, P. J. M.; DENNING, G. Ten fundamentals for scaling-up agroforestry innovations. *LEISA,* v. 17, p. 13–14, 2001.

CORDERO, A.; McCOLLUM, R. E. Yield potential of interplanted food crops in southeastern U.S. *Agron. J.;* n. 71, p. 834-52, 1979.

COX, G. W.; ATKINS, M. D. *Agricultural Ecology.* San Francisco W. H. Freeman and Sons, 1979.

CROMARTIE, W. J. The envireonmental contrl of insects using crop diversity. *In*: PIMENTEL, D. (Ed.) CRC *Handbook of Pest Management in Agriculture.* Florida: CRC Press, 1983. p. 223-50, 1981.

CULLINEY, T.; PIMENTEL, D. Ecological effects of organic agricultural practices in insect populations. *Agriculture, Ecosystems &. Environment,* v. 15, p. 253-256, 1986.

D'INTRI, F. M. A. *Systems Approach to Conservation Tillage.* Michigan: Lewis Publishers, Inc., 1985.

DALAL, R. C. Effects of intercropping maize with pigeon pea on grain yields and nutrient uptake. *Exper. Agric.,* n. 10, p. 219-24, 1974.

DEMIRBAS, A. *Biofuels:* securing the planet's future energy needs. Londres: Springer, 2009.

DEMPSTER, J. P.; COAKER, T. H. "Diversification of crop ecosystems as a means of controlling pest". In: JONES, D. P.; SOLOMON, M. W., (eds.). *Biology in Pest and Disease Control.* New York: John Wiley and Sons, 1974.

DENEVAN, W. M. *Cultivated landscapes of Native Amazonia and the Andes.* Nova York: Oxford University Press Inc, 2001.

DENEVAN, W. M. Prehistoric agricultural methods as models for sustainability. *Advances in Plant Pathology,* v. 11, p. 21–43, 1995.

DEUGD, M.; ROLLING, N.; SMALING, E. M. A. A new praxeology for integrated nutrient management, facilitating innovation with and by farmers. *Agriculture, Ecosystem & Environment,* v. 71, p. 269–283, 1998.

DEWALT, B. R. Using indigenous knowledge to improve agriculture and natural resource management. *Human Organization,* v. 53, p. 123–131, 1994.

DOLL, E. C.; LINK, L. A. Influence of various legumes on the yields of succeeding corn and wheat and nitrogen content of the soils. *Agron. J.;* n. 49, p. 307-9, 1957.

DONALD, P. F. Biodiversity impacts of some agricultural commodity production systems. *Conservation Biology,* v. 18, p. 17-37, 2004.

DOUGLAS, J. S.; HARF, R. A. de J. *Forest Farming* toward a solution to problems of world hunger and conservation. London: Watkins, 1976.

DOUGLASS, G. K., (ed.). *Agricultural Sustainability in a Changing World Order*. Boulder: Westview Press, 1984.

DOUPNIK, B.; BOOSALIS, M. G. Ecofallow a reduced tillage system and plant diseases. *Plant* Disease; n. 64, p. 31-5, 1980.

DYKE, G. V.; BAMARD, A. J. Suppression of couchgrass by Italian ryegrass and broad red clover undersown in barley and field beans. *J. Agric. Sci.,* Cambridge; n. 87, p. 123-26, 1976.

EAGLESHAM, A.R.J, *et al.* Improving the nitrogen nutrition of maize by intercropping with cowpea. *Soil Biol. and Biochem.*; n. 13, p. 169-71, 1981.

EGGERT, F. P.; KAHRMANN, C. L. Responses of three vegetable crops to organic and inorganic nutrient sources. In: AMERICAN SOCIETY OF AGRONOMY. *Organic Farming*: Current Technology and its Role in Sustainable Agriculture. Madison, WI: ASA, 1984. p. 85–94. (ASA Special Publication n. 46)

ELLSTRAND, N. C. (2001) "When transgenes wander, should we worry?" *Plant Physiology* 125: 1543-1545.

ENACHE, A. J.; ILNICKI, R. D. Weed control by subterranean clover (Trifolium subterraneum) used as a living mulch. *Weed Tech.*; n. 4, p. 534-38, 1990.

EVERS, G. W. Weed control on warm season perennial grass pastures with clovers. *Crop Sci.*; n. 23, p.170-71, 1983.

EWEL, J. J. Designing agricultural ecosystems for the tropics. *Annual Review of Ecology and Systematics*, v. 17, p. 245–271, 1986.

EWEL, J. J. Natural systems as a model for the design of sustainable systems of land use. *Agroforestry Systems*, v. 45, n. 1/3, p. 1–21, 1999.

FAETH, P, *et al.* Paying the Farm Bill. Washington, D. C. World Resources Institute, 1991.

FARRELL, J. G. The role of trees within mixed farming systems of Tlaxcala, Mexico. Berkeley: Univ. Calif., 1984. M.S. Thesis.

FEARNSIDE, P. M. Soybean cultivation as a threat to the environment in Brazil. *Environmental Conservation*, v. 28, p. 23-28, 2001.

FINCH, C. V.; SHARP, C. W. *Cover crops in California orchards and vineyards*. Washington, DC: USDA Soil Conservation Service, 1976.

FLAHERTY, D. Ecosystem trophic complexity and the Willamette mite, Eotetranychus willameltei (Acarine Tetranychidae) densities. Ecology; n. 50, p. 911-16, 1969.

FLORES, M. Velvetbeans: an alternative to improve small farmers' agriculture. *ILEIA Newsletter*, v. 5, p. 8–9, 1989.

FRANCIS, C. A. *Multiple cropping systems*. Nova York: MacMillan, 1986.

FRANCIS, C. A., FLOR, C. A.; TEMPLE, S. R. Adapting varieties for intercropped systems in the tropics, In PAPENDICK, R. I.; SANCHEZ, P. A.; TRIPLETT, G. B., (eds.). Multiple Cropping. Wisconsin: Publ. 27. *Amer. Soc. Agron.*; p. 235-54, 1976.

FRANCIS, C. A.; CLEGG, M. D. "Crop rotations in sustainable production systems". In EDWARDS, C. A., *et al.*, (eds.). *Sustainable Agricultural Systems*. Iowa: Soil and Water Conservation Society, 1990.

FRANCIS, C. A.; SANDERS, J. H. Economic analysis of bean and maize systems monoculture versus associated cropping. *Field Crops Res*; n. 1, p. 319-35, 1978.

GLADWIN, C.; TRUMAN, K. *Food and farm*: Current Debates and Policies. Lantham, MD: University Press of America, 1989.

GLIESSMAN, S. R. *Agroecology*: ecological process in sustainable agriculture. Ann Arbor, MI: Ann Arbor Press, 1998.

GOMEZ, A. A.; SWETE-KELLY, D. E.; SYERS, J. K.; COUGHLAN, K. J. Measuring sustainability of agricultural systems at the farm level. In.: DORAN, J.W.; JONES, A.J. (Ed) *Methods for Assessing Soil Quality*. Madison, WI: Soil Science Society of America, 1996. p. 401-410. (SSSA Special Publication 49).

GOMEZ, K. A.; GOMEZ, A. A. Statistical Procedures for Agricultural Research. New York: Academic Press, 1984.

GRAU, H. R.; GASPARRIN, I. N.; MITCHELL, A. T. Agricutlure expansion and deforestation in seasonally dry forests of northwest Argentina. *Environmental Conservation*, v. 32, p. 140-148, 2005.

GREENLAND, D. J. *The sustainability of rice farming*. Wallingford, Reino Unido: CAB International, 1997.

GRIGG, D. B. The Agricultural Systems of the World. London Cambridge Univ. Press, 1974.

HALL. M. H., KEPHART, K. D. Management of spring-planted pea and triticale mixtures for forage production. J. *Prod. Agric.*; n. 4. p. 213-18. 1991.

HANKS, L. *Rice and man*: agricultural ecology in Southeast Asia. Honolulu: University of Hawaii Press, 1992.

HARRIGTON, L. W. Measuring sustainability: issues and alternatives. *Journal of Farming Systems Research Extension*, v. 3, p. 1–20, 1992.

HART, R. D. *Methodologies to produce agroecosystem management plans for small farmers in tropical environments* Paper presented: CONF ON BASIC TECHNIQUES IN ECOLOGICAL AGRICULTURE. THIRD WORLD AGRIG. WORKSHOP, INT. FED. ORGANIC AGRIG. MOVEMENTS, Montreal. Canada, 1979. Agroecosistemas Conceptos Basicos. Costa Rica: CATIE. 1978.

_____. A natural ecosystem analog approach to the design of a successful crop system for tropical forest environments. *Biotropica 12 (Suppl.)*, p. 73–82, 1980.

HARTL, W. Influence of undersown clovers on weeds and on the yield of winterwheat in organic farming. *Agric., Ecosyst., Environ.*; n. 27, p. 389-96, 1989.

HARWOOD, R. R. "Organic farming research at the Rodale Research Center" In: BEZDICEK, D. F.; POWERS, J. F., (eds.). *Organic Farming* Current Technology and its Role in Sustainable Agriculture. Wisconsin: Amer. Soc. Agron, 1984.

_____. The need for regional agriculture. *The New Farm*; n. 1, p.55-7, 1979b.

_____. *Small farm development*: understanding and improving farming systems in the humid tropics. Boulder, CO: Westview Press, 1979a.

HARWOOD, R. R.; PRICE, E. C. "Multiple cropping in tropical Asia". In. PAPENDICK, R. I.; SANCHEZ, P. A.; TRIPLETT, G. B. I., (eds.). *Multiple Cropping*. Wisconsin Amer. SOC. Agron., 1976.

HAYES, T. B. *et al.* Hermaphroditic, demasculinized frogs after exposure to the herbicide, atrazine, at low ecologically relevant doses. *Proceedings of the National Academy of Sciences of the United States of America*, v. 99, p. 5476-5480, 2002.

HAYNES, R. J. Influence of soil management practice on the orchard agroecosystem. *Agroecosystems*; n. 6, p. 3-32, 1980.

HEATH, M. E.; BAMES, R. F.; METCALF, O. S. *Forages:* the science of grassland agriculture. Ames: Iowa State Univ. Press, 1985.

HEICHEL. G. H. Stabilizing agricultural energy needs: role of forages, rotations and nitrogen lixation. *J. Soil and Water Conserv.* Nov.-Dec. p. 279-82. 1978.

HENDRIX, P. F.; CROSSLEY, D. A.; BLAIR, J. M.; COLEMAN, D. C. Soil biota as components of sustainable agroecosystems. In: EDWARDS, C. A. (Ed.) *Sustainable agricultural systems.* Iowa: Soil and Water Conservation Society, p. 637-654, 1990.

HESTERMAN, O. B., *et al.*, Forage legume-small grain intercrops: nitrogen production and response of subsequent corn. *J. Prod. Agric.*; n. 5, p. 340-48, 1992.

HIEBSCH, C. K.; MCCOLLUM, R. E. Area x time equivalency ratio a method for evaluating the productivity of intercrops. *Agron.* J.: n. 79, p. 15-22.

HILBECK, A.; M. BAUMGARTNER, P; FRIED, M.; BIGLER. F. (1998) "Effects of transgenic Bacillus thuringiensis corn fed prey on mortality and development time of immature Chrysoperla carnea (Neuroptera: Chrysopidae)." *Environmental Entomology* 27, 460-487.

HOFSTETTER, R. *Overseeding Research Results,* 1982-1984. Agronomy Department Pennsylvania Rodale Research Center, 1984.

HOLE, D. G.; PERKINS, A. J.; WILSON, J. D.; ALEXANDER, I. H.; GRICE, P. V.; EVANS, A. D. Does organic benefit biodiversity? *Biological Conservation*, v. 122, p. 113-130, 2005.

HOLT-GIMENEZ, E. (2001) "Measuring farms' agroecological resistance to Hurricane Mitch." *LEISA* 17: 18-20.

HOLT-GIMENEZ, E.; PEABODY, L. *Solving the food crisis: The causes and the solutions.* Oakland, CA: Food First, 2008. Disponível em: <http://www.foodfirst.org/en/node/2141>. Acesso em: 30 mar. 2009.

HORWITH, B. A role for intercropping in modern agriculture. *BioScience.* v. 35; n. 5, p. 286-91. 1985.

HOUSE, G.J, STINNER, B.R. Arthropods in no-tillage soybean agroecosystems community composition and ecosystem interactions. Env. Management; n. 7, p. 23-8, 1983.

ICRISAT. *Annual Report for 1983*. Patencheru, India 1984.

IIRR. *Going to scale*: can we bring more benefits to more people more quickly? Cauite, Filipinas: International Institute of Rural Reconstruction, 2000.

IZAURRALDE, R. C., JUMA, N. G.; McGILL, W. B. Plant and nitrogen yield of barley-field pea intercrop in cryoboreal-subhumid central Alberta. *Agron. J.*; n. 82, p. 295-301, 1990.

JACKSON, D; JACKSON, L. *The farm as natural habitat: reconnecting food systems and ecosystems.* Island Press. Washington, D.C., 2002.

JACKSON, W. Natural systems agriculture: a truly radical alternative. *Agriculture, Ecosystems & Environment*, v. 88, p. 111–117, 2002.

JAMES, C. Global review of commercialized transgenic crops: 2004. International Service for the Acquisition of Agri-Biotech Application Briefs No 23-2002. Ithaca, New York

_____. *Global review of commercialised transgenic crops* (ISAAA Brief No. 37). Ithaca, NY: International Service for the Acquisition of Agri-Biotech Application, 2007.

_____. Global Status of Commercialized Biotech/GM Crops: 2009. The first fourteen years, 1996 to 2009. *International Service for the Acquisition of Agri-Biotech Application Briefs*, n. 41, Ithaca , Nova York, 2009.

JARVIS, D. I. *et al. Managing biodiversity in agricultural ecosystems*. Nova York: Columbia University Press, 2007.

JASON, C. *World agriculture and the environment*. Washington, DC: Island Press, 2004.

JIMENEZ-OSORNIO, J.; DEL AMO, S. An intensive Mexican traditional agroecosystem: the chinampa. In: INTERNATIONAL SCIENTIFIC CONFERENCE IFOAM, 6, 1986, Santa Cruz, CA. *Proceedings...* Santa Cruz: CA: IFOAM, 1986.

JODHA, N. S. "Intercropping in traditional farming system". In PROC. INT. WORKSHOP ON INTERCROPPING, Jan.10-13, 1979. India: ICRISA T, 1981.

JOHNSTON, H. W.; SANDERSON, S. B.; MAcLEOD, J. A. Cropping mixtures of field peas and cereals in Prince Edward Island. *Canadian J. Plant Sci.*; n. 58, p. 421-26, 1978.

JONES, F. G. W. Pests, resistance, and fertilizers. In: COLLOQUIUM OF THE INTERNATIONAL POTASH INSTITUTE ON FERTILIZER USE AND PLANT HEALTH, 12, 1976, Bern, Suíça. *Proceedings...* Berna, Suíça: *Researches on Population Ecology*, 1976, v. 37, p. 219– 224.

JORDAN, C. F. Genetic engineering, the farm crisis and world hunger. *BioScience*, v. 52, p. 523-529, 2001.

KAHN, Z. R.; AMPONG-NYARKO, K.; HASSANALI, A.; KIMANI, S. Intercropping increases parasitism of pests. *Nature*, v. 388, p. 631-32, 1998.

KAJIMURA, T. Effect of organic rice farming on planthoppers 4. Reproduction of the white backed planthopper, *Sogatella furcifera* (Homoptera: Delphacidae). *Researches on Population Ecology*, Japan, v. 37, pp. 219–224, 1995.

KANHN, Z. R.; AMPONG-NYARKO, K.; HASSANALI, A.; KIMANI, S. Intercropping increases parasitism of pests. *Nature*, v. 388, p. 631– 632, 1998.

KAPOOR. P RAMAKRISHNAN, P. S. Studies on crop-legume behavior in pure and mixed stands Agroecosystems n. 2. p. 61-74. 1975.

KASS. D.C. L. *Polyculture Cropping Systems*: review and analysis. Cornell Inter. Agric. Bul. 32. N. Y State Coll. *Agric. Life Sci*, Cornell Univ. Ithaca, New York, 1978.

KRANTZ, B. A "Intercropping on an operational scale in an improved farming, system. In PROC. INTER. WORKSHOP ON INTERCROPPING. Jan 10-13. 1979. India ICRISAT. 1981.

KRANTZ, B. A. "Associates cropping patterns for increasing and stabilizing agricultural production In the semi-arid tropics". In INTER. WORKSHOP ON FARMING SYSTEMS. India, ICRISAT, 1974.

KENDALL, H. W. et al. *Bioengineering of crops*. Washington, DC: WorldBank, 1997. (Relatório do WorldBank Panel on Transgenic Crops)

KLEE, G. A. *World Systems of Traditional Resource Management*. Nova York: J. Wiley and Sons, 1980.

KLINK, C. A.; MACHADO, R. B. Conservation of the Brazilian Cerrado. *Conservation Biology*, v. 19, p. 707-713, 2005.

KLOSTERMEYER, E. C. Effect of soil fertility on corn earworm damage. *Journal Economic Entomology*, v. 43, 427–429, 1950.

KOWALSKI, R.; VISSER, P. E. Nitrogen in a crop–pest interaction: cereal aphids. In: LEE, J. A. (Ed.) *Nitrogen as an ecological parameter*. Oxford: Blackwell Scientific Publishers, p. 67–74, 1979.

KRIMSKY, S.; WRUBEL, R. P. *Agricultural biotechnology and the environment*: Science, policy and social issues. Urbana: University of Illinois Press, 1996.

KUNELIUS,H. T.; JOHNSTON, H. W.; MAcLEOD, J. A. Effect of undersowing barley with m. Italian ryegrass or red clover on yield, crop composition and root biornass *Agric. Ecosyst., Environ.*; n. 38, p. 127 -37, 1992.

LA PEŃA, I. *Semillas trangenicas en centros de origen y diversidad*. Lima: Sociedad Peruana de Derecho Ambiental, 2007.

LAL, R. "Soil erosion as a constraint to crop production". In: Priorities for Alleviating Soil-related Constraints to Food Production in the Tropics. Philippines IRRI, 1980.

LAL, R, et al. Expectations of cover crops for sustainable agriculture. In: HARGROVE, W. L., (ed.). *Cover Crops, Clean Water*. Soil and Water Conservation Soc. Iowa, 1991. p. 1-14.

LAMPKIN, N. *Organic farming*. Ipswhich, Inglaterra: FarmingPress, 1990.

LANDIS, D. A.; WRATTEN, S. D.; GURR, G. A. Habitat management to conserve natural enemies of arthrop pests in agriculture. *Annual Review of Entomology*, v. 45, p. 175–201, 2000.

LAPPE, F. M.; COLLINS, J.; ROSSERT, P. *World hunger*: twelve myths. Nova York: Grove Press, 1998.

LEACH, G. Energy and Food Production. Guilford: IPC Science and Technology Press, 1976 .

LEIHNER, D. Management and Evaluation of Intercropping Systems with Cassava. Colombia: CIAT, 1983

LETOURNEAU, D. K. *Soil management for pest control*: a critical appraisal of the concepts. In: INTERNATIONAL SCIENCE CONFERENCE OF IFOAM ON GLOBAL PERSPECTIVES ON AGROECOLOGY AND SUSTAINABLE AGRICULTURAL SYSTEMS, 6, 1988, Santa Cruz, CA. *Proceedings...*Santa Cruz, CA: IFOAM, 1988, p. 581–587.

LETOURNEAU, D. K.; DRINKWATER, L. E.; SHENNON, C. Effects of soil management on crop nitrogen and insect damage in organic versus conventional tomato fields. *Agriculture Ecosystems Environment*, v. 57, p. 174–187, 1996.

LEWIS, C. E., et al., Integration of pines, pastures and cattie in South Georgia, USA *Agrofor. Syst*, n. 1, p. 277-97, 1984.

LIEBMAN, M. "Ecological suppression of weeds in intercropping systems a review". In: ALTIERI, MA; LIEBMAN, M, (eds.). *Weed Management in Agroecosystems: ecological approaches*. Florida CRC Press, 1988.

LIEBMAN, M.; DYCK, E. Crop rotation and intercropping strategies for weed management. *Ecolological Applications*; n. 3, p. 92-122, 1993.

LIEBMAN, M.; GALLANDT, E. R. Many little hammers: ecological management of crop–weed interactions. In: JACKSON, L. E. (Ed.) *Ecology in agriculture*. São Diego, CA: Academic Press, p. 291–343, 1997.

LIPTON, M.; LONGHURST, R. *New seeds and poor people*. Baltimore, MD: John Hopkins University Press, 1989.

LYNAM, J. K.; SANDERS, J. H.; MASON, S. C. "Economics and risk in multiple cropping". In: FRANCIS, C. A., (ed.). *Multiple Cropping Systems*. New York Macmillan, 1986.

LOCKRETZ, W.; SHEARER, G.; KOHL, D.H. Organic farming in the corn belt. *Science*, v. 211, p. 540–546, 1981.

LOPEZ-RIDAURA, S.; MASERA, O.; ASTIER, M. The mesmis framework. *LEISA*, v. 16, p. 28–30, 2000.

LOSEY, J. E.; RAYOR, L. S.; CATER, M. E. Transgenic pollen harms monarch larvae. *Nature*, v. 399, n. 241, 1999.

LUNA, J. Influence of soil fertility practices on agricultural pests. In: ALLEN, P.; VAN, Dusen (Ed.) Global perspectives in agroecology and sustainable agricultural systems. INTEV. SCIENTIFIC ORGANIC AGRICULTURE MOVEMENTS, 6, 1988, Santa Cruz, CA. *Proceedings…* Santa Cruz, CA: University of California, 1988. p. 589–600.

LUTMAN, P. J. W. Gene flow and agriculture: Relevance for transgenic crops. *British Crop Protection Council Symposium Proceedings*, v. 72, p. 43-64, 1999.

MAcDANIELS, L. H.; LIEBERMAN, A. S. Tree crops: a neglected source of food and forage from marginal lands. BioScience; n. 29, p. 173-75, 1979.

MAGDOFF, F.; VAN E. S., H. *Building Soils for Better Crops*. Washington, DC: SARE, 2000.

MANDER, J.; GOLDSMITH, E. *The case against the global economy*. São Francisco, CA: Sierra Club Books, 1996. 550 p.

MANNERS, J. G. *Principles of Plant Pathology*. Cambridge: Cambridge University Press, 1993.

MARVIER, M. Ecology of transgenic crops. *American Scientist*, v. 89, p. 160-167, 2001.

MARTEN, G.G. *Traditional Agriculture in Southeast Asia*: a human ecology perspective. Boulder: Westview Press, 1986.

MARTIN, M. P. L. D.; SNAYDON, R. W. Root and shoot interactions between barley and lield beans when intercropped. *J. Appl. Ecol.*; n. 19, p. 263-72, 1982.

MATTSON JR., W. J. Herbivory in relation to plant nitrogen content. *Annual Review of Ecology and Systematics*, v. 11, p. 119–161, 1980.

MC RAE, R. J. HILL, S. B.; MEHUYS, F. R.; HENNING, J. Farm scale agronomic and economic conversion from conventional to sustainable agriculture. *Advances in Agronomy*, v. 43, p. 155–198, 1990.

MCGUINESS, H. *Living soils*: sustainable alternatives to chemical fertilizers for developing countries. Nova York: Unpublished manuscript, Consumers Policy Institute, 1993.

MCNEELY, J; SCHERR, S. *Ecoagriculture*: strategies to feed the world and save wild biodiversity. Washington: Island Press, 2003.

MEAD, R.; WILLEY, RW. The concept of a "Land Equivalent Ratio" and advantages in yields from intercropping. *Exper. Agri.*; n. 16, p. 217-28, 1980.

MERRILL, M. C. Eco-agriculture: a review of its history and philosophy. *Biology, Agriculture and Horticulture*, v. 1, p. 181–210, 1983.

METCALF, RL, LUCKMAN, W. *Introduction to Insect Pest Management*. New York Wiley-Interscience, 1975.

MEYER, G. A. Interactive effects of soil fertility and herbivory on *Brassica nigra*. *Oikos*, v. 22, p. 433–441, 2000.

MEYER, J. R., *et al.* "Indicators of the ecological status of agroecosystems". In McKENZIE, D. H.; HYATTY, D. E.; McDONALD, V. J., (eds.). *Ecological Indicators*. v.1. London Elsevier Applied Science, 1992.

MIILINGTON, S.; STOPES, C.; WOODWARD, L. *"Rotational design and the limits of organic systems. the stockless organic farm?"* In: PROC. SYMP. BRITISH CROP PROTECTION COUNCIL. Cambridge 1990.

MILLER, J.C.; BELL, S.M. "Crop Production Using Cover Crops and Sods as Living Mulches". *Workshop Proceedings*. Corvallis: Oregon State University, 1982.

MOHLER, C.L.; LIEBMAN, M. Weed productivity and composition in sole crops and intercrops of barley and field pea. J. *Appl. Ecol.*; n. 24, p. 685-99, 1987.

MOODY, K.; SHETTY, S. V. R. "Weed management in intercrops". In PROC. INTER. CONF ON INTERCROPPING, Jan.10-13, 1979. India ICRISAT,1981.

MORALES, H.; PERFECTO, I.; FERGUSON, B. Traditional fertilization and its effect on corn insect populations in the Guatemalan highlands. *Agriculture Ecosystems Environment*, v. 84, p. 145– 155, 2001.

MORENO, R. A. "Crop protection implications of cassava intercropping". In: WEBER, E.; NESTAL, B.; CAMPBELL, M., (eds.). Intercropping with Cassava: PROC. OF THE INT WORKSHOP, Trivandrum, India, 1978. Canada: Int. Devel. Res. Centre, 1979.

_____. Disemination de Ascochyta phaseolorum en variedades de Irijol de costa bajo dilerentes sistemas de cultivo. *Turrialba*. v. 25; n. 4, p. 361-64, 1975.

MORTON, D. C. et al. Cropland expansion changes deforestation dynamics in the southern Brazilian Amazon. *Proceedings of the National Academy of Sciences of the United States of America*, v. 103, p. 14637-14641, 2006.

MOTAVALLI, P. P. et al. Impacts of genetically modified crops and their management on soil micribially mediated plant nutrient transformations. *Journal of Environmental Quality*, v. 33, p. 816-824, 2004.

MUELLER, D. H.; DANIEL, T. C.; WENDT, R. G. Conservation tillage: best management practice for nonpoint runoff. *Env. Manage.*; n. 5, p. 33-53, 1981.

MUKERJI, K. G., *et al. Recent Developments in Biocontrol of Plant Diseases.* New Delhi Aditya Books Private Led, 1992.

MURDOCH, W. W. Diversity, complexity, stability and pest control. *J. Appl. Ecol.* v. 12; n. 3, p. 795-807, 1975.

MURRAY, G. A.; SWENSON, J. B. Seed yield of Austrian winter field peas intercropped with winter cereais. *Agron. J.*, n. 77, p.913-16, 1985.

NAIR, P. K. R. "Tree integration on farmlands for sustained productivity of small holdings". In LOCKERETZ, W, (ed.). *Environmentally Sound Agriculture.* New York: Praeger, 1983. p. 333-50.

_____. *Soil Productivity Aspects of Agroforestry.* Nairobi: ICRAF, 1982.

_____. The effects of water stress on yield advantages of intercropping systems. Field Crops Res.; n. 13, p.117-31, 1986

_____. Intensive multiple cropping with coconuts in India. Principles, programmes NATARAJAN, M.; WILLEY, R. W.; Sorghum-pigeon pea intercropping and the effects of plant population density. *J. Agri. Sci.*, n. 95, p.59-65, 1980. and prospects. *Advances in Agronomy and Crop Science.* Berlin Verlag: n. 6. 1979.

_____. The effects of water stress on yield advantages of intercropping systems. *Filed Crops research*, v. 13, p. 117-131, 1996.

NETTING, R. McC. *Smallholders, Householders.* Stanford, CA: Stanford University Press, 1993.

NORGAARD, R. B. *Development Betrayed*: the end of progress and a coevolutionary revisioning of the future. New York Routledge, 1994.

NORMAN, DW. The rationalization of intercropping. *African Envir.* v,2, n. 4; v.3, n. 1, p.97-109, 1977.

NORMAN, M. J. T. The Rationalization of Intercroppmg. Gainesville: University Presses of Florida, 1979.

OBIEFUNA, J. C. Biological weed control in plantains (Musa AAB) with egusi melon (Colocynthis citrullus L.). *Biol. Agric. Hort.*; n. 6, p. 221-27, 1989.

O'BRIEN, T. A.; MOORLEY, J.; WHITTINGTON, W.J. The effect of management and competition on the uptake of 32P by ryegrass, meadow lescue and their natural hybrid. *Journal of Applied Ecology*; n, 4, p. 513-20, 1967.

OBRYCKI, J. J. , J.E. Losey, O.R. Taylor and L.C.H. Jessie (2001) "Transgenic insecticidal maize: beyond insecticidal toxicity to ecological complexity." *BioScience* 51: 353-361.

OELHAF, R. C. *Organic Agriculture.* Nova York: Halstead Press, 1978.

OFORI, F., STEM, W. R. Cereal-legume intercropping systems. *Adv. Agron*; n. 41, p. 41-90, 1987.

OKIGBO, B. N.; GREENLAND, D. J. "Intercropping systems in tropical Africa". In: PAPENDICK, R. I.; SANCHEZ, A.; TRIPLETT, G. B., (eds.). *Multiple cropping.* Wisconsin Amer. Soc. Agron., 1976.

OLDEMAN, R. A. A. "The design of ecologically sound agrolorests". In WIERSUM, K. F., (ed.). *Viewpoints on Agroforestry.* The Netherlands Ag. Univ. Wageningen, 1981.

OSIRU, D. S. O., WILLEY, R. W. Studies on mixtures of dwarf sorghum and beans with particular relerence to plant population. *J. Agri. Sci.*; n 79, p. 531-40, 1972.

ORTEGA, E. *Peasant agriculture in Latin America*. Santiago: Joint ECLAC/FAO Agriculture Division, 1986.

PALADA, M. C.; KANG, B. T; CLASSEN, S. L. Effect of alley cropping with leucaena leucocephala and fertilizer application on yield of vegetable crops, *Agroforestry Syst.*; n. 19, p. 139-47, 1992.

PAHL, G. *Biodiesel*: growing anew energy economy. Chelsea Green: White River Junction, VT, 2008.

PALTI, J. *Cultural Practices and Infectious Crop Diseases*. New York: Springer-Verlag, 1981.

PAINTER, R. H. Insect Resistance in Crop Plants. Lawrence, KS: University of Kansas Press, 1951.

PAOLETTI, M. G.; PIMENTEL, D. Genetic engineering in agriculture and the environment: assessing risks and benefits. *BioScience*, v. 46, p. 665-671, 1996.

PAPADAKIS, J. Small grains and winter legumes grown mixed for grain production *J. Amer. Soc. Agron.*; n. 33, p. 504-11, 1941.

PAPAVIZAS, G. C. Status of applied biological control of soil-borne plant pathogens. *Soil Biol. Biochem.*; n. 5, p.709-20, 1973.

PAPENDICK, R. I.; SANCHEZ, P. A.; TRIPLETT, R. G. *Multiple Cropping*. Wisconsin ASA spec. pub. n. 27, 1976.

PEARSE, A. *Seeds of plenty seeds of want*: social and economic implications of the green revolution. Nova York: Oxford University Press, 1980. 56 p.

PEARSON, C. J.; ISON, R. L. *Agronomy of grassland systems*. Cambridge: Cambridge University Press, 1987.

PENGUE, W. Transgenic crops in Argentina: the ecological and social debt. Bulletin of Science , Tecnology and Society 25: 314-322, 2005.

_____. *Agricultura industrial y transnacionalizacion en America Latina*. La trangenesis de un continente? México, DF: PNUMA Serie Textos Básicos de Formación Ambiental 9, 2005b.

_____. *Cultivos transgenicos:* hacia donde vamos? [Transgenic crops: Where are we going?]. Buenos Aires, Argentina: Lugar Editorial, 2000.

PHELAN, P. L.; MASON, J. F.; STINNER, B. R. Soil fertility management and host preference by European corn borer, *Ostrinia nubilalis*, on *Zea mays*: a comparison of organic and conventional chemical farming. *Agriculture Ecosystems Environment*, v. 56, p. 1–8, 1995.

PHILLIPS, R. E., *et al*. No-tillage agriculture. *Science*; n. 208, p. 1108-1113, 1980.

PHILLIPS, R. E.; PHILLIPS, S. H. No-tillage Agriculture principals and practices New York Van Nostrand Reinhold, 1984.

PIMENTEL, D.; LEHMAN, H. *The Pesticide Question*. Chapman and Hall, NY, 1993.

PIMENTEL, D. *et al*. Environmental and economic costs of soil erosion and conservation benefits. *Science*, v. 276, p. 1117-1123, 1995.

PIMENTEL, D. et al. Water resources: agriculture, environment and society. *BioScience*, v. 47, p. 97-106, 1997.

PIMENTEL, D. Ethanol fuels: energy balance, economics and environmental impacts are negative. *Natural Resources Research*, v. 12, p. 127-134, 2003.

PIMENTEL, D. P. Hepperly, J Hunson, D. Douds and R. Seidel 2005 Environmental, energetic and economic comparisons of organic and conventional farming systems. Bioscience 56: 573-582

PIMENTEL, D., D. Andow, R. Dyson-Hudson, D. Gallahan, S. Jacobson, M. Irish, M. Shepard (1980) "Environmental and social costs of pesticides: a preliminary assessment." *Oikos* 34: 126-140.

PIMENTEL, D.; LEHMAN, H. *The pesticide question*. Nova York: Chapman & Hall, 1993.

PIMENTEL, D.; PATZEK, T. W. Ethanol production using corn, switchgrass, and wood; biodiesel production using soybean and sunflower. *Natural Resources Research*, v. 14, p. 65-76, 2005.

PIMENTEL, D.; PIMENTEL, M. Food, Energy and Society. London: Edward Amold, 1979.

PIMENTEL, D.; WARNEKE, A. Ecological effects of manure, sewage sludge and other organic wastes on arthropod populations. *Agricultural Zoology Reviews*, v. 3, p. 1–30, 1989.

PINGALI, P. L.; HOSSAIN, M.; GERPACIO, R.V. *Asian rice bowls*: the returning crisis. Wallinford, Reino Unido: CAB International, 1997.

PINSTRUP-ANDERSEN, P. and M.J. Cohen (2000) "The present situation and coming trends in world food protection and consumption." In: T.T. Chang (ed) *Food needs of the developing world in the early 21st century*. Proc. Study-week of the Pontifical Academy of Science, Vatican City. Pp: 27-56.

POSNER, J. L.; MCPHERSON, M. F. Agriculture on the steep slopes of tropical America. *World Development*, v. 10, p. 341–353, 1982.

POWER, A. G. Linking ecological sustainability and world food needs. *Environment, Development & Sustainability*, v. 1, p. 185–196, 1999.

POWER, J. F.; DORAN, J. W. "Nitrogen use in organic larming". In *Nitrogen in Crop Production*. Wisconsin: ASA-CSSA-SSSA, 1984. p.585-92.

PRASAD, K.; GAUTAM, R. C.; MOHTA, N. K. Studies on weed control in arhar and soybean as influenced by planting patterns, intercropping and weed control methods. *Indian. J. Agron.*; n. 30, p. 434-39, 1985.

PRETTY, J. *Regenerating agriculture: policies and practices for sustainability and self-reliance*. World Resources Institute. Washington, D.C., 1995.

_____. The pesticide Detox: towards a more sustainable agriculture. Earthscan, London, 2005

_____. *Regenerating agriculture*. Londres: Earthscan Publications Ltd., 1994. 320 p.

_____. The sustainable intensification of agriculture. *Natural Resources Forum*, v. 21, p. 247–256, 1997.

PRETTY, J.; HINE, R. *Feeding the world with sustainable agriculture*: a summary of new evidence. Colchester, Reino Unido: University of Essex, 2000. (Relatório Final de SAFE-World Research Project)

PROTHEROE, R. M. *People and Land in Africa South of the Sahara*. London: Oxford Univ. Press, 1972.

PUTNAM, A. R.; DeFRANK, J. Use of phytotoxic plant residues for selective weed control *Crop Prot.*: n. 2, p. 173-81, 1983.

PYDJI, M. M.; TRUTMANN, P. Managing angular leaf spot on common bean in Africa by supplementary farmer mixtures with resistent varieties. *Plant Disease*; n. 76. p.1144-1147, 1992.

QUIST, D.; CHAPELA, I. H. Transgenic DNA introgressed into traditional maize landraces in Oaxaca, Mexico. *Nature*, v. 414, p. 541-543, 2001.

RADKE, J. K.; HAGSTROM, R. T. "Strip intercropping for wind protection". In: PAPENDICK, R. I.; SANCHEZ, P. A.; TRIPLETT, G. B., (eds) *Multiple Cropping*. Wisconsin: Amer. Soc. Agron., 1976.

RAO, M. R.; WILLEY, R. W. Evaluation of yield stability in intercropping studies on sorghum/ pigeon pea. *Exper. Agri.* n.16, p. 105-16, 1980.

REDDY, M. S.; WILLEY, R. W. Growth and resource use studies in an intercrop of pearl millet! groundnut. *Field Crops Res.*; n. 4, p. 13-24, 1981.

REGANOLD, J.P., J.D. Glover, P.K. Andrews, and H.R. Hinman. 2001. Sustainability of three apple production systems. Nature 410: 926-930.

REIJNTJES, C.; HAVERKORT B.; WATERS-BAYER, A. *Farming for the future*. Londres: MacMillan Press Ltd., 1992.

REINBOTT, T. M., et al., Intercropping soybean into standing green wheat. *Agron. J.*; n. 79, p. 886-91, 1987.

RELYEA, R. A. The impact of insecticides and herbicides on the biodiversity and productivity of aquatic communities. *Ecological Applications*, v. 15, p. 618-627, 2005.

RICHARDS, P. *Indigenous agricultural revolution*. Boulder, CO: Westview Press, 1985.

RISCH, S. J.; ANDOW, D.; ALTIERI, M. A. Agroecosystem diversity and pest control: data, tentative conclusions and new research directions. *Environmental Entomology*, v. 12, p. 625–629, 1983.

RISSLER, J.; MELLON, M. *The ecological risks of engineered crops*. Cambridge: MIT Press, 1996.

ROBERTS, B. *Land Care Manual*. Kensington, Australia New South Wales University Press, 1992.

ROOT, R. B. Organization of a plant-arthropod association in simple and diverse habitats the launa of coliards (Brassica oleracea). *Ecol. Monogr.*, n. 43, p. 95-124, 1973

ROBINSON, R. A. *Return to resistance*: breeding crops to reduce pesticide resistance. Davis, CA: AgAccess, 1996.

RODRIGUEZ-KABANA, R. Organic and inorganic amendments to soil as nematode suppressants. *Journal of Nematology*, v. 18, p. 129–135, 1986.

ROSENTHAL, J. P.; DIRZO, R. Effects of life history, domestication and agronomic selection on plant defense against insects: evidence from maizes and wild relatives. *Evolutionary Ecology*, v. 11, p. 337-355, 1997.

ROSENZWEIG, C; HILLEL, D. *Climate change and the global harvest: potential impacts of the greenhouse effect on agriculture*. Nova York: Oxford University Press, 1998.

ROSSET, P. Small is bountiful. *The Ecologist*, v. 29, p. 2-7, 1999.

_____. *Toward an agroecological alternative for the peasantry*, 2002. Disponível em: <www.foodfirst.org>.

_____. Food sovereignity in Latin America: confronting the new crisis. NACLA report on the Americas. May-June: 16-21, 2009.

ROYAL SOCIETY. *Genetically modified plants for food use*. Londres: Statement 2/98, 1998.

SALTER, P. J.; AKEHURST, J. M.; MORRIS, G. E. L. An agronomic and economic study of intercropping Brussels sprouts and summer cabbage. *Exper. Agric.*; n. 21, p. 153-67, 1985.

SAMSON, R.; FOULOS, C.; PATRIQUIN, O. *Choice and Management of Cover Crop Species and Varieties for Use in Row Crop Dominant Rotations*. Harrow, Ontario: Resource Efficient Agricultural Production (REAP)-Canada/Agriculture Canada, Res Sta, 1990.

SANCHEZ, P. A. Science in agroforestry. *Agroforestry Systems*, v. 30, p. 5–55, 1995.

SANDERS, W. T. *Tierra y agua*: a study of the ecological factors in the development of Meso-American civilizations. 1957. Tese (Doutorado) – Departamento de Antropologia, Harvard University, Cambridge.

SANDERS, J. H.; JOHNSON, D. V. Selecting and evaluating new technology for small farmers in the Colombian Andes. *Mt. Res. Dev.*, v. 2; n. 3, p. 307-16, 1982.

SANTIKARM, M. K.; PERKASEM, B. *The Growth and Sustainability of Agriculture in Asia*. Oxford: Oxford University Press, 2000.

SAVORY, A. *Holistic Resource Management* California Island Press, 1988.

SCHARLEMANN, J. P. W.; LAURENCE, W. F. How green are biofuels? *Science*, v. 319, p. 43-44, 2008.

SCHUPHAN, W. Nutritional value of crops as influenced by organic and inorganic fertilizer treatments. *Plant Foods for Human Nutrition*, v. 23, p. 333–358, 1974.

SCIALABBA, *Nadia; HATTAM, Caroline* (Ed.) *Organic agriculture, environment and food security*. Roma: FAO, 2002. (Environment and Natural Resources Series n. 4).

SCRIBER, J. M. Nitrogen nutrition of plants and insect invasion. In: HAUCK, R. D. (Ed.), *Nitrogen in crop production*. Madison, WI: American Society of Agronomy, p. 96-102, 1984.

SCOTT, T. W., *et al.*, Contributions of ground cover, dry matter, and nitrogen from intercrops and cover crops in a corn polyculture system. *Agron. J.*; n. 79, p. 792-98, 1987.

SEARCHINGER, T. *et al.* Use of US cropland for biofuels increases greenhouse gases through emission from land-use change. *Science*, v. 319, p. 1238-1240, 2008.

SENGUPTA, K.; BHATTACHARYYA, K. K.; CHATTERJEE, B. N. Intercropping upland rice with blackgram (Vigna mungo L.). *J. Agric. Sci.,* Cambridge; n. 104, p. 217-21, 1985.

SHAPOURI, H.; MCALOON, A. The 2001 net energy balance of corn-ethanol. Washington, DC: USDA, *Economic Research Service*, 2004. Disponível em: <www.usda.gov/oce/reports/energy/net_energy_balance.pdf>. Acesso em: 30 mar. 2009.

SHATTUCK, A. The agrofuels Trojan horse: biotechnology and the corporate domination of agriculture. *Food First Policy Brief*, n. 14, Oakland, CA: Food First, 2008.

SHENK, M. D.; SAUNDERS, J. L. "Insect population responses to vegetation management systems in tropical maize production". In: AKOBUNDO, I. O.; DEUTSCH, A. E., (eds.). *No-tillage Crop Production in the Tropics*. Oregon Int. Plant Protection Center, 1983. p. 73-85.

SHETTY, S. V. R.; RAO, A. N. "Weed management studies in sorghum/pigeon pea and pearl millet/groundnut intercrop systems – some observations". In PROC. INI WORKSHOP ON INTERCROPPING, Jan. 10-13, 1979. India: ICRISAT, 1981. p. 238-48.

SHIVA, V. *The violence of the green revolution*: Third world agriculture, ecology and politics. Pengany, Malásia: Third World Network, 1991. 56 p.

SLANSKY, F. Insect nutritional ecology as a basis for studying host plant resistance. *Florida Entomologist*, v. 73, p. 354–378, 1990.

SLANSKY, F.; RODRIGUEZ, J. G (Ed.). *Nutritional ecology of insects, mites, spiders and related invertebrates*. Nova York: John Wiley & Sons, 1987.

SLUSS, R. R. Population dynamics of the walnut aphid *Chromaphis juglandicola* (Kalt.) in northern Calilornia. *Ecology;* n. 48. p. 41-58, 1967.

SIKOR, T. Participatory methods and empowerment in rural development: lessons from two experimental workshops with a Chilean NGO. *Agriculture and Human Values,* v.11; n. 20, 1994, in press.

SMITH, H. A.; MCSORELY, R. *Intercropping and pest management*: a review of major concepts. *American Entomology*, v. 46, p. 154–161, 2000.

SMITH, J. R. *Tree Crops* a permanent agriculture. New York Devin-Adair, 1953.

SNOW, A. A.; MORAN, P. Commercialization of transgenic plants: potential ecological risks. *BioScience*, v. 47, p. 86-96, 1997.

SNOW, A. A.; PILSON, D.; RIESBERG, L. H.; PAULSEN, M. J.; SELBO, S. M. A BT transgene reduces herbivory and enhances fecundity in wild sunflower. *BioScience*, v. 13, p. 279-286, 2003.

SPRAGUE, M. A.; TRIPLETT, G. B., (eds.). No-tillage and Surface Tillage Agriculture. New York: John Wiley and Sons, 1986.

STABINSKI, D. And N. Sarno (2001) "Mexico, centre of diversity for maize, has been contaminated." *LEISA magazine* 17: 25-26.

STANHILL, G. 1990 The comparative productivity of organic agriculture. Agriculture, Ecosystems and Environment 30: 1-26

STEINBRECHER, R. A. From green to gene revolution: the environmental risks of genetically engineered crops. *The Ecologist*, v. 26, p. 273-282, 1996.

STEINER, K. G. *Intercropping in Tropical Smallholder Agriculture with Special Reference to West Africa*. 2nd ed. Eschbom, Federal Rep. Germany Deutsche Gesell. Techn. Zusam. (GTZ), 1984.

STEWART, R. H.; LYNCH, K. W; WHITE, E. M. The effect of growing clover cultivars in association with barley cultivars upon grain yield of the barley crop in the year of sowing and the subsequent year *J. Agric. Sci.*, Cambridge, n. 95 p. 715-20.

SUMNER, D. R. Crop rotation and plant productivity. In: RECHEIGL, M. (Ed.) *CRC Handbook of Agricultural Productivity*. v. I, Flórida: CRC Press, 1982.

SUMNER, D. R., DOUPNIK JR., B.; BOOSALIS, M. G. Effects of reduced tillage and multiple cropping on plant diseases. *Annu. Rev. Phytopathol.*, n. 19, p. 167 -87, 1981.

SWIFT, M. J.; ANDERSON, J. M. Biodiversity and ecosystem function in agricultural systems. In: SCHULZE, E. D.; MOONEY, H. (Ed.) *Biodiversity and ecosystem function*, Berlim: Springer, 1993, p. 15–42.

SURYATNA, E. "Cassava intercropping patterns and management practices in Indonesia". In *Intercropping with Cassava* PROC. INT WORKSHOP. Trivandrum, India Nov.1-Dec.27, 1978. WEBER, E.; NESTEL, B.; CAMPBE, M, (eds.). Canada Int. Dev. Res. Centre, 1979. p.35-6.

THRESH, J. M. Cropping practices and virus spread. *Annu. Rev. Phytopathol.*; n. 20, p. 193-218, 1982.

THRUPP, L. A. *Cultivating diversity*: agrobiodiversity and food security. Washington, DC: World Resources Institute, 1998.

_____. *New partnerships for sustainable agriculture*. Washington, DC: World Resources Institute, 1996.

THURSTON, D. *Sustainable practices for plant disease management in traditional farming systems*. Boulder: Westview Press, 1991.

TILMAN, D.; WEDIN, D.; KNOPS, J. Productivity and sustainability influenced by biodiversity in grassland ecosystems. *Nature*, v. 379, p. 718-720, 1996.

TODD, R. L.; LEONARO, R.; ASMUSSED, L. (eds.). *Nutrient Cycling in Agricultural Ecosystems*, Michigan: Ann Arbor Sci, Publ., 1984.

TOLEDO, V. M. *La paz in Chiapas*: ecologia, luchas indigenas y modernidad alternativa. México, DF: Ediciones Quinto Sol, 2000.

TOLEDO, V. M.; CARABIAS, J.; MAPES, C.; TOLEDO, C. *Ecologia y autosuficiencia alimentaria*. Cidade do México: Siglo Veintiuno Editores, 1985.

TRANKNER, A. Use of agricultural and municipal organic wastes to develop suppressiveness to plant pathogens. In: TJAMOS, E. C.; PAPAVIZAS, E. C.; COOK, R. J. (Eds.) *Biological control of plant disease*. Nova York: Plenum Press, p. 35–42, 1992.

TRENBATH, B,R, "The dynamic properties of mixed crops": In: ROY, S,K" (ed.). *Frontiers of Researsh in Agriculture*, India: Indian Stal Insl, 1993. p. 265-86.

TRIPATHI, B.; SINGH, C. M. Weed and fertility management using maize/soyabean intercropping in the northwestern Himalayas. *Trop. Pest Manage*, .v. 29; n. 3, p. 267-70, 1983.

TRIPP, R. (1996) "Biodiversity and modern crop varieties: sharpening the debate." *Agriculture and Human Values* 13: 48-62

_____. Biodiversity and modern crop varieties: Sharpening the debate. *Agriculture and Human Values*, v. 13, p. 48-62, 1996.

TUSTIN, J. R.; KNOWLES, R. L.; KLOMP, B. K., Forest larming: a multiple land-use production system in New Zealand, *For. Ecol. Manage.*; n, 2, p,169-89, 1979.

UNAMMA, R. P. A.; ENYINNIA, T.; EMEZIE, J. F. Critical period of weed interference in *cocoyam/maize/sweet* potato intercrop. Trop. Pest Manage.; n. 31, p. 21-3, 1985.

UPHOFF, N. *Agroecological innovations*: increasing food production with participatory development. Londres: Earthscan, 2002.

UPHOFF, N.; ALTIERI, M. A. *Alternatives to conventional modern agriculture for meeting world food needs in the next century*. Ithaca, NY: Cornell International Institute for Food, Agriculture and Development, 1999, 37 p.

VAN EMDEN, H. F. Studies on the relations of insect and host plant. III. A comparison of the reproduction of *Brevicoryne brassicae* and *Myzus persicae* (Hemiptera: Aphididae) on Brussels sprout plants supplied with different rates of nitrogen and potassium. *Entomologia Experimentalis et Applicata*, v. 9, p. 444–460, 1966.

VANDERMEER, J. Syndromes of production: an emergent property of simple agrocosystem dynamics. *Journal of Environment Management*, v. 51, p. 59–72, 1997.

_____. The ecological basis of alternative agriculture. *Annual Review of Ecological Systems*, v. 26, p. 201-224, 1995.

_____. *The ecology of intercropping*. Cambridge: Cambridge University Press, 1989, 237 p.

_____. *Tropical agroecosystems*. Boca Raton, FL: CRC Press, 2003.

VANDERMEER, J.; VAN NOORDWIJK, M.; ANDERSON, J.; ONG, C.; PERFECTO, I. Global change and multi-species agroecosystems: concepts and issues. *Agriculture, Ecosystems & Environment*, v. 67, p. 1– 22, 1998.

VANDERPLANK, J. E. *Host-pathogen Interactions in Plant Disease*. New York: Academic Press, 1982.

VISSER, T; VYTHILINGAM, M. K. The effect of marigolds and some other crops on the *Pratylenchus* and *Meloidogyne* populations in tea soil. *Tea Quart.*; n. 30, p. 30-8, 1959.

VRABEL, T. E.; MINOTTI, P. L.; SWEET, R. D. Seeded legumes as living mulches in sweet com. *Proc. N. E. Weed Sci. Soc.*, n. 34, p. 171-75, 1980.

WADE, M. K.; SANCHEZ, P. A. Productive potential of an annual intercropping scheme in the Amazon. *Field Crops Res.*; n. 9, p.253-63, 1984.

WALL, G. J.; PRINGLE, E. A.; SHEARD, R. W. Intercropping red clover with silage corn for soil erosion control. *Can. J. Soil Science.*; n. 71, p.137-45, 1991.

WHITTINGTON, W. J.; O'BRIEN T. A. A comparison of yields from plots sown with a single species or a mixture of grass species. *J. App. Ecol.*: n. 5, p. 209-13, 1968.

WHITTLESAY, D. Major agricultural regions of the earth. Ann. *Assoc. Amer. Geog.*; n. 26, p. 199, 1936.

WIDDOWSON, R. W. *Towards Holistic Agriculture* a scientific approach. Oxford: Pergamon Press, 1987.

WIERSUM, K. F., (ed.). *Viewpoints on Agroforestry*. The Netherlands: Agricultural University, Wageningen, 1981.

WILKEN, G. C. Integrating forest and small-scale larm systems in middle America. *Agroecosystems*, n. 3, p. 291-302, 1977.

WILKEN, G. C. *Good farmers*: traditional agricultural resource management in Mexico and Guatemala. Berkeley, CA: University of California Press, 1987.

WILKES, H.G. and K.K. Wilkes (1972) "The green revolution." *Environment* 14:32-39.

WILLEY, R. W. Resource use in intercropping systems. *Agric. Water Manage.* n. 17, p. 215-31, 1990.

WILLEY, R. W.; OSIRU, D. S. O. Studies on mixtures of maize and beans with particular reference to plant population. *J. Agri. sci*: n. 79, p. 519-29, 1972.

WILLIAMS, B. J.; ORTIZ-SOLARIO, C. Middle American folk soil taxonomy. *Annals of the Association of American.Geographers*, v. 71, p. 335-358, 1981.

WILSON, D. J. *Indigenous South Americans of the past and present*: an ecological perspective. Boulder: Westview Press, 1999.

WIT, C. T. de; TOW, P. G.; ENNIK, G. L. Competition between legumes and grasses. *Versl. Land. Onder.;* n. 687, p. 1-30, 1966.

WOLF, E. C. *Beyond the green revolution*: new approaches for third world agriculture. Washington, DC: Worldwatch Institute, 1986, 46 p.

WOLFE, M. S. The current states and prospects of multiline and variety mixtures for diseases resistance. *Ann. Rev. Phytopathology;* n. 23, p. 251-73, 1985.

_____. Crop strength through diversity. *Nature*, v. 406, p. 681-682, 2000.

ZADOKS, J. C.; SCHEIN, R. D. *Epidemiology and Plant Disease Management.* New York: Oxford Univ. Press, 1979.

ZHU, Y. *et al.* Genetic diversity and disease control in rice. *Nature*, v. 406, p. 718-772, 2000.

ZUOFA, K.; TARIAH, N. M.; ISIRIMAH, N. O. Effects of groundnut, cowpea, and melon on weed control and yields of intercropped cassava and maize. *Field Crops Res.;* n. 28, p. 309-14, 1992.